# 水利工程治理研究

李 伦 张巧利 李 倩 著

吉林科学技术出版社

图书在版编目（CIP）数据

水利工程治理研究 / 李伦，张巧利，李倩著. －－长
春：吉林科学技术出版社，2023.6
ISBN 978 - 7 - 5744 - 0559 - 2

Ⅰ. ①水… Ⅱ. ①李… ②张… ③李… Ⅲ. ①水利工
程管理－研究 Ⅳ. ①TV6

中国国家版本馆 CIP 数据核字（2023）第 109467 号

# 水利工程治理研究

著　　　　李　伦　张巧利　李　倩
出 版 人　宛　霞
责任编辑　蒋雪梅
封面设计　筱　荑
制　　版　筱　荑
幅面尺寸　185mm×260mm
开　　本　16
字　　数　338 千字
印　　张　14.25
印　　数　1－1500 册
版　　次　2023年6月第1版
印　　次　2024年1月第1次印刷

出　　版　吉林科学技术出版社
发　　行　吉林科学技术出版社
地　　址　长春市福祉大路5788号
邮　　编　130118
发行部电话/传真　0431-81629529 81629530 81629531
　　　　　　　　　81629532 81629533 81629534
储运部电话　0431-86059116
编辑部电话　0431-81629518
印　　刷　廊坊市印艺阁数字科技有限公司

书　　号　ISBN 978-7-5744-0559-2
定　　价　89.00元

# 前　言

　　水利工程对社会经济发展和人民生活起着重要的作用，也是一个国家综合国力的重要体现。水力发电是一种可再生的且无污染的重要能源，其发展对我们的社会生活来说可谓起着举足轻重的作用，其利用的是大自然最原始的力量，相较于其他能源的开发而言，污染更小，对生态环境的保护更加有利，因此各国对水利工程的建设都投入了较多的资金和重视。在水力发电发展的过程中，水利工程的生态环境评价是其环境效应的一个重要方面，其对于水利工程的建设与发展都起着重要的作用，环境评价可以为已经产生的问题提供一定的解决方案，对未发生的问题进行一定程度的预防，在水利工程的整个发展过程中起着监督和协调的作用，从而保障水利工程的健康发展。因此，有了科学、合理的环境评价体系的监督和指引，水利工程才能更好地发展下去。

　　水利工程是人民群众劳动智慧的结晶，也是人类社会赖以生存发展的重要依托。随着人类社会的迅猛发展，水利工程的过度建设，常常违背了大自然的自身规律；水资源的过度开发，常常让自然生态不堪重负；建好的水利工程疏于管理，常常难以发挥出正常的效益，不能良性循环。面对这样的残酷现实，人类在认知水利工程重要定位的前提下，也开始校正自身的治水思路。本书从水利工程治理的理论基础介绍入手，针对水利工程土石坝施工建设、水利工程混凝土工程建设以及水利工程地基处理施工建设进行分析研究；另外对城市生态水利工程规划建设、水利工程治理的技术手段以及水利工程治理的环境保护原则做了一定的介绍；还对农田水利的治理及河道生态治理与修复技术做了简要分析；旨在摸索出一条适合水利工程治理工作创新的科学道路，帮助其工作者在应用中少走弯路，运用了科学方法，提高效率。

# 目 录

第一章　水利工程治理的理论基础 ···················· 1
　　第一节　水利工程治理的概念 ···················· 1
　　第二节　水利工程治理的基本特征 ················ 2
　　第三节　水利工程治理的框架体系 ················ 4
　　第四节　水利工程治理的实现目标 ················ 16

第二章　水利工程土石坝施工建设 ··················· 26
　　第一节　土的施工分级和可松性 ·················· 26
　　第二节　土石方开挖 ··························· 27
　　第三节　土料压实 ····························· 30
　　第四节　碾压式土石坝施工 ······················ 32
　　第五节　面板堆石坝施工 ······················· 39

第三章　水利工程混凝土工程建设 ··················· 44
　　第一节　钢筋与模板工程 ······················· 44
　　第二节　骨料的生产加工与混凝土的制备 ············ 48
　　第三节　混凝土运输、浇筑与养护 ················· 52
　　第四节　大体积混凝土的温度控制及混凝土的冬夏季施工 ·· 58
　　第五节　特殊混凝土施工 ······················· 64

第四章　水利工程地基处理施工建设 ················· 68
　　第一节　岩基处理方法 ························· 68
　　第二节　防渗墙 ······························· 74
　　第三节　砂砾石地基处理 ······················· 85
　　第四节　灌注桩工程 ··························· 92

第五章　城市生态水利工程规划建设 ···················· 100
　　第一节　城市生态水系规划的内容 ···················· 100
　　第二节　水系保护规划 ···················· 103
　　第三节　河流形态及生境规划 ···················· 112
　　第四节　水系利用规划 ···················· 114
　　第五节　涉水工程协调规划 ···················· 121

第六章　水利工程治理的技术手段 ···················· 124
　　第一节　水利工程治理技术概述 ···················· 124
　　第二节　水工建筑物安全监测技术 ···················· 125
　　第三节　水利工程养护与修理技术 ···················· 136
　　第四节　水利工程的调度运用技术 ···················· 144

第七章　水利工程治理的环境保护原则 ···················· 150
　　第一节　水利工程治理环境保护概述 ···················· 150
　　第二节　水利工程治理环境保护总体要求 ···················· 151
　　第三节　水利工程治理存在的环境问题 ···················· 153
　　第四节　水利工程环境保护措施 ···················· 155
　　第五节　水利工程对环境的改善作用 ···················· 165

第八章　农田水利的治理 ···················· 169
　　第一节　灌区末级渠系的治理模式 ···················· 169
　　第二节　灌区末级渠系的治理主体 ···················· 172
　　第三节　农田水利治理的制度建设 ···················· 177

第九章　河道生态治理与修复技术 ···················· 190
　　第一节　生态河道防护技术 ···················· 190
　　第二节　河道生态治理与修复技术 ···················· 207

参考文献 ···················· 221

# 第一章

## 水利工程治理的理论基础

## 第一节　水利工程治理的概念

不同历史时期、不同经济发展水平、不同发展阶段对水利的要求不断地发生变化，进而水利工程治理的概念以及标准也在不断变化。由水利工程管理到水利工程治理，是理念的转变，也是社会发展到一定阶段的必然结果。

### 一、水利工程管理的概念

水利工程是伴随着人类文明发展起来的，在整个发展过程中，人们对水利工程要进行管理的意识越来越强烈，但发展至今并没有一个明确的概念。近年来，随对水利工程管理研究的不断深入，不少学者试图给水利工程管理下一个明确的定义。牛运光认为，水利工程管理实质上就是保护和合理运用已建成的水利工程设施，调节水资源，为社会经济发展和人民生活服务的工作，进而使水利工程能够很好地服务于防洪、排水、灌溉、发电、水运、水产、工业用水、生活用水和改善环境等方面。赵明认为，水利工程管理，就是在水利工程项目发展周期过程中，对水利工程所涉及的各项工作进行的计划、组织、指挥、协调和控制，从而达到确保水利工程质量和安全，节省时间和成本，充分发挥水利工程效益的目的。它分为两个层次，一是工程项目管理：通过一定的组织形式，用系统工程的观点、理论和方法，对工程项目管理生命周期内的所有工作，包括项目的建议书、可行性研究、设计、设备采购、施工、验收等系统过程，进行计划、组织、指挥、协调和控制，以达到保证工程质量、缩短工期、提高投资的目的；二是水利工程运行管理：通过健全组织，建立制度，综合运用行政、经济、法律、技术等手段，对已投入运行的水利工程设施，进行保护、运用，以充分发挥工程的除害兴利效益。

在综合多位学者对水利工程管理概念理解的基础上，笔者认为，水利工程管理是指在深入了解已建水利工程性质和作用的基础上，为了尽可能地趋利避害，保护和合理利用水利工程设施，充分发挥水利工程的社会和经济效益，所做出的必要管理。

### 二、由水利工程管理向水利工程治理的发展

在中国，"治理"一词有着深远的历史，"大禹治水"的故事，实际上讲的就是一种治

理活动。在中国历史上，治理包括四层含义：一是统治和管理，二是理政的成效，三是治理政务的道理，四是处理公共问题。在现代，治理是一个内容丰富、使用灵活的概念。从广义上看，治理是指人们通过一系列有目的活动，实现对对象的有效管控和推进，反映了主客体的关系。从内容上看，有国家治理、公司治理、社会治理、水利工程治理等，它不外乎三个要素：治理主体、治理方式和治理效果，这三者共同构成治理过程。

从水利工程管理到水利工程治理，虽然只有一字之差，但却体现了治水理念的新跨越。"管理"与"治理"的差别，一是体现在主体上，"管理"的主体是政府，"治理"的主体不仅包括政府，也包括各种社会组织乃至个人；二是体现在方式上，由于"管理"的主体单一，权力运行单向，而且往往存在"我强你弱、我高你低、我说你听、我管你从"的现象，因此在管理方式上往往出现居高临下、简单生硬的人治作风，"治理"不再是简单的命令或完全行政化的管理，而是强调多元主体的相互协调，这就势必使法治成为协调各种关系的共同基础。因此，从水利工程管理到水利工程治理，体现了治理主体由一元到多元的转变，反映了治理方式由人治向法治的转化，折射了对治理能力和水平的新要求。

### 三、现代水利工程治理的概念

现代水利工程治理是指利用先进的水利技术和管理手段，综合运用水文、水资源、土地、生态、经济、社会等多学科知识，实现水资源的高效开发利用和保护，维护水环境安全，促进经济社会可持续发展的一种现代化治理模式。它包括了水资源综合开发、防洪抗旱、水环境治理、水生态修复等多个方面，具有系统性、综合性和协同性特征。现代水利工程治理的目标是达到资源节约型、环境友好型、效益高效型的水资源管理模式。

具体而言，现代水利工程治理需要建立健全的管理体制和制度，以实现高效、科学、规范的管理和运营。同时，也需要采用先进的技术和手段，如物联网、大数据、人工智能等，对水利工程进行科学控制和运用，提高水资源利用效率和水环境保护水平。

在治理过程中，需要充分发挥各种社会组织和个人的主体作用，强化公众参与和监督，提高治理的透明度和公正性。同时，需要建立完善的法律法规体系，加强对水利工程维修、保护和管理的法制保障。

此外，现代水利工程治理也需要有一支掌握先进治理理念和技术的治理队伍，不断提升管理和运营的水平和能力。最终目标是实现水利工程治理的多重效益，包括工程效益、社会效益、生态效益和经济效益，让水资源得到最大化的利用和保护。

# 第二节　水利工程治理的基本特征

水利工程治理是一项非常繁杂的工作，既有业务管理工作，又有社会服务工作。要实现现代化，就必须以创新的治水理念、先进的治理手段、科学的管理制度为抓手，充分实现水利工程治理的智能化、法制化、规范化以及多元化。

### 一、治理手段智能化

智能化是指由现代通信与信息技术、计算机网络技术、行业技术、智能控制技术汇集而成的针对某一方面的应用。先进的智能化管理手段是现代水利工程治理区别于传统水利工程管理的一个显著标志，是水利工程治理现代化的重要表象。只有不断探索治理新技术，引进先进治理设施，增强了治理工作科技含量，才能推进水利工程治理的现代化、信息化建设，提高水利工程治理的现代化水平。水库大坝自动化安全监测系统、水雨情自动化采集系统、水文预测预报信息化传输系统、运行调度和应急管理的集成化系统等智能化管理手段的应用，将使治理手段更强，保障水平更高。

## 二、治理依据法制化

目前，我国已先后出台了《水法》《防洪法》《水土保持法》等水利方面的基本法律，国务院制订颁布了《河道管理条例》《水库大坝安全管理条例》等，各省（区）也先后制订了一系列实施办法和地方水利法规，初步构成了比较完善的水利法律法规体系。健全的水利法律法规体系、完善的相关规章制度、规范的水行政执法体系、完善的水利规划体系是现代水利工程治理的重要保障。提升水利管理水平，实现行为规范、运转协调、公正透明以及廉洁高效的水行政管理，增强水行政执法力度，提高水利管理制度的权威性和服务效果，都离不开制度的约束和法律的限制。严格执行河道管理范围内建设项目管理，抓好洪水影响评价报告的技术审查，健全水政监察执法队伍，防范控制违法水事案件的发生是现代水利工程治理的一个重要组成部分，也是未来水利工程管理的发展目标。

## 三、治理制度规范化

治理制度的规范化是现代水利工程治理的重要基础，只有将各项制度制订详细且规范，单位职工都照章办事才能在此基础上将水利工程治理的现代化提上日程。管理单位分类定性准确，机构设置合理，维修经费落实到位，实施管养分离是规范化的基础。单位职工竞争上岗，职责明确到位，建立激励机制，实行绩效考核，落实培训机制，人事劳动制度、学习培训制度岗位责任制度、请示报告制度、检查报告制度、事故处理报告制度、工作总结制度、工作大事记制度以及档案管理制度等各项制度健全是规范化的保障。控制运用、检查观测、维修养护等制度以及启闭机械、电气系统和计算机控制等设备操作制度健全，单位各项工作开展有章可循，按章办事，有条不紊，井然有序是规范化的重要表现。

## 四、治理目标多元化

水利工程治理的最基本的目标是在确保水利工程设施完好的基础上，保证工程能够长期安全运行，保障水利工程效益持续充分发挥。随着社会的进步，新时代赋予了水利工程治理的新目标，除要保障水利工程安全运行外，还要追求水利工程的经济效益、社会效益和生态环境效益。水利工程的经济效益是指在有工程和无工程的情况下，相比较所增加的财富或减少的损失，它不仅仅指在运行过程中征收回来的水费、电费等，而是从国家或国民经济总体的角度分析，社会各方面能够获得的收入。水利工程的社会效益是指比无工程情况下，在保障社会安定、促进社会发展和提高人民福利方面的作用。水利工程的生态环境效益是指比无工程情况下，对改善水环境、气候及生态环境所获得的利益。

要使水利工程充分发挥良好的综合效益，达到现代化治理的目标，首先，要树立现代治理观念，协调好人与自然、生态、水之间的关系，重视水利工程与经济社会、生态环境的协调发展；其次，要努力构筑适应社会主义市场经济要求、符合水利工程治理特点和发展规律的水利工程治理体系；最后，在采用先进治理手段的基础上，加强了水利工程治理的标准化、制度化、规范化构建。

# 第三节　水利工程治理的框架体系

水利工程治理的框架体系主要由工程管理的组织体系、制度体系、责任体系、评估体系构建而成，其中组织体系为工程治理提供人员和机构保障，制度体系发挥重要的规范作用，责任体系明确各部门的基本职责，评估体系则从整体上对前三个体系的运作成效进行系统评价。

## 一、水利工程治理的组织体系

按照我国现行的水利工程治理模式，对为满足生活生产对水资源需求而兴建的水利工程，国家实行区域治理体系和流域治理体系相结合的工程治理组织体系。

### （一）区域治理体系

区域治理体系是指在一个地理区域范围内，由政府、社会组织、企业等各种力量相互作用、协调联动，共同管理该区域的经济、社会、环境等事务的机制和体系。区域治理体系的建设是实现地区经济社会发展和治理现代化的重要途径，其核心目标是实现各方力量的合作共治、资源的优化配置、效能的提升和社会的和谐稳定。区域治理体系的构建，需要依据不同区域的实际情况和需求，制定了相应的规划和措施，建立相关的制度和机制，推动各方合作，不断完善治理体系，从而实现区域治理的有效性和可持续性。

### （二）流域治理体系

流域治理体系是指在特定的流域范围内，为了达到水资源高效利用和生态环境保护的目标，采取一系列有机衔接的政策、法规、规划、技术、管理等手段，形成一种协同治理的体系。该体系包括政府、企业、社会组织、专家学者、居民等各种利益相关方的合作，通过沟通、协调、合作等方式共同参与流域治理工作，实现水资源保护、污染治理、生态修复、防洪抗旱等综合目标。流域治理体系旨在促进流域内的可持续发展，保护流域内的水资源和生态环境，满足人类对水资源的需求，同时降低了自然灾害的风险和对人类的影响。

### （三）工程管理单位

工程管理单位是指在工程项目建设、运营、维护等全过程中，对工程项目的质量、安全、进度、成本等进行全面管理的机构或部门。其职责包括工程项目管理计划的制定、实施和监督，工程项目的设计、招投标、施工、验收、运营及维护等方面的管理和协调，工程项目的资金、物资、设备和劳动力的调配和管理等。工程管理单位需要具备较强的组织协调能力、管理能力和技术能力，同时还需要遵循国家法律法规和相关规定，确保工程项目的质量和安全。

2004 年 5 月水利部与财政部联合印发了《水利工程管理单位定岗标准》（试点），按照"因事设岗、以岗定责、以工作量定员"的原则，将大中型水库、水闸、灌区、泵站和 1~4 级河道堤防工程管理单位的岗位划分为单位负责、行政管理、技术管理、财务和资产管理、水政监察、运行、观测和辅助类等八个类别。将小型水库工程管理单位的岗位划分为单位负责、技术管理、财务与资产管理、运行维护和辅助类等五个类别。同时规定，水利工程管理单位可根据水行政主管部门的授权，设置水政监察岗位并履行水政监察职责。

## 二、水利工程治理的制度体系

现代水利工程治理制度涉及日常管理的各个方面，并在工作实践中不断健全完善，使工程治理工作不断科学化、规范化。其中，重点的制度主要包括组织人事制度、维修养护制度、运行调度制度。

### （一）组织人事制度

人事制度是关于用人以治事的行动准则、办事规程和管理体制的总和。广义的人事制度包括工作人员的选拔、录用、培训、工资、考核、福利、退休和抚恤等各项具体制度。水利工程管理单位在日常组织人事管理工作中经常使用的制度，主要包括：

1. 选拔任用制度

（1）选拔原则

选拔原则是指在选拔人才时所遵循的一系列准则和标准。一般来说，选拔原则应当遵循公正、公平、公开、竞争以及择优等原则。

公正原则是指选拔应该遵循公平、公正、透明的原则，避免任何非法干预和腐败现象。

公平原则是指选拔应该遵循公平的原则，不偏袒任何一方，让每个人都有平等的机会和竞争的空间。

公开原则是指选拔应该遵循公开的原则，使选拔过程和结果都能够被公开透明地展示出来，以便公众监督。

竞争原则是指选拔应该遵循竞争的原则，让参与选拔的人员在相同条件下进行竞争，选拔最优秀的人才。

择优原则是指在符合上述原则的前提下，选拔应该遵循择优的原则，选择了最符合工作要求的最优秀的人才。

（2）选拔任用条件

选拔任用条件通常包括以下几个方面：

① 政治条件：具备中国共产党党员的条件，拥护中国共产党的领导，遵守党的纪律和国家法律法规，具有正确的政治方向和严格的政治纪律。

② 业务能力：具备从事该职务工作所必需的专业技能和知识，能够胜任该职务的各项工作。

③ 综合素质：具备良好的品德修养、高尚的职业道德和道德情操，积极向上，诚实守信，勤奋工作，吃苦耐劳，乐于助人，为人民服务的思想意识和工作作风。

④ 工作经历：具备从事该职务工作所必需的工作经验和能力，有一定的管理、组织、协调和指导能力。

⑤ 其他条件：符合国家和地方有关职务任免规定，无不良记录，身体健康等等。

具体选拔任用条件因不同岗位和部门而异，需要根据具体情况而定。

（3）选拔任用程序

选拔任用程序是指按照有关法律法规和制度规定，进行人才选拔、录用、聘任等一系列程序的过程。一般包括以下步骤：

① 招聘公告发布：单位根据职位空缺情况，编制招聘计划并发布招聘公告，公告应当明确招聘职位、条件、程序、时间等内容。

② 资格审查：对报名人员进行资格审查，包括学历、工作经验、年龄等条件的审核。

③ 笔试或面试：按照招聘公告的要求，组织笔试或者面试等环节，对报名人员的综合能力进行考核。

④ 综合评定：根据考试成绩和面试表现，结合申请人的资料，进行评分排名，并确定合格人选。

⑤ 聘用和录用：按照评定结果和单位的用人需求，确定了聘用和录用人员，签订聘用合同或劳动合同。

⑥ 培训和适应期：为新任人员提供必要的培训和适应期，使其能够尽快适应工作岗位，发挥作用。

⑦ 公示和备案：对聘用和录用人员进行公示，公示期满后备案。

以上步骤中，选拔任用程序应当依据公开、公平、公正的原则进行，遵循岗位需要和人才素质相结合的原则，确保选拔任用工作的公正性和有效性。

（4）选拔任用监督

选拔任用监督是指对选拔任用程序和结果进行监督、检查和评估，确保选拔任用的公正、公平和合法。选拔任用监督主要由纪检监察机关、人事部门、公民社会组织等多方面开展。

在选拔任用程序中，纪检监察机关应当加强对选拔任用工作的监督和检查，及时发现和查处选拔任用中的违法违纪行为；人事部门应当建立健全选拔任用工作的监督机制，及时公开选拔任用结果并接受社会监督；公民社会组织可以通过舆情监测、举报投诉等方式对选拔任用工作进行监督。

除对选拔任用程序的监督外，还需要对选拔任用结果进行评估，以确保选拔任用的合理性和效果性。评估主要包括对选拔任用人员的工作表现和业绩进行考核，及时发现和解决选拔任用中出现的问题，为今后的选拔任用工作提供参考和借鉴。

2. 培训制度

（1）培训目的

通过对员工进行有组织、有计划的培训，提高员工技能水平，提升本部门整体绩效，实现单位与员工共同发展。

（2）培训原则

结合本部门实际情况，在部门内部组织员工各岗位分阶段组织培训，从而提高全员素质。

（3）培训的适用范围

本部门在岗员工。

（4）培训组织管理

1）培训领导机构：

组长：单位主要负责人；副组长：分管人事部门负责人、人事部门负责人；成员：办公室、人事、党办、主要业务科室负责人。

2）培训管理：单位主要负责人是培训的第一责任人，负责组织制订单位内部培训计划并组织实施，指派相关人员建立内部培训档案，保存培训资料，作为单位内部绩效考评的指标之一。

（5）培训内容

单位制度、部门制度、工作流程、岗位技能、岗位操作规程、安全规定、应急预案以及相关业务的培训等。

（6）培训方法

组织系统内及本单位技术性强、业务素质高的专家、员工担任辅导老师，也可聘请专门培训机构的培训师培训，按照理论辅导和实际操作相结合的学习方法进行培训。

（7）培训计划制订

年初要根据实际要求，针对各岗位实际状况，结合员工培训需求，集中制订年度培训计划。

（8）培训实施

根据本部门培训计划，定期组织培训。

（9）培训考核与评估

年终单位主要负责人或委托他人对参训人员的培训效果、出勤率做出评估，作为内部员工绩效考核的指标之一。

3. 绩效考核制度

（1）指导思想

1）建立导向明确、标准科学以及体系完善的绩效考核评价制度。

2）奖优罚劣、奖勤罚懒、优绩优效，

3）效率优先、兼顾公平、按劳取酬、多劳多得。

4）充分调动干部职工的工作积极性、创造性，增强单位内部活力，推动全省水利工程管理事业全面、协调、可持续发展。

（2）绩效考核及绩效工资分配原则

1）尊重规律，以人为本。尊重事业发展规律，尊重职工的主体地位，充分地体现本岗位工作特点。

2）奖罚分明，注重实绩，激励先进，促进发展。基础性绩效保公平，奖励性绩效促发展。

3）客观公正，简便易行。坚持实事求是、民主公开，科学合理、程序规范，讲求实效、力戒烦琐。

4）坚持多劳多得，优绩优酬。绩效工资分配以个人岗位职责、实际工作量、工作业绩为主要依据，适度向高层次人才以及有突出成绩的人员倾斜。

5）坚持统筹兼顾，综合平衡，总量控制，内部搞活，和绩效考核挂钩。

（3）实施范围

在编在岗工作人员。

（4）岗位管理

1）岗位设置：根据职责范围，将工作任务和目标分解到相应的岗位，按照"因事设岗"等原则进行岗位设置。在设置时一并明确对应的岗位职责、岗位目标、上岗条件、岗位聘期。按照人社部门批复岗位设置方案，聘任管理人员、专业技术人员和工勤人员。

2）岗位竞聘：根据人社部门批复的岗位设置方案，按照"公开、公平、公正、择优"的原则，制定各岗位竞聘上岗实施方案，进行全员竞聘上岗。

3）签订聘用合同：根据岗位竞聘结果，签订聘用合同，各岗位上岗人员在聘期内按照岗位要求履行相应的岗位职责。单位按年度对岗位职责履行情况和岗位目标完成情况进行绩效考核。

（5）绩效工资构成

绩效工资分为基础性绩效工资和奖励性绩效工资两部分。基础性绩效工资，根据地区经济发展水平、物价水平、岗位职责等因素，占绩效工资总量的70%；奖励性绩效工资，主要体现工作量和实际贡献等因素，与绩效考核成绩挂钩，占绩效工资总量的30%。绩效工资分配严格按照人社部门、财政部门核定的总量进行。

（6）绩效考核的组织实施

为保证绩效考核和绩效工资分配工作的顺利开展，成立绩效考核和绩效工资分配领导小组，由主要负责同志任组长，成员由领导班子成员和各部门负责人组成。领导小组下设办公室，负责绩效考核和绩效工资分配的具体工作。

## （二）维修养护制度

水利工程的维修养护是指对投入运行的水利工程的经常性养护和损坏后的修理工作。各类工程建成投入运行后，应立即开展各项养护工作，进行经常性的养护，并尽量减少外界不利因素对工程的影响，做到防患于未然；如果工程发生损坏一般是由小到大、由轻微到严重、由局部而逐渐扩大范围，故应抓紧时机，适时进行修理，不使损坏发展，以致造成严重破坏。养护和修理的主要任务是：确保工程完整、安全运行，巩固和提高工程质量，延长使用年限，为充分发挥和扩大工程效益创造条件。

20世纪60年代，中国水利管理的主管部门编制了水库、水闸和河道堤防等三个管理通则，规定了养护修理的原则是经常养护、随时维修、养重于修、修重于抢，要求首先要做好养护工作；发现工程损坏，要及时进行修理小坏小修，随坏随修，不使损坏发展扩大，还规定养护修理分为经常性的养护和岁修及大修等。1979 年出版了《水工建筑物养护修理工作手册》等技术参考书籍，对于工程的养护和修理提供了许多方法和行之有效的技术措施。

水利工程养护范围包括工程本身及工程周围各种可能影响工程安全的地方。对土、石和混凝土建筑物要保持表面完整，严禁在工程附近爆破，并防止外来的各种破坏活动及不利因素对工程的损坏，经常通过检查，了解工程外部情况，通过监测手段了解工程内部的安全情况；闸坝的排水系统及其下游的减压排水设施要经常疏通、清理，保持通畅；泄水建筑物下游消能设施如有小的损坏，要立即修理好，以免汛期泄水和冬季结冰后加重破坏；闸门和拦污栅前经常清淤排沙；钢结构定期除锈保护；启闭设备经常加润滑剂以利启闭；河道和堤防严禁人为破坏和设障，并保持堤身完整。

各类水工建筑物产生的破坏情况各不相同。土、石和混凝土建筑物常出现裂缝、渗水和表面破损，此外土工建筑物还可能出现边坡失稳、护坡破坏以及下游出现管涌、流土等渗透破坏问题；与建筑物有关的河岸、库岸和山坡有可能出现崩坍、滑坡，从而影响建筑物的安全与使用；输水、泄水以及消能建筑物可能发生冲刷、空蚀和磨蚀破坏；金属闸、阀门及钢管经常出现锈蚀和止水失效等现象。管理单位应根据上述各种破坏情况，分别采取适宜有效的修理措施。经常使用的日常维修养护制度主要包括以下几类：

1. 水库日常维修养护制度

（1）对建筑物、金属结构、闸门启闭设备、机电动力设备、通讯、照明、集控装置及其他附属设备等，必须进行经常性养护，并定期检修，以保证工程完整，设备完好。

（2）养护修理应本着"经常养护、随时维修、养重于修、修重于抢"的原则进行。

（3）对大坝的养护维修，应按照《大坝管理条例》的规定，工程管理范围内不得任意挖坑、建鱼池、打井，维护大坝工程的完整；保护各种观测设施完好；排水沟要经常清淤，保证畅通，坝面及时排水，避免雨水侵蚀冲刷；维护坝体滤水设施的正常使用；发现渗漏、裂缝、滑坡时，采取适当措施，及时处理。

（4）溢洪道、放水洞的养护修理：具体的养护和修理工作包括：

① 清理杂物：定期清理溢洪道和放水洞内的杂物，防止杂物阻塞或者损坏构筑物，影响正常使用。

② 防腐涂料维修：如果发现水泥混凝土表面出现龟裂或鼓包，应及时进行修补和涂料维护，防止因水泥混凝土结构受损而导致泄漏。

③ 涂层更新：根据不同情况，定期对溢洪道和放水洞进行涂层更新，防止因涂层老化、开裂、脱落等问题导致渗漏、漏水等问题的出现。

④ 检查设备：定期检查水利工程设备的性能和状况，比如防洪闸门、放水闸门、泄洪闸门等，以确保其正常运行。

⑤ 清淤除浚：在溢洪道和放水洞内进行清淤除浚工作，保持流道通畅，防止淤积和堵塞影响水利工程的正常使用。

总之，对于溢洪道和放水洞等水利工程构筑物的养护和修理，需要定期检查，及时发现问题并进行处理，以确保其正常使用，维护水利工程的安全运行。

（5）冬季应视冰冻情况，及时对大坝护坡、放水洞、溢洪闸闸门以及其附属结构采取破冰措施，防止冰冻压力对工程的破坏。

（6）融冰期过后，对损毁的部位及时采取措施进行修复。

2. 机电设备维修保养管理制度

（1）操作人员：①按规定维护保养设备。②准确判断故障，同时按操作人员应知应会处理相应故障。③不能处理的故障要迅速报告主管领导，并通知相关人员，电气故障通知专职电气维修人员，机械故障通知技术人员。④负责修理现场的协调，并参与修理。⑤修理结束检查验收。⑥做好维修保养记录。

（2）管理人员：①承接维修任务后，迅速做好准备工作。②关键部位的修理，按照技术部门制订的修理方案执行，不得自作主张；一般修理按技术规范及工艺标准执行。③发现故障要及时报技术人员备案。④不能发现、判断故障，或发现故障隐瞒不报，要追究责任，情节严重的加倍处罚。

（3）主管领导：①修理工作实行主管领导负责制。②检查、监督维修管理制度的落实。③负责关键部位修理方案的审批。④协调解决与修理工作相关的人、机、材问题。⑤推广新材料、新工艺以及新技术的应用。⑥主持对上述人员进行在岗培训。

3. 水库、河道工程养护制度

（1）保持坝（堤）顶的干净，无白色垃圾物，每天组织保洁人员清洁打扫、拣除，定时检查，使坝（堤）顶清洁干净。

（2）保持花草苗木无杂草、无乱枝，定期组织养护人员浇灌、修剪、拔除杂草，保证花草的成活率和美观。

（3）对坝（堤）顶道路设置的限高标志、栏杆等工程设施，每日进行巡视、看护，防止新的损坏发生，发现情况及时汇报，妥善处理。

（4）对种植的苗木、花草组织养护人员及时浇灌、修剪、拔除杂草，坝（堤）顶（坡）面清洁人员及时进行清扫、拣除垃圾，实行"三定"（定人、定岗定任务）、"两查"（周查、月查）管理，全面提高养护质量水平，实现了花草苗木养护的长效管理。

（5）对工程设施、花草苗木的现状及损坏情况及时做好拍照，存档。

（6）及时做好日常养护、清理人员的档案及花草苗木的照片等资料的归档与管理工作。

（三）运行调度制度

运行调度制度是指对水利工程进行有效运行和调度的制度。它是水利工程管理的重要组成部分，包括运行调度规章制度、运行调度组织管理和运行调度技术措施等方面内容。

运行调度制度的目的是为了实现水利工程的高效运行和科学调度，确保水资源的合理利用和水利工程的安全运行。

1. 闸门操作规范制度

（1）操作前检查：①检查总控制盘电缆是否正常，三相电压是否平衡。②检查各控制保护回路是否相断，闸门预置启闭开度是否在零位。③检查溢洪闸及溢洪道内是否有人或其他物品，操作区域有无障碍物。

（2）操作规程：①当初始开闸或较大幅度增加流量时，应当采取分次开启办法。②每次泄放的流量应根据"始流时闸下安全水位——流量关系曲线"确定，并根据"闸门开高—水位—流量关系曲线"确定闸门开高。③闸门开启顺序为先开中间孔，然后开两侧孔，关闭闸门时与开闸顺序相反。④无论开闸或关闸，都要使闸门处在不发生震动的位置上，按开启或关闭按钮。

（3）注意事项：①闸门开启或关闭过程中，应认真观察运行情况，一旦发生异常，必须立即停车进行检查，如有故障要抓紧处理。如现场处理有困难时，要立即报告领导，并组织有关技术人员进行检修处理。检修时要将闸门落实。②每次开闸前要通知水文站，便于水文站及时发报。③每次闸门启闭、检修、养护，必须做好记录，汇总整理和存档。

2. 提闸放水工作制度

（1）标准洪水闸门启闭流程：①当雨前水位达到汛限水位，且雨后上游来水量比较大时，需提闸放水。②值班人员向主要领导或分管领导汇报情况，报有管辖权防办同意后准备提闸放水。③提闸放水前，需事先传真通知下游政府部门和沿河乡镇以及有关单位；同时值班人员需沿河巡查，确认无险情后，通知提闸放水。④根据来水情况进行提闸放水操作，每次操作必须有两人参加；闸门开启流量要由小到大，半小时后提到正常状态；闸门开启后向水文局发水情电报。⑤关闭闸门时，要根据来水情况进行计算，经领导同意后，关闭闸门，每次操作必须有两人参加，操作人员同上；关闭闸门后向水文局发水情电报。

（2）超标准洪水闸门启闭流程：如果下游河道过水断面较大，可加大溢洪闸下泄流量；否则，向有管辖权防办请示，启用防洪库容，减少下游河道的过水压力，同时，向库区乡镇发出通知，按防洪预案，由当地政府组织群众安全转移。

3. 中控室安全管理制度

中控室安全管理制度是指为了确保水利工程运行安全，规范中控室操作行为，加强中控室安全管理，制定的一系列管理制度。该制度通常包括以下内容：

① 中控室管理机构及人员职责：明确中控室的管理机构、职责和人员的权限。

② 安全责任制度：规定中控室各级人员在工作中的安全职责和安全纪律，要求加强安全意识，防止事故发生。

③ 安全培训制度：要求对中控室人员进行安全培训，提高其安全意识和应急处置能力。

④ 中控室操作规程：规定中控室操作人员的操作规程和流程，从而确保水利工程安全、稳定地运行。

⑤ 中控室设备管理：规定中控室设备的使用、维护和保养，确保设备的正常运行和延长使用寿命。

⑥ 应急处置制度：规定中控室在突发事件发生时的应急处置流程和责任人员，要求中控室人员能够快速、准确地处置各种突发事件。

⑦ 信息管理制度：规定中控室信息的管理、保密和传递流程，以确保信息的安全和准确性。

⑧ 突发事件报告制度：要求中控室人员及时、准确地上报突发事件，方便及时采取应急措施。

中控室安全管理制度是保证水利工程安全稳定运行的重要保障，必须得到严格执行和监督。

### 4. 交接班制度

（1）交班工作内容：①交班人员在交接班前，由值班班长组织本班人员进行总结，并将交班事项填写在运行日志中。②设备运行方式、设备变更和异常情况及处理情况。③当班已完成和未完成工作及有关措施。④设备整洁状况、环境卫生情况、通信设备情况等。

（2）接班工作内容：①接班人员在接班前，要认真听取交班人员的介绍，并到现场进行各项检查。②检查设备缺陷，尤其是新发现的缺陷及处理情况。③了解设备修试工作情况及设备上的临时安全措施。④审查各种记录、图表、技术资料及工具、仪表、备品备件等。⑤了解内外联系事宜及有关通知、指示等。⑥检查设备以及环境卫生。

## 三、水利工程治理的责任体系

明确水利工程治理的各类责任，对确保工程安全运行并发挥效益具有十分重要的意义。按照现行的管理模式划分，水利工程安全治理应包括由各级政府承担主要责任的行政责任、水利部门自身担负的行业责任、水利工程管护单位作为工程的直接管护主体担负的直接责任。

### （一）水利工程治理的行政责任体系

水利工程治理的行政责任体系是指水利工程治理工作中的各级行政机关、水利管理机构、项目建设单位、设计单位、施工单位、监理单位以及运行单位等各方在工程治理工作中的责任与义务，以及相应的监督和问责机制。该体系是保障水利工程治理工作正常、有序开展的重要保障。

行政责任体系的主要内容包括：

① 水利行政主管部门的责任：水利行政主管部门是水利工程治理工作的主要责任方，其责任是对水利工程治理工作进行统筹协调、指导监督和实施考核，保障水利工程治理工作的顺利开展。

② 水利管理机构的责任：水利管理机构是具体执行水利工程治理工作的责任方，其责任是按照行政主管部门的指导和要求，制定和实施水利工程治理方案，保证水利工程治理工作的质量和进度。

③ 项目建设单位、设计单位、施工单位、监理单位、运行单位的责任：项目建设单位、设计单位、施工单位、监理单位、运行单位分别承担水利工程治理工作中的不同责任，其责任是按照相关规定和要求，负责工程的规划、设计、建设、监理、运行管理等各个环节，保证水利工程治理工作的质量和安全。

④ 相应的监督和问责机制：建立相应的监督和问责机制，对于各方在水利工程治理工作中的不当行为或不履行职责的行为进行问责，确保水利工程治理工作的有效实施。

总之，水利工程治理的行政责任体系是保障水利工程治理工作顺利开展的基础，各方应积极履行自身的责任和义务，建立有效的监督和问责机制，不断完善和提高水利工程治理工作的质量和效率。

### （二）水利工程治理的行业责任体系

水利工程治理的行业责任体系是指在水利工程治理中，各个行业主管部门应当承担的责任和义务，以确保水利工程的安全运行和治理效果的实现。具体来说，水利工程治理的行业责任体系包括以下几个方面：

① 监管责任：水利行业主管部门应当制定监管政策和技术标准，对水利工程的建设、运行、维护等进行监管，确保其符合相关规定和要求。

② 设计责任：水利工程设计单位应当根据工程的实际情况，科学合理地设计工程方案和施工图，确保工程的安全性和可靠性。

③ 施工责任：水利工程施工单位应当按照设计要求和施工规范进行施工，确保工程质量和安全。

④ 运行责任：水利工程管理单位应当根据工程实际情况，制定了科学合理的运行方案和安全管理制度，确保工程安全运行。

⑤ 维护责任：水利工程管理单位应当定期对工程进行巡查和维护，及时发现和处理工程的问题和隐患，确保工程安全运行。

⑥ 应急管理责任：水利行业主管部门和水利工程管理单位应当制定应急预案，确保在突发事件发生时，能够及时、有效地处理和处置，最大限度地减少损失和影响。

总之，水利工程治理的行业责任体系是保证水利工程安全运行和治理效果实现的重要保障，各个行业主管部门和水利工程管理单位应当按照各自的职责和义务，积极地履行责任，不断提高水利工程治理的水平和效果。

### （三）水利工程治理的技术责任体系

水利工程治理的技术责任体系是指负责水利工程的设计、建设、运行、维护等技术工作的各类人员在治理过程中所应承担的责任和义务体系。具体包括以下几个方面：

① 设计责任：设计人员应按照规范和标准进行设计，保证水利工程的安全性、可靠性和经济效益。对于设计缺陷导致的安全事故，设计人员应承担相应的责任。

② 施工责任：施工人员应按照设计要求进行施工，并且对施工过程中出现的问题及时采取措施进行处理。对于因施工不当导致的事故，施工人员应承担相应的责任。

③ 运行责任：运行人员应按照规章制度进行水利工程的日常管理和维护，并严格执行水位、流量等运行指标，确保水利工程的正常运行和安全。对于因运行不当导致的事故，运行人员应承担相应的责任。

④ 维护责任：维护人员应定期对水利工程进行检查和维护，确保其设备和构件的完好性和正常使用。对因维护不当导致的事故，维护人员应承担相应的责任。

⑤ 监督责任：监督人员应对水利工程进行定期检查和监督，及时发现问题并提出整改意见。对于未能及时发现或处理问题导致的事故，监督人员应承担相应的责任。

水利工程治理的技术责任体系，可以通过建立责任追究制度和技术培训机制等方式加强，促进各类技术人员的履职尽责和提高其技术水平。

## 四、水利工程治理的评估体系

对水利工程治理成效的测评，可以从多个角度各有侧重的进行，以期做出系统全面的评价。工程管理单位所在地党委、政府可以进行地方行政能力评估，水行政主管部门可以按照不同工程种类的各项技术要求进行行业评估，社会对水利工程管理单位的评价可以通过对指标的检查与考核，全面建立评估体系。

### （一）行政评估体系

主要是指水利工程管理单位所在地党委、政府对水利工程管理单位的领导班子、业务成绩、管理水平、人员素质、社会责任等各方面的总体评价及综合认定。

为引导省直机关更好地履职尽责、依法行政、改进作风，山东省委、省政府 2014 年底制定出台了"关于开展省直机关科学发展综合考核工作的意见（试行）"，从 2015 年开始，山东省将全面推行这一新的考核办法。对于水利工程管理单位的评估可参照此指标体系进行。

考核内容可包括两个方面，一是党的建设，二是重点工作任务。党建方面，主要考核领导班子思想政治建设、干部队伍建设、党的基层组织建设、精神文明建设和党风廉政建设情况，突出落实从严治党责任、从严管理干部、党建创新、社会主义核心价值观教育、严明党的纪律等内容。

重点工作任务，主要考核水利工程管理单位年度发展主要目标、全面深化改革重点任务、履行职能重点工作完成情况和法制建设成效。对于重点工作任务，根据业务开展重点每年可确定 10 ~ 12 项考核指标。

考核实行千分制，其中党的建设指标 500 分，重点工作指标 500 分。在考核方式上，实行定量考核与定性考核相结合。对定量指标设定目标值，由考核责任部门（单位）根据年度数据核定，目标值完成不足 60% 的指标，计零分；完成 60% 以上的，按实际完成比例计分。定性指标的考核，由考核责任部门（单位）考核各项指标和要点落实推进情况，考核要点完成的计该要点满分，未完成的计零分。

考核还可以设置扣分项目，在依法履职、社会稳定、安全生产、计划生育等方面发生重大失误、造成较大负面影响的，省人大代表建议批评和意见、省政协提案办理情况较差的，予以扣分，单项扣分不超过 10 分。

考核中可以设置工作评价环节，水利工程管理单位业务分管部门领导，本单位干部职工，当地党委、政府主要负责同志、工作服务对象等对管理单位年度工作进行总体评价，评价结果作为重点工作任务的考核系数。依据综合考核分值，分为"好""较好""一般""较差"四个档次。

为强化激励约束，综合考核结果的权重可以占到水管单位领导班子主要负责人年度考核量化分值的 80%，占其他班子成员年度考核量化分值的 60%，即综合考核结果将作为领导班子建设和领导干部选拔任用、培养教育、管理监督的重要依据。这样可以把综合考核与工作绩效考核、领导班子和领导干部年度考核一体设计、一并进行，做到了考事与考人有机结合，可据此对水利工程管理单位党建情况、重点工作完成情况和领导班子队伍建设情况作出整体评价。

### （二）行业评估体系

主要是指各级水行政管理部门，依照制定的各项指标，对水利工程管理单位的组织管理、安全管理、运行管理、经济管理四方面情况进行综合评估。

为加强水利工程管理，科学评价工程管理水平，保障工程安全，充分发挥工程效益，2003 年，水利部出台了《水利工程管理考核办法》，开展水利工程管理考核工作。部分省水行政主管部门结合自身实际，针对不同的工程类别分别制定了切实可行的考核办法、打分细则。

### （三）社会评估体系

社会对水利工程管理单位的评价可以通过对两级指标的检查与考核，全面建立评估体系。评价指标主要包括一级和二级评价指标。

1. 一级评价指标

共 5 项：体制改革、管理制度、自动化和信息化、管理能力以及基础条件。

（1）水利工程管理体制改革：国有大中型水利工程管理体制改革成果进一步巩固，两项经费基本落实到位，水利工程管理单位内部改革基本完成维修养护市场基本建立，分流人员社保问题妥善解决；小型水利工程管理体制改革取得阶段性进展，管理主体和经费得到基本保障。

（2）水利工程运行管理制度建设：各类水利工程运行管理的法规、规范、规程和技术标准基本健全，能够满足水利工程安全运行和用水管理、科学管理的要求；水利工程运行管理制度健全，全面落实安全管理责任制，切实防止重大垮坝、溃堤伤亡事故及水污染事件发生，保障工程安全及人民群众饮用水安全。

（3）水利工程自动化和信息化建设：整合气象、水文、防汛等资源，水库、水闸等重要、大型水利工程，基本实现水情、工情、水质等监测信息的自动采集和同步传输，以及重要工程管理范围的实时和全天候监控；水利工程运行管理初步实现自动化和信息化，运行效率显著提升。中、小型水利工程的自动化和信息化水平显著提高，基本满足了工程运行管理的需要。

（4）水管单位能力建设：水利工程管理单位人员结构得到优化，专业素质显著提高；运行管理设备设施装备齐全、功能完备；突发事件处理技术水平、物资储备、综合能力、反应速度和协调水平显著提升。在地方政府支持和社会各界的配合下，有效预防、及时控制和妥善处理水利工程运行管理中发生的各类突发事件。

2. 二级评价指标

共23项：人员经费和维养经费到位、大专以上人员比例（小型工程高中以上）、安全管理行政责任制完全、内部管理岗位责任制完全落实、工程信息化集中监控综合管理平台设置、视频会商决策系统（房间及传输显示）配置、智能化远程调度操控终端配置率、管理范围视频监视全覆盖、工程监测数据自动采集、巡视检查智能化、雨量水位遥测预报、工程运行基本信息数字化、职工办公电脑配置率、完成工程安全管理应急预案制订并批准、视频监视设施完好率、工程监测设施完好率、启闭设施完好率、注册登记、工程管理范围及保护范围划界、安全鉴定达到2级以上、金属结构安全检测达到2级以上、管理单位安全等级达到2级以上以及满足设计要求。

评价方法包括定量描述与定性表述。定量描述是通过简单、方便的函数计算所得数据，评价可复制、可推广、可评估、可量化、易于操作的分项指标；对难以定量确定的指标，通过综合分析表述方法对指标性质进行定性表述。

# 第四节　水利工程治理的实现目标

## 一、实现水利工程安全的良性循环

水利工程是国民经济发展的重要基础设施，其安全运行不但可以使人们免于洪涝的伤害，还能够产生一定的经济效益，是一项利国利民的基础工程。加强了水利工程管理，确保水利工程安全运行，充分发挥水利工程的经济效益，是水利工程管理的重要内容。

（一）水利工程的防洪安全

水利工程的防洪安全是指对洪水的发生和发展采取措施，减少洪灾损失，保护人民生命财产安全的一系列工作。这个工作包括防洪规划、堤防和闸门、泵站等水利工程设施的建设和维护、洪水预报和监测等方面。

防洪安全是水利工程的重要职能之一，对保护人民生命财产安全，促进社会经济发展具有重要意义。在防洪安全工作中，需要综合考虑气象、水文、地理等多种因素，采取科学合理的防洪措施，对于预防和减轻洪灾损失具有重要的作用。

防洪安全需要不断进行科学技术的更新换代，提高水利工程的防洪能力。同时也需要政府部门和公众的关注和支持，从而确保防洪安全工作的顺利开展。

（二）水利工程的供水安全

1. 形成安全稳定可靠的供水机制，实现合理用水、高效用水

用水管理是指应用长期供求水的计划、水量分配取水许可制度、征收水费和水资源费、计划用水和节约用水等手段，对地区部门单位及个人使用水资源的活动进行管理，以

期达到合理用水、高效用水的目的。从水利工程供水方面而言，依据工程自身实际状况，制订科学合理的供水计划，充分考虑流域范围内的水资源供需矛盾和用水矛盾，将供水总量限制在合理范围之内。依据取水许可制度，规范取水申请、审批、发证程序，落实到位的用水监督管理措施，对社会取水、用水进行有效控制，促进合理开发和使用水资源。通过征收水费和水资源费，强化水资源的社会价值和经济价值，促进形成良好的用水理念和节水意识。通过贴合实际的计划用水需求分析，在水量分配宏观控制下，结合水利工程当年的预测来水量、供水量、需水量，制订年度供水计划，合理满足相关的供水需求。

2. 形成完善的水质安全保障体系

灵活把握水质保护的宣传方式方法教育，提高群众对水源地水体的保护意识，提高群众保护水源的自觉性，有效制止和减少群众污染水源的行为。制定完善水体污染防治标准和制度，从严控制在水源地保护区内新上建设项目。落实水源地保护队伍，强化水源地治安管理。建立健全规章制度，规范水源地保护措施。依据有关要求，实施好水质监测工作，对需要监测的水质进行定期监测和分析，发现水质异常时及时采取有效措施，确保水质达标。

3. 完善供水应急处理机制，保障供水安全

完善供水应急处理机制，是确保供水安全的重要保障措施。具体来说，需要以下几方面的工作：

① 建立健全应急预案。针对供水过程中可能发生的各种突发事件，建立应急预案，包括组织机构、应急处置流程、应急处置措施等方面，确保在突发情况下能够及时和有效地采取措施。

② 建立完善的应急物资储备体系。根据应急预案确定的应急物资需求，建立相应的储备体系，确保在突发事件中能够及时调配物资，保障供水安全。

③ 加强供水设施的检修和维护。加强对供水设施的日常检修和维护，及时发现问题并及时处理，确保供水设施处良好的运行状态。

④ 加强供水系统的监测和预警。建立供水系统的监测和预警机制，及时发现异常情况，采取措施避免事故发生，保障供水安全。

⑤ 加强人员培训和应急演练。加强供水系统操作人员的培训，提高其应急处置能力，同时定期组织应急演练，检验应急预案的可行性和有效性。

（三）水利工程治理的应急机制

1. 水利工程安全管理的预警机制

大中型水利工程逐一建立预警机制，对小型水利工程以乡镇为单位建立预警机制。水利工程安全预警机制的内容主要包括预警组织、预警职责、风险分析和评估、预警信息管理等。水利工程管理单位内部设立安全预警工作部门，并按照相关职责分别负责警况判断、险情预警危急处置等相关工作。水利工程管理单位安全预警工作部门，每月进行一次

安全管理风险分析、预警测算、风险防范、警况处置和预警信息发布，并依据分析研判结果上报当地政府或水利主管部门。水利工程安全管理预警指标体系可从水利工程安全现状、视频监控、应急管理等方面预警，二级指标包括了水利从业队伍安全意识与行为、水利工程设备设施运行状况、水利工程重点部位运行状态、水利工程安全环境、水利工程安全管理措施、人员队伍安全培训、视频监控力量、视频监控效果、应急处置力量、险情风险分析安全事故防范应急预案等多个方面。

2. 水利工程安全管理的预报机制

各级水行政主管部门结合水利工程安全管理实际，设立水利系统内安全管理预报部门，负责水利工程安全预警工作的监督管理、水利工程安全管理预警信息等级测算、水利工程安全管理预报信息管理与发布、水利工程风险管理与事故防范工作的督促指导等工作。各级水行政主管部门定期进行水利工程安全管理综合指数测算和预报信息发布。具体水利工程安全管理预报指标体系可从水利工程重点部位重大安全事故、应急管理等方面预报。二级指标包括水利工程重点部位安全指数、预计危害程度、实际监控状况、历史运行状态、事故发生概率测算、水利技术等级、实施了设备新旧程度、实际操控信息化水平、危机应急预案、日常应急演练开展等多个方面。

3. 水利工程安全管理预警预报的管理机制

建立健全完善的预警管理制度，各级水行政主管部门负责对水利工程管理单位从业人员组织安全管理培训，协助具体部门、单位进行安全预警预报及安全生产政策咨询。同时，为水利工程安全管理预警预报机制的管理提供法律法规支撑。在相关法律规章之中，明确规定各有关单位在水利工程安全管理预报机制及安全管理预警机制中的责任和义务，明确界定相关部门的职能和权利。各级水行政主管部门有义务和责任对本区域内的重点水利工程的安全状况进行调查、登记、分析和评估，并对重点工程进行检查、监控。水利工程管理单位自身应具备健全完善的安全管理制度，定期进行安全隐患排查和防范措施的检查落实，并接受相关部门的监督检查。

## 二、实现水利工程运行的良性循环

水利工程是用于控制和调配自然界地表水和地下水的重要工程设施，是应对水资源管理、实现兴利除害目的的重要保障。水利工程的运行管理是一个由水资源、社会、经济、管理等多个不同子系统和不同层面问题构成的复杂系统。水利工程的正常运行主要是指水利工程设施完好及其工程正常发挥，水利工程建成后不但能够按照规划设计要求发挥其应有的作用和效益，而且能得到良好的建后治理维护，直至工程寿命终结。因此，实现水利工程良好作用的发挥，必须以标准的工程维护规范的工程运行、到位的水行政执法为保障和基础。

### （一）水利工程维护的标准化

水利工程维护的标准化主要包括以下几个方面：

① 维护标准：制定水利工程维护的标准化要求，明确维护的具体内容、工作标准、周期、方法等，确保维护工作的质量和效果。

② 维护计划：编制水利工程维护计划，根据不同水利工程的性质、功能和特点，确定维护工作的时间节点、范围和频次，合理安排维护人员和维护设备，确保维护工作的及时性和有效性。

③ 维护记录：建立水利工程维护记录，对于维护工作的过程和结果进行记录和统计，以便于对维护工作进行评估和监督。

④ 维护人员：建立水利工程维护人员的标准化管理体系，制定维护人员的职业标准和技能要求，开展培训和考核工作，提高维护人员的素质和能力。

⑤ 维护设备：建立水利工程维护设备的标准化管理体系，制定维护设备的使用标准和维护要求，确保维护设备的正常运行和使用寿命。

⑥ 维护资金：建立水利工程维护资金的保障机制，确保维护资金的专项专用和到位使用，保障了水利工程维护工作的顺利开展。

### （二）水利工程运行的规范化

#### 1. 进一步深化水利工程管养分离

水利工程的管养分离是指将原来由水利工程管理单位（通常是水利部门）承担的工程建设、维护保养和管理等职能，分离出水利工程管理与水利工程运行、维护保养两个职能，分别由不同的机构或企业负责。这样可以实现工程建设、运行管理等职能分工明确，运行维护更加专业化和标准化，从而提高水利工程的维护管理水平，保障水利工程的安全和有效运行。

进一步深化水利工程管养分离，需要从以下几个方面进行：

① 推动政策法规制度建设。完善相关法律法规和政策文件，明确了水利工程管养分离的工作程序、职责、权力和责任等方面的制度，为水利工程管养分离提供制度保障。

② 加强机构改革。在机构改革过程中，要加强对水利工程管理和水利工程运行、维护保养两个职能的分离，建立专业化的管理机构和运行维护机构。

③ 完善运行维护机制。建立运行维护机制，制定标准化、科学化的运行维护流程和技术规范，提高运行维护的质量和效率。

④ 推进信息化建设。加强信息化建设，建立水利工程信息化平台，实现对水利工程运行、维护保养等方面的数据采集、处理、分析和应用，提高水利工程管理的科学化和精细化。

⑤ 加强人才培养。加强水利工程管理和运行维护等方面的人才培养，提高相关人员的专业素养和管理能力，为了水利工程管养分离提供有力的人才支持。

#### 2. 水利工程运行管理规程

##### （1）明确管理单位工作任务

水利工程的管理单位应该明确其工作任务，即要在维护水利工程安全的前提下，合理规划、有效管理和使用水利工程，确保其正常运行和高效发挥作用。具体来说，管理单位的工作任务应该包括以下几个方面：

① 水利工程维护保养：管理单位应该定期检查、维护和保养水利工程，确保其良好的技术状态和安全运行。

② 管理水资源：管理单位应该对水资源进行综合规划、管理和调度，使其能够满足社会经济发展的需求，同时保障了生态环境的平衡和可持续发展。

③ 应急响应：管理单位应该建立应急预案和响应机制，以应对突发事件和灾害，保障水利工程的安全和稳定运行。

④ 信息化建设：管理单位应该利用现代信息技术手段，建立健全的信息化系统，实现对水利工程的实时监测和管理。

⑤ 沟通协调：管理单位应该与相关部门和社会各界建立良好的沟通协调机制，加强合作共建，共同推动水利工程的高质量发展。

（2）具备完善的制度体系

具备完善的制度体系是实现水利工程管理有效性的重要前提。制度体系包括规章制度、管理办法、工作流程、操作指南等方面。这些制度文件旨在规范水利工程管理的各个方面，明确工作职责和任务分工，确保工作有序、高效地进行。例如，应建立水利工程运行管理制度、维护管理制度、安全管理制度、监督管理制度等。这些制度应当有法律依据，符合相关标准和规范，同时应当经过实践检验，不断完善和优化。制度的完善有助规范水利工程管理行为，提高管理效率和效益，确保水利工程的安全稳定运行。

（3）明确划定水利工程管理范围

水利工程管理范围的明确对于保障水利工程的正常运行和维护至关重要。首先，需要明确水利工程的边界，确定水利工程的范围和界限，包括各类水库、水闸、泵站以及引水渠道等。其次，需要明确水利工程管理的职责和权限，划分管理区域和管理单位，并确定相应的管理制度和规章制度。同时，还需考虑不同水利工程的特点和运行情况，因地制宜地制定管理方案，确保水利工程管理的有效性和高效性。

（三）水利工程保护的法规化

1. 完备的水行政执法队伍

完备的水行政执法队伍指的是负责水利工程治理、保护和管理的水行政执法机构，其职责包括监督、检查和执法，以确保水利工程的正常运行和安全。这个执法队伍通常由水利行政部门、水资源管理部门、环境保护部门等组成，具备相关专业知识和技能，能够有效地执行水利行政法规、政策和标准，维护水利工程的安全和可持续发展。同时，完备的水行政执法队伍还应该具备规范、公正、高效、便民的执法理念和执法方式，秉持公平、公正、文明执法原则，和社会各方面建立良好的沟通和协调机制，共同维护水利工程的安全和稳定。

（1）建立健全水行政执法机构

建立健全水行政执法机构需要以下几个方面的工作：

① 制定水行政执法机构的组织结构、职责、权限等规定，明确水行政执法机构的工作范围和职责。

② 建立健全水行政执法人员的选拔任用、培训和考核制度，确保水行政执法人员具备执法能力和执法素质。

③ 加强水行政执法机构的协调和配合，建立了健全水行政执法联动机制，加强与其他行政执法部门的合作。

④ 加强水行政执法机构的监督管理，建立健全对水行政执法机构的监督机制，确保执法工作依法依规开展。

（2）规范队伍建设

执行水行政执法人员审查录用和培训考核上岗制度，禁止临时聘用社会人员承担水行政执法任务，建立健全层级培训任务和培训体系，采取岗前培训、执法培训、学历教育等形式，不断提升水行政执法队伍的法律素质和业务水平。

（3）提高执法能力

按照岗位责任制、执法巡查制、考核评议制、过错追究制等有关方面的执法制度，严格内部管理，开展层级考核，并且通过研讨交流，逐步改进和规范执法行为，提升执法工作效能。

2. 完善的水利工程执法制度体系

（1）对水利工程完成确权划界

国家通过多项法规条例对水利工程的管理保护范围进行了界定，所有水利工程都应当依法划定水利工程管理和保护范围。《河道管理条例》《水库大坝安全管理条例》《山东省小型水库管理办法》《山东省灌区管理办法》等对河道水库和灌区工程的管理和保护范围划定标准有明确规定。

（2）对水利工程管理与保护范围内有关活动进行限制

在河道、水库大坝、灌区工程管理范围内建设桥梁、码头和其他拦水、跨水临水工程建筑物、构筑物，铺设跨水工程管道、电缆等，其工程建设方案应当符合国家规定的防洪标准和其他有关的技术要求，并经过有管理权限的水行政主管部门审查同意。因建设上述规定工程设施，占压、损坏原有水利工程设施的，建设单位在限期内恢复原状，无法恢复的，依法予以补偿。在河道、湖泊、水库等管理范围内从事采砂取土、淘金等活动，依据有管辖权的水行政主管部门发放的采砂许可证，按照河道采砂许可证规定的范围和作业方式进行开采，并缴纳河道采砂管理费。

（3）对水利工程保护范围内有关活动予以禁止

依据《水法》规定，在水利工程保护范围内禁止从事影响水利工程运行和危害水利工程安全的爆破、打井、采石取土等活动。对于有关限制或禁止的行为依法追责。对违反水利工程保护和管理法律法规的行为，根据有关规定予以不同程度的行政处罚。

3. 完整的水利综合执法体制机制

结合水行政执法工作实际，逐步建立健全综合执法、区域协调、部门联动、监督制约等体制机制，形成职能统一、职责明确部门协作、民主监督的良好局面，不断推进综合执法工作的规范运行。建立综合执法机制，将水资源开发保护河道采砂管理、水事纠纷调处、涉水工程审查等职能相对集中，明确到具有执法主体的相关部门和水行政执法机构，集中、协调、统一开展了水利综合执法。稳步建立区域协调机制。按照条块结合、属地管理的原则，充分发挥区域和流域作用，强化属地水资源防洪安全、河道采砂等方面管理，对可能发生的边界水事纠纷，通过经常巡查定期协商和召开座谈会等方式，要善处理和预防水事案件的发生。积极建立部门]联动机制，在推进综合执法过程中，各级水利部门在协调好内部关系的同时，积极争取党委政府支持，协调公安、国土、工商、财政等部门，在水行政审批、行政处罚、行政征收和监督检查等方面，给子大力支持和配合，形成部门联动机制，为水利综合执法工作提供有力的保障和支持。有效建立监督制约机制，结合不同岗位的具体职权，制定执法工作流程，分解执法责任，每个执法人员都能明确自己的执法依据、执法内容、执法范围、执法权限。不断健全内部约束和社会监督制约机制，所有执法行为均接受社会各界及新闻媒体监督，形成了内外结合运行有力、监督有效的执法管理制度。

### 三、实现水利工程生态的良性循环

#### （一）增强水利工程生态管理理念

随着经济的快速发展，随之出现了很多环境问题，我国生态环境保护形势不容乐观，特别是随着经济的不断发展对河流水域的破坏日趋严重。这同时让水利工程管理从业人员认识到，传统意义上的水利工程管理在满足社会经济发展的需求时，不同程度地忽视了水生态系统本身的需求，而水生态系统的功能退化，也会给人们的长远利益带来损害。未来的水利工程在权衡水资源开发利用和生态与环境保护二者关系的同时，适当地采取规范水资源开发的约束机制，理性地探索实践资源开发与生态保护之间的合理的平衡点，逐步确立水利工程生态管理理念，从而达到对水资源进行合理的开发与利用。这样不仅能够实现人类对水资源的开发和利用，而且还尊重和保护自然生态环境。因此，对生态水利工程进行管理意义重大。

1. 水利工程的生态管理对农业生产影响深远

水利工程对农业生产的影响非常重要。首先，水利工程对于灌溉农田起着至关重要的作用，保证了农作物的生长和产量；其次，水利工程还能够改善农业生产环境，防治水土流失和干旱缺水等自然灾害，提高农作物品质和产量，并促进农业生产的现代化和可持续发展。同时，水利工程的建设和运营也需要注意对生态环境的保护，例如合理利用水资源、减少水土流失、防止水污染等，以维护农业生产的可持续性和生态平衡。因此，在水利工程的规划、建设和管理过程中，需充分考虑农业生产和生态环境的需求，注重协调发展。

2. 水利工程的生态管理可以更好地保护河流多样性

水利工程的生态管理可以更好地保护河流多样性。随着城市化进程的加速和工业化程度的提高，人们对水资源的需求不断增加，水利工程的建设和利用也越来越频繁。但是，水利工程的建设和利用过程中往往会破坏河流的自然生态环境，对河流的多样性造成负面影响。因此，对于水利工程的生态管理显得非常重要。

水利工程的生态管理可以通过改善河流生态环境、保护和恢复生物多样性、减少水土流失等方式来实现对河流多样性的保护。比如，在水利工程建设过程中应该尽量减少对河流水生动植物栖息地的破坏，通过合理的规划和设计来保护和维护河流的生态环境。同时，可以采用生态补偿、生态修复等措施来促进河流生态环境的保护和恢复。

3. 水利工程的生态管理有利于所在地区局部流域河床岸坡建设与防护

水利工程的生态管理可以促进河流多样性和生态系统的健康。对于河床和岸坡的建设和防护，生态管理可以通过维护生态系统稳定性和生态过程，保持水体的自洁能力和水生态的平衡，从而减少河流的水土流失和淤积，提高河流的流动性，减小水灾和洪涝的发生频率和程度，有利于河床和岸坡的稳定和安全。

4. 水利工程的生态管理可以保证对已破坏的河道进行及时修复

水利工程的生态管理可以保证对已破坏的河道进行及时修复。生态管理可以通过控制水质、水位和流速，减少泥沙淤积，防止河道水面上的污染物质流入下游地区。在水利工程的生态管理中，可以采用生态护岸、人工湿地、植被修复等措施，减少洪水对生态环境的破坏，提高河道的自我修复能力。通过这些措施，可以有效地减少河道对于环境的影响，保障生态系统的健康稳定发展。

（二）明确生态管理标准

明确生态管理标准是水利工程生态管理的基本要求。具体而言，需要制定相应的法律法规、政策文件和技术标准，明确水利工程生态保护的具体内容、目标和标准。其中，水利工程建设的环境影响评价是明确生态管理标准的重要手段之一，可以对水利工程建设前、建设中和建设后的环境影响进行评估，制定了相应的环境保护措施和标准。同时，还需要建立和完善水利工程环境监测和评估体系，及时监测和评估水利工程对环境的影响，为生态管理提供科学依据和技术支撑。

（三）创新水利工程生态管理制度

1. 实行最严格水资源管理制度

山东率先出台的《山东省用水总量控制管理办法》在全国引起了强烈反响，这是我国出台的第一部有关用水总量控制的地方政府规章。该办法通过确立水资源开发利用控制红线，建立用水总量控制制度；通过对确立水资源利用效率红线，建立用水效率控制制度；通过确立入河湖排污总量红线，建立水功能区限制纳污制度；通过将"三条红线"控制指标纳入对地方科学发展绩效综合考核评价体系，确立最严格水资源管理责任与考核制度。"三条红线"的划定，对水利工程水量调度提供了"安全线"和"指导绳"，是对水利工程的生态管理更加有力的指导和支撑。结合最严格水资源管理制度的要求，从水利工程生态管理角度做好以下几点。

（1）严格水资源论证与取水许可审批管理

严格建设项目水资源论证管理，推进规划水资源论证；进一步地完善论证评审制度和程序，建立首席专家制度和完善的、固定的水资源论证程序。严格取水许可审批管理，实施取水许可区域限批制度，重点落实节水和污水处理"三同时"规定。

（2）严格计划用水与用水定额管理

严格计划用水，加强对各类用水户的日常监督管理，依据用水定额按年度制订用水计划，并按期考核。对工业和服务业用水超计划或者超定额部分，要累进加价征收水资源费；对农业灌溉超计划取水的，相应核减下一年度用水指标。

（3）严格计量收费

主要是加强水资源费的征缴，确保应征必征执行到位、征收标准执行到位、计量收费执行到位、水资源费按规定使用到位。

（4）严格水资源监测与评估

建立健全科学完备的监测体系，加强了对用水总量、重点用水户和水功能区水质的监测。针对监测成果进行科学评估，包括原始数据的可靠性分析、数据核实对比分析与误差分析、实际监测数据与控制指标对比分析原因分析及意见和建议等，为下一年度或规划期的区域用水控制指标制定及地方各级政府和相关部门考核提供依据。

（5）严格水资源管理责任考核

与各级组织部门协作把水资源管理纳入当地科学发展综合考核体系；依法落实地方行政首长负责制，把考核结果作为评价各级政府执政能力和发展实绩的重要依据；建立对事故相关责任人的问责制。

2. 确定水利工程的水权制度

为严格水资源管理制度，需对水权进行合理界定，并建立严格的监督机制。界定水权可按照区域、行业、用水户等要素界定水权。区域水权是指根据地域不同，分别对市、县、乡各级人民政府水的使用权限进行合理分配；行业水权是指根据水的用途，结合各地水资源分布现状，按照工业用水、农业用水生活用水等进行明确，同时建立取水许可制度和水资源有偿使用制度，同时确定补偿形式以及收费标准；用水户水权是指根据具体用水户用水需求，将水权进行合理分配，由水行政主管部门发放用水许可证，进行用水控制和水量监督。农村用水户的使用权限可通过办理水权证来确定每一用水户相应需求的用水权利，农村用水者协会负责统计用户总计用水量并办理取水许可，用户水权证由协会向用户发放并且负责监督和水量调剂，水量调剂将根据制定完成的相应有偿调剂机制予以调剂，保障农村用水户的基本权益。

3. 确立水资源有偿使用制度

水资源是一种有限的自然资源，随着社会经济发展和人口增长，水资源的需求不断增加，其供给能力却面临着日益严峻的挑战。因此，确立水资源有偿使用制度是必要的。

水资源有偿使用制度是指根据水资源的市场价值原则，采取收费或其他形式，对水资源的利用者收取相应的费用或价格，从而引导和约束水资源的合理利用。这样一来，水资源的使用者就会对自己的用水行为进行更加合理的规划和管理，从而有效地控制水资源的浪费和滥用。

在建立水资源有偿使用制度的过程中，需要明确以下几个方面的标准：

① 收费标准：要根据水资源的市场价值和供需关系，制定合理的收费标准，使水资源的使用者付出相应的代价，同时也要考虑到不同用户的经济能力和用水需求。

② 收费范围：要明确收费的范围和标准，包括了不同用水行业、用水方式以及用水地区等的收费标准。

③ 收费管理：要建立健全的收费管理制度，确保收费的公正性、透明性和合法性，并采取有效的措施防止水资源的滥用和浪费。

④ 收费用途：要明确收取的费用用途，包括用于水资源保护、节约和管理的投入，以及用于水资源的监测和评估等等。

⑤ 收费监督：要建立健全的监督机制，确保收费的合法性和有效性，同时也要对水资源的使用情况进行监督和评估，以保证水资源的合理利用和可持续发展。

# 第二章

## 水利工程土石坝施工建设

### 第一节 土的施工分级和可松性

#### 一、土的工程性质

##### （一）土的工程性质指标

① 含水量：土中水分的含量，一般用质量百分比表示。

② 比重：土的质量密度，即单位体积土的质量，一般以克/立方厘米表示。

③ 容重：土的干密度，即土体在干燥状态下单位体积的质量，一般以克/立方厘米表示。

④ 空隙比：土中孔隙体积与土体体积之比，一般以百分比表示。

⑤ 孔隙度：土中孔隙体积与土体体积之比，一般以百分比表示。

⑥ 压缩性：土体受到压力后的压缩变形性质，一般以压缩指数表示。

⑦ 强度：土体的抗剪强度和抗压强度等，一般以兆帕表示。

⑧ 可塑性：土体的可变形性质，一般以塑性指数表示。

这些指标可以用来评价土体的工程性质，指导土的工程设计、施工与使用。

##### （二）土的颗粒分类

土的颗粒分类主要有三种，即粘粒、细沙和粗砂。其中，粘粒指直径小于0.002毫米的颗粒，是土壤中最细小的颗粒；细沙指直径在0.02~0.002毫米之间的颗粒，大小介于粘粒和粗砂之间；粗砂指直径在2~0.02毫米之间的颗粒，是土壤中最大的颗粒。不同颗粒大小的土壤会影响土壤的质地和性质，从而对植物生长和土地利用产生的影响。

##### （三）土的松实关系

土的松实关系是指土体的孔隙度与有效应力之间的关系。孔隙度是指土壤中孔隙空间的总体积和土壤总体积的比值，是反映土壤松散程度的重要指标。有效应力是指土体中的有效压力，也就是承受力。土的松实关系表明，当土体的孔隙度增加时，土的承载力下降；当孔隙度减小时，土的承载力增加。因此，在土的工程设计中，需要根据具体情况确定土的松实关系，从而保证土体的稳定性和工程的安全性。

### （四）土的体积关系

土的体积关系指的是土的三个体积参数：容重、干密度和饱和密度之间的关系。其中容重是指土壤的干重和体积之比，常用单位是千克/立方米；干密度是指土壤干燥后的重量与体积之比，常用单位是千克/立方米；饱和密度是指土壤含有最大水分时的重量与体积之比，常用单位是千克/立方米。它们之间的关系可以用以下公式表示：

$$饱和密度 = 干密度/(1 - 含水率)$$
$$干密度 = 干重/(干体积)$$
$$容重 = 干重/(干体积 + 孔隙体积)$$

其中，含水率是指土壤的湿度，通常用百分数表示，是指土壤含水量与干重之比。通过测定土壤的体积关系参数，可以了解土壤的物理性质和工程性质，为了土的利用和工程设计提供依据。

## 二、土的工程分级

土的工程分级按照十六级分类法，前Ⅰ～Ⅳ级称为土。同一级土中各类土壤的特征有着很大的差异。例如，坚硬黏土和含砾石黏土，前者含黏粒量（粒径＜0.05mm）在50%左右，而后者含砾石量在50%左右。它们虽都属Ⅰ级土，但是颗粒组成不同，开挖方法也不尽相同。

在实际工程中，对土壤的特性及外界条件应在分级的基础上进行分析研究，认真确定土的级别。

# 第二节　土石方开挖

## 一、挖掘机械

### （一）单斗式挖掘机

#### 1. 单斗式挖掘机的类型

单斗式挖掘机是一种常用的土方机械，根据不同的分类标准，可以分为多种类型，其中比较常见的有以下几种：

① 根据工作装置分类：钩臂式单斗式挖掘机、杆臂式单斗式挖掘机以及臂架式单斗式挖掘机等。

② 根据工作方式分类：轮式单斗式挖掘机、履带式单斗式挖掘机等。

③ 根据工作质量分类：小型单斗式挖掘机、中型单斗式挖掘机、大型单斗式挖掘

机等。

④ 根据适用领域分类：矿用单斗式挖掘机、建筑单斗式挖掘机以及水利单斗式挖掘机等。

2. 单斗式挖掘机生产率计算

单斗式挖掘机的生产率通常通过以下公式计算：

$$生产率 = Q/(K \times N)$$

其中，$Q$ 表示每小时挖掘的土方量（立方米），$K$ 表示每立方米土方的机械作业时间（小时/立方米），$N$ 表示单斗式挖掘机的每小时工作效率（立方米/小时）。

单斗式挖掘机的生产率受到多种因素的影响，包括土壤类型、作业深度、斗的尺寸和形状、斗的铲掘角度、挖掘机的工作状态和驾驶员的技术水平等。在实际应用中，需要结合具体情况进行综合考虑和调整。

## （二）多斗式挖掘机

### 1. 链斗式采砂船

链斗式采砂船是一种用于采集河道、湖泊和海洋中的砂石、淤泥等物质的船只。它的主要特点是使用链斗装置进行砂石、淤泥等物质的采集和装卸，操作简单方便，采集效率高，适用各种水域条件下的采砂作业。常见的链斗式采砂船有单斗式、双斗式和多斗式等不同类型。

### 2. 斗轮式挖掘机

斗轮式挖掘机是一种以斗轮为工作装置的挖掘机，主要用来土方开挖、填方、回填等工程作业。斗轮式挖掘机的工作原理是利用斗轮在工作面上进行挖掘、收集和卸载土方材料。

斗轮式挖掘机的主要组成部分包括斗轮、转台、行走机构、驾驶室和电气系统等。斗轮通过转动，利用斗齿对土方进行切割和刮取，然后将土方送入斗轮内部，并通过转台和卸土装置进行卸载。行走机构可实现斗轮的前进、后退、转向等运动，驾驶室是操作人员的工作区域，电气系统则用于控制挖掘机的运转和各项功能的实现。

斗轮式挖掘机具有工作效率高、适应性强和作业范围广等优点，在土方工程中得到了广泛的应用。

## 二、挖运组合机械

### （一）推土机

推土机是一种大型土方机械，广泛应用于土方、石方等工程中。它主要由发动机、变速器、行走机构、转向机构、工作装置等组成。工作装置由刀头、前罩板和后罩板等部件组成，通过刀头的移动来切割或推动土方。推土机具有工作效率高、作业面积大、操作简单等优点，是土方工程中常用的机械设备之一。

### （二）铲运机

铲运机，又称装载机，是一种多功能工程机械，常用于装载、运输、倾卸各种材料，如土、石、煤、矿石等。铲运机主要由发动机、传动系统、液压系统、操作装置、行走机构、铲斗和配重装置等组成。铲运机有多种类型，如轮式铲运机、履带式铲运机、滑移式铲运机等，不同类型的铲运机适用于不同的工作环境和工作要求。铲运机广泛应用于建筑工地、煤炭、港口、铁路以及矿山等领域。

### （三）装载机

装载机是一种多用途工程机械，通常用于装卸各种材料，如土壤、砂石、煤炭、矿石等。它通常由一个驾驶室和一个装载斗组成，可以在不同的工作条件下使用不同的附属设备，如推土铲、钻头、压路机等。装载机常用于建筑、公路、矿山、港口及轮船装卸等领域，是一种广泛应用于现代建设的重要工程机械。

## 三、运输机械

水利工程施工中，运输机械有无轨运输、有轨运输和皮带机运输等。

### （一）无轨运输

无轨运输指的是在地面或地下无轨轨道的情况下进行的运输。常见的无轨运输方式包括汽车运输、航空运输、水上运输和管道运输等。无轨运输相对于铁路运输和地铁等有轨交通方式而言，具有灵活性高、适应性强和建设成本低等优点，因此被广泛应用于现代物流运输中。

### （二）有轨运输

有轨运输是指以铁路为主要运输方式的交通运输。铁路运输以列车为单位，通过轨道在铁路线路上运行，通常有定时班次和固定线路。铁路运输具有运输量大、速度快、运输安全稳定、适应远距离长途运输等特点。除了铁路运输外，轨道交通系统如地铁、有轨电车等也属于有轨运输。

### （三）皮带机运输

皮带机是一种常见的物料输送设备，广泛应用于各种行业中的物料输送。其工作原理是将物料放置在带式输送机皮带上，通过电动机的驱动，使皮带带动物料进行输送。皮带机运输具有以下特点：

① 适用于长距离和大量物料的输送，能够将物料从起点输送到终点，节省人力物力成本。

② 运输效率高，可以根据需要来进行调节，满足不同输送距离和速度的要求。

③ 输送物料的种类广泛，适用于各种粉状、颗粒状、块状等不同性质的物料。

④ 皮带机具有结构简单、可靠性高、维护方便等优点，使用寿命长。

⑤ 可以在复杂的地形和环境下工作，适应各种恶劣条件。

⑥ 对环境保护和减少污染有积极作用，避免了因物料堆放而带来的空气污染、噪音污染等问题。

# 第三节　土料压实

## 一、影响土料压实的因素

土料压实的程度主要取决于机具能量（压实功）、碾压遍数、铺土的厚度和土料的含水量等。

土料是由土粒、水和空气三相体组成的。通常固相的土粒和液相的水是不会被压缩的，土料压实就是将被水包围的细土颗粒挤压填充到粗土粒间的孔隙中去，从而排走空气，使土料的空隙率减小，密实度提高。一般来说，碾压遍数愈多，则土料越密实，当碾压到接近土料的极限密度时，再进行碾压，那时，起的作用就不明显了。

在同一碾压条件下，土的含水量对碾压质量有直接的影响。当土具有一定含水量时，水的润滑作用使土颗粒间的摩擦阻力减小，从而使土易于压实。但是当含水量超过某一限度时，土中的孔隙全由水来填充而呈饱和状态，反而使土难以压实。

## 二、土料压实方法、压实机械及其选择

### （一）压实方法

压实是指通过外力作用，使土壤颗粒间产生相互靠近，互相挤压而产生相对密度增大和强度增加的过程，常见的压实方法包括以下几种：

① 摆锤压实：利用摆锤式压路机，在土表面来回移动，以重锤的撞击力使土颗粒产生相互挤压而达到压实的目的。

② 振动压实：通过振动力作用于土层，使土颗粒发生相互摩擦挤压，从而达到压实的目的。

③ 静压压实：利用静力对土层进行压实，如使用压路机静压压实。

④ 喷射压实：将水泥浆或沥青喷洒在土层表面，然后使用压路机进行压实，形成坚硬的地面。

⑤ 预压法压实：在未施工前利用重物或机器将土层预先压实，使得土层密实均匀，避免施工过程中产生的松散和变形。

### （二）压实机械

压实机械指用于土壤、沥青以及混凝土等物料压实作业的机械设备，其作用是通过振动或压实作用，将物料压实，提高其密实度、强度和稳定性。常见的压实机械包括：压路

机、振动压实机、压实钢轮、压实板等。其中，压路机是用于道路压实的主要设备，其具有较大的压实力和高效的作业能力，通常用于大面积平整压实作业。振动压实机则适用于压实坚硬土壤和混凝土等材料，能够有效地提高其密实度和稳定性。压实钢轮和压实板则常用于较小的区域，比如园林绿化、小型道路和建筑场地等的压实作业。

（三）压实机械的选择

选择压实机械主要考虑如下原则：

1. 适应筑坝材料的特性

筑坝材料的特性有很多，包括但不限于：

① 亲水性：指材料吸水能力的强弱。在选择筑坝材料时需要考虑到其亲水性，因为在建筑过程中，需要大量地使用水泥、混凝土等材料，如果这些材料的亲水性太强，会导致材料吸水后膨胀，从而影响坝体的稳定性。

② 粘性：指材料粘性的大小。在选择筑坝材料时需要考虑到其粘性，因为材料的粘性会直接影响到材料的流动性和加工性能，从而影响到筑坝过程的顺利进行。

③ 强度：指材料的抗压、抗拉、抗剪强度等性能。在选择筑坝材料时需要考虑到其强度，因为筑坝过程中需要使用一定强度的材料才能保证坝体的稳定性和安全性。

④ 可塑性：指材料在受到外力作用时的变形性能。在选择筑坝材料时需要考虑到其可塑性，因为在筑坝过程中，需要对材料进行加工和塑造，如材料的可塑性太差，会导致加工困难或无法塑造成所需形状。

⑤ 耐久性：指材料在长期使用过程中的耐久性能。在选择筑坝材料时需要考虑到其耐久性，因为筑坝工程是长期的工程，如果材料的耐久性太差，会导致坝体在使用过程中出现安全隐患。

2. 应与土料含水量、原状土的结构状态和设计压实标准相适应

筑坝材料的特性应该与土料含水量、原状土的结构状态和设计压实标准相适应。首先，应根据不同的土料含水量选择适当的压实方式，例如干土和稠泥的压实方式不同。其次，应根据原状土的结构状态选择合适的压实机械和方法，以达到较高的压实质量。最后，设计压实标准也应考虑土的特性，例如土的粘性和塑性指标、稳定性指标等，以确保压实后的土体满足设计要求。

3. 应与施工强度大小、工作面宽窄和施工季节相适应

适应筑坝材料的特性还需要考虑施工条件。例如，施工季节的不同可能导致材料的含水量和强度等特性发生变化，因此需要根据具体情况调整施工强度大小和工作面宽窄，以保证施工效果。另外，还需要根据不同的施工季节和气候条件来选择适宜的压实机械和工艺，以确保材料能够在相应的条件下得到充分的压实和固结。

### 三、压实参数的选择及现场压实试验

#### （一）压实标准

干密度是指土体的干燥状态下每单位体积的质量，通常用克/立方厘米或千克/立方米表示。相对密度是指土体的实际密度与同体积的理论最大密度之比，通常用百分数表示。相对密度可以反映土体的紧密程度，但它的计算比较麻烦，需要进行大量的实验测定。因此，在实际施工中，通常以干密度为指标来进行施工质量控制。根据设计要求和试验结果，确定填方土的干密度标准，施工时进行现场控制和检查，保证填方质量符合设计要求。

#### （二）压实参数的选择

压实参数的选择需要考虑多个因素，包括土壤类型、土壤含水量、施工季节、设备条件、施工要求等等。常见的压实参数包括压实力、压实次数、振动频率以及振动幅度等。

对于不同的土壤类型，需要选择适当的压实力和振动幅度。比如，在砾石土层中应采用较大的振动幅度，而在黏土层中则应采用较小的振动幅度，以避免土体的破坏。

对于不同含水量的土壤，需要选择适当的压实力和振动幅度。含水量较高的土壤需要采用较小的压实力和振动幅度，以避免土壤的破坏和过度变形。

对于不同的施工季节，也需要选择适当的压实参数。在寒冷的季节，土壤含水量较低，需要采用较大的振动幅度和压实力来确保填筑质量。

在选择压实参数时，还需要考虑设备条件和施工要求。比如，设备的工作范围和产能，以及施工进度等都会影响压实参数的选择。同时，施工要求也需要考虑，例如在需要保证土体整体性和稳定性的情况下，需采用较小的振动幅度和压实力。

#### （三）碾压试验场地选择

根据设计要求和参考已建工程资料，可以初步确定压实参数，并进行现场碾压试验。要求试验场地地面密实，地势平坦开阔，可选在建筑物附近或在建筑物的不重要部位。

#### （四）碾压试验成果整理分析

根据上述碾压试验成果，进行综合整理分析，以确定满足设计干密度要求的最合理碾压参数，步骤如下：①根据干密度测定成果表，绘制不同铺土厚度、不同压实遍数土料含水量和干密度的关系曲线。②查出最大干密度对应的最优含水量，填入最大干密度与最优含水量汇总表。③根据表绘制出铺土厚度、压实遍数和最优含水量、最大干密度的关系曲线。

# 第四节 碾压式土石坝施工

## 一、坝基与岸坡处理

坝基与岸坡处理是指对水工建筑物的基础和周围的土石体进行加固或者处理，以确保

水工建筑物的稳定和安全。具体包括以下几个方面：

① 坝基处理：坝基处理是指在坝的基础上进行地基加固或改善地基状况，以提高坝的稳定性和安全性。常见的坝基处理方法有清洗、削平、加固等。

② 岸坡处理：岸坡处理是指对水工建筑物两侧的岸坡进行处理，以确保岸坡的稳定和安全。常见的岸坡处理方法有加固、排水、护坡等。

③ 防渗措施：防渗措施是指对水工建筑物的基础和周围的土石体进行渗透控制，以确保水工建筑物的稳定和安全。常见的防渗措施有防渗帷幕、防渗墙、防渗层等等。

④ 排水系统：排水系统是指对水工建筑物的基础和周围的土石体进行排水处理，以确保水工建筑物的稳定和安全。常见的排水系统有水平排水系统、垂直排水系统、地下排水系统等。

⑤ 监测系统：监测系统是指对水工建筑物的基础和周围的土石体进行实时监测，以及时发现和处理水工建筑物的安全隐患。常见的监测系统有位移监测系统、应力监测系统、渗流监测系统等。

## 二、土石料挖运组织

### （一）综合机械化施工的基本原则

土石坝施工，工程量很大，为降低劳动强度，保证工程质量，有必要采用综合机械化施工。组织综合机械化施工的原则如下：

#### 1. 确保主要机械发挥作用

确保主要机械发挥作用是指在工程建设过程中，保证主要机械设备的正常运行，使其能够发挥预期的作用，顺利完成建设任务。主要机械设备的发挥作用对于工程的质量和进度至关重要。为确保主要机械的正常发挥作用，需要注意以下几个方面：

① 选用合适的机械设备：根据工程需要，选用适合的机械设备，满足工程要求，避免机械设备过于庞大或过于小型化，导致工程建设不能正常进行。

② 做好机械设备的维护保养：定期对机械设备进行维护保养，保证机械设备的正常运行，减少故障发生，避免因故障影响工程建设进度。

③ 确保机械操作人员的技术水平：选用具有一定技术水平的机械操作人员，对机械设备的操作进行培训和指导，提高操作人员的技术水平，避免因人为因素引起机械设备操作失误。

④ 严格按照操作规程进行操作：在机械设备操作过程中，要按照操作规程进行操作，严格遵守操作流程和安全要求，确保机械设备操作的安全性和准确性。

⑤ 做好环境保护：在机械设备操作过程中，要注意环境保护，避免因机械设备操作导致环境污染和资源浪费，做好环保工作，为可持续发展提供了保障。

#### 2. 根据机械工作特点进行配套组合

根据机械的工作特点和施工要求，进行合理的机械配套组合可以提高施工效率和工作质量，减少浪费和成本。例如，在坝基压实施工中，可以采用不同种类的压路机进行配合，从而满足不同压实作业的需要；在土方开挖和搬运施工中，可以配备不同种类的挖掘机、推土机、装载机等机械，根据不同土质、开挖深度和搬运距离等要素进行合理组合，提高施工效率。另外，还可以根据不同机械之间的作业时间和效率进行协同配合，最大限度发挥机械的作用。

### 3. 充分发挥配套机械作用

配套机械在施工中的作用非常重要，可以提高施工效率和质量，同时也能够减少人工劳动强度和安全隐患。为了充分发挥配套机械的作用，需要采取以下措施：

① 确定合理的机械配套方案。根据施工工艺和工作特点，确定合理的机械组合方案，保证各项工作都有专门的机械进行作业，避免出现机械使用重叠或工作量不平衡的情况。

② 加强机械维护和保养。定期对机械进行检查和维护，及时更换损坏的零部件，保证机械的正常工作状态，减少故障发生，提高机械使用寿命。

③ 做好机械操作员培训工作。为机械操作员提供必要的培训和技术指导，提高操作员的技能和安全意识，保证机械操作的安全和高效。

④ 做好机械配件管理。对机械配件进行统一管理，建立备件库，确保配件供应及时，避免因缺少关键配件而导致机械停工的情况。

⑤ 合理安排机械使用时间。根据机械的工作特点和使用寿命，合理安排机械使用时间，避免长时间连续使用或过度使用而导致机械性能下降或者故障发生。

### 4. 便于机械使用、维修管理

对于机械的使用、维修和管理，需要考虑以下几个方面：

① 设计施工方案时要考虑机械的适用性和使用效率，使得机械能够在工程中得到充分的发挥作用；

② 在机械的选型和配套组合时，需要考虑机械之间的协调配合，从而达到最优的施工效果；

③ 在机械的操作和维修管理中，需要制定严格的操作规程和维修管理制度，保证机械的正常运转和安全使用；

④ 针对不同机械的使用特点，需要进行专业化的维修保养与检查，及时排除机械故障，延长机械的使用寿命；

⑤ 对机械的保养维修工作要做好记录，及时了解机械的使用情况，为了日后机械的更新和升级提供数据支持。

### 5. 合理布置、加强保养、提高工效

严格执行机械保养制度，使机械处于最佳状态，合理布置工作面和运输道路。

目前，一般在中小型的工程中，多数不能实现综合机械化施工，而采用半机械化施工，在配合时也应根据上述原则结合现场具体情况，合理组织施工。

## （二）挖运方案及其选择

挖运方案指的是在工程施工中，选择适当的机械设备和施工方法，对土石方进行开挖和运输的组合方式。具体来说，挖运方案的选择应考虑以下几个方面：

① 土石方性质：包括土壤类型、含水率、坚硬程度等，不同的土石方性质需要不同的挖掘和运输方式。

② 工程地形和地貌：包括地势高低和地形起伏等因素，这些因素将直接影响挖运机械的选择和操作方式。

③ 工期：不同的挖运方案会影响工期的长短，需要在确保质量的前提下，尽可能缩短工期。

④ 环保要求：考虑到保护生态环境的要求，选择挖运方案时需要尽可能减少对环境的影响。

⑤ 经济效益：综合考虑工程造价和建设周期等因素，选择经济合理的挖运方案。

基于以上考虑，可以选择适合的挖运方案。在方案的实施过程之中，需要根据现场情况及时调整，以确保施工质量和效率。

## （三）挖运强度与设备

挖运强度是指挖掘和运输所需的时间和能量。设备的选择应该根据挖运强度和作业要求来决定，以确保作业的高效和安全。例如，在挖掘较硬土或石料时，需要选择强力的挖掘机和装载机，以提高挖运强度。而在运输远距离或在不平坦地形上运输时，则需要选择适合的运输设备，如卡车或皮带输送机，避免减少运输时间和降低能耗。在选择设备时，还应考虑设备的可靠性、维修保养成本和对环境的影响等因素。

## 三、坝面作业与施工质量控制

### （一）坝面作业施工组织

坝面作业施工组织是指针对具体工程实施情况，为实现安全高效、优质完成坝面作业而制定的一套具体措施和方案。其主要内容包括施工程序、工期计划、人员配备、设备使用、安全防护、质量控制等方面。

具体来说，坝面作业施工组织应包括以下内容：

① 施工方案：根据设计要求和实际情况，制定详细的施工方案，包括分期分部工程的施工步骤、施工方法、施工工艺等，以确保施工的顺利进行。

② 工期计划：制定合理的工期计划，明确施工任务和时间节点，并对施工进度进行监控和调整，以确保按时完成工程。

③ 人员配备：根据工程规模和施工要求，合理配置施工人员，包括了管理人员、技术人员、工人等，以确保施工人员数量充足、技术水平高。

④ 设备使用：根据工程要求和设备技术参数，合理配置施工设备，包括挖掘机、装载机、运输车辆等，以确保设备运转稳定、效率高。

⑤ 安全防护：制定完善的安全管理制度和安全防护措施，包括施工区域的围挡、标志、信号等，以确保施工过程中的安全。

⑥ 质量控制：制定完善的质量控制制度和质量检测标准，对施工过程进行监控和检测，以确保工程质量达到了设计要求。

总之，坝面作业施工组织的制定应全面考虑各种因素，综合分析，合理配备人员和设备，制定科学、合理、实用的施工方案，确保施工安全、质量、进度和效益。

## （二）坝面填筑施工要求

坝面填筑施工要求如下：

① 填筑材料应符合设计要求，控制含水量在设计要求范围内；

② 填筑前应清理坝面，清除杂物、积水、积土等，确保坝面平整，无杂物；

③ 在填筑前应确定好填筑斜率和填筑厚度，进行分层填筑，每层填筑高度不宜过大；

④ 在填筑过程中，应按照设计要求进行密实度控制，利用相应的压实机械进行压实；

⑤ 在填筑过程中，应及时进行检查，发现问题及时处理；

⑥ 填筑完毕后，应进行平整、整齐、美观处理，确保坝面平整、无裂缝、无坑洼等缺陷。

## （三）接缝处理

在坝体填筑过程中，会出现不同层次之间的接缝。为确保坝体的稳定性和密实性，需要对接缝进行处理。

接缝处理的方法主要包括以下几种：

① 清理接缝：在施工时，需要清理接缝中的杂质和泥土，保证填筑材料的纯净度和填筑质量。

② 加强接缝：对于大型水利工程，接缝处需要采用特殊的加强措施，如加强钢筋网等。

③ 处理接缝缺陷：如果在接缝处发现了缺陷，需要进行修补或重新施工，以保证接缝的质量。

④ 接缝封堵：对坝体的边缘部分，需要采用封堵措施，以避免水土流失和坍塌等问题的发生。

⑤ 压实接缝：在接缝处进行压实处理，可以提高填筑材料的密实度，增强坝体的稳定性。

在实际施工中，需要根据具体情况选择合适的接缝处理方法，从而确保坝体的质量和稳定性。

## （四）施工质置控制

### 1. 料场的质量检查和控制

料场的质量检查和控制主要包括以下几个方面：

① 原材料的检查：对于进入料场的原材料进行检查，包括颗粒级配、含水率、石粉含量等指标的检测，确保原材料符合设计要求。

② 原材料的存储：对符合要求的原材料进行分类存放，不同级别的原材料应该放置在不同区域，并采取遮阳、遮雨、防风等措施，以防止原材料受到外界影响而质量下降。

③ 料场内的施工管理：料场内应有专门的工作人员进行管理，确保施工过程中不混入其它杂质，同时按照设计要求逐层填筑，保证填筑层数和填筑厚度符合要求。

④ 料场的环境监测：定期对料场的环境进行检测，包括空气质量、噪声等指标的监测，确保料场对周边环境没有影响，同时也保证工作人员的健康和安全。

⑤ 料场的安全管理：对于料场内的设备和机械进行检查和维护，保证设备的安全运行，同时要加强安全教育和培训，提高工作人员的安全意识和应急处置能力。

2. 填筑质量检查和控制

填筑质量检查和控制是坝体工程施工中至关重要的一环，其主要目的是确保填筑质量符合设计要求和规范要求。下面是填筑质量检查和控制的一些要点：

① 填筑材料的质量检查和控制：应按照设计要求和规范要求进行填筑材料的采集、检验和贮存，确保填筑材料的质量符合要求。

② 填筑面的平整度和标高控制：应采用专业的测量工具和仪器对填筑面的平整度和标高进行监测和控制，确保了填筑面的平整度和标高符合设计要求和规范要求。

③ 填筑层厚度的控制：应按照设计要求和规范要求控制填筑层的厚度，确保填筑层的厚度符合要求。

④ 筑坝土方的压实度和含水率控制：应采用专业的测量工具和仪器对筑坝土方的压实度和含水率进行监测和控制，确保筑坝土方的压实度和含水率符合设计要求和规范要求。

⑤ 接头处理和防渗措施的控制：应按照设计要求和规范要求对填筑面的接头处理和防渗措施进行监测和控制，确保接头处理和防渗措施符合要求。

⑥ 坝体的质量检查和控制：应对坝体进行定期的质量检查和控制，确保坝体的质量符合设计要求和规范要求。

⑦ 施工记录和验收：应做好施工记录和验收工作，确保施工质量可控可查，同时也为后期的监理和验收提供必要的依据。

需要指出的是，填筑质量检查和控制是坝体工程施工中至关重要的一环，必须严格按照设计要求和规范要求进行，以确保工程质量和安全。

## 四、土石坝的季节性施工措施

### （一）负温下填筑

我国北方的广大地区，每年都有较长的负温季节。为争取更多的作业时间，需要根据不同的负温条件，采取相应措施，进行负温下填筑。负温下填筑可分为露天法施工和暖棚法施工两种方法，暖棚法施工所需器材多，一般只是气温过低时，在小范围内进行。

施工可采取如下措施：

1. 防冻措施

防冻措施是指在寒冷季节或低温环境下采取的一系列措施，以保证工程施工正常进行和工程质量不受影响。在坝基和填土中，因含水率较高，如果遭受严寒天气的冻结，就会引起土体体积变化，导致工程损坏或质量下降。因此，需要采取防冻的措施。

防冻措施包括以下几种：

① 采用保温措施，如在土体表面覆盖保温材料或采用加热管路，保持土体温度在一定范围内；

② 采用排水措施，如在坝体内设置排水管道或加强渗流控制等措施，以降低土体含水率，减少冻结的可能；

③ 采用化学防冻剂，如钙镁盐、氯化钠等，将防冻剂加入土体中，使土体结冰点降低，减少冻结的可能；

④ 采用机械措施，如用机械设备在土体表面压实，加强土体的结实程度，减少土体内部空隙，从而减少冻结的可能。

2. 保温措施

保温措施是指在冬季或低温季节，为保持填筑材料的一定温度，减缓或避免填筑材料因低温而导致的凝结、结冰、开裂等质量问题而采取的措施。保温措施主要包括以下几个方面：

① 覆盖保温：用织物、编织袋等材料覆盖在填筑材料表面，形成一层保温层，可有效减缓填筑材料因散热而失温的速度。

② 保温堆场：将填筑材料堆放在一定高度上形成堆场，然后在堆场四周搭建保温帷幕或墙壁，形成一定的密闭空间，提高堆场内的温度。

③ 加热保温：使用燃气、电等加热设备，对于填筑材料进行加热保温。在施工现场，一般采用燃气、柴油、电等加热设备进行保温，加热设备的选用应根据施工规模、现场条件和加热效果等因素进行选择。

④ 控制水分含量：水分含量是影响填筑材料保温性能的一个重要因素，因此在填筑过程中，要控制填筑材料的水分含量，避免水分含量过高导致材料结冰。

保温措施的选择应根据填筑材料的性质、填筑环境温度以及填筑材料含水量等多种因素进行考虑。同时，保温措施的实施要严格按照规范和要求进行，以确保填筑质量和施工安全。

（二）雨季施工

在雨季施工时，要采取一系列措施，以确保施工的安全和质量，例如：

① 加强预报和监测。及时获取天气信息，掌握降雨情况和预测，及时调整施工计划；

② 加强排水。清理排水沟、检查水泵等设施，及时疏通积水，保证施工现场排水畅通；

③ 做好防洪措施。加强防洪巡查，加固临时工程和防洪设施，确保施工现场不受洪水

影响；

④ 加强安全管理。严格按照安全操作规程施工，做好现场安全管理，加强对施工人员的安全教育和培训；

⑤ 做好土方堆场管理。加强对堆场的巡查和管理，及时清理、疏通和加固排水系统，确保土方堆场的稳定和安全；

⑥ 做好施工现场的维护。加强对设备和机具的维护和保养，及时更换损坏的设备和配件，确保施工进度和质量；

⑦ 加强质量控制。采取有效措施控制土方湿度和密实度等参数，确保填方质量；

综上所述，雨季施工需要做好各方面的准备工作，并采取一系列措施，以确保施工的安全和质量。

# 第五节　面板堆石坝施工

## 一、堆石坝材料、质量要求及坝体分区

### （一）堆石坝材料、质量要求

堆石坝是指以石材和碎石等为主要填料，建造起来的坝体。其材料和质量要求如下：

① 堆石坝材料应具有一定的强度和耐久性，方便保证坝体的稳定性和安全性。

② 石材应为坚硬、结构致密、块度较大、不易磨损的优质石材，碎石应为经过筛分、洗涤等处理的均匀、无泥土、无杂质的优质碎石。

③ 堆石坝石料应有足够的供应储备，并按照石材和碎石的规格和品质等级划分成不同的储料场。

④ 堆石坝材料的质量应符合国家有关标准和规定，经过检验合格后才能使用。

⑤ 堆石坝施工中，应注意对石料进行分类、清洗、检验、计量等工作，保证石料的品质符合设计要求。

⑥ 在石料运输和堆放过程中，应采取有效的措施，防止石料的振动、摩擦和碰撞等造成的损坏。

⑦ 堆石坝施工中，应按照设计要求和施工规范，采取适当的填筑方法和施工措施，保证坝体的稳定性和安全性。

### （二）坝体分区

坝体分区是指根据大坝的结构形式、地质条件、建设规模等因素，将大坝的整个截面分成多个区域，对每个区域按照不同的设计要求和技术要求进行分别处理的过程。坝体分区的目的是为保证大坝的结构安全性和稳定性，并提高施工效率和质量。在坝体分区时需要考虑以下因素：

① 大坝的结构形式：不同形式的大坝具有不同的结构特点和受力特点，需要进行不同

的分区处理。

② 地质条件：大坝所在的地质条件不同，对分区的数量和尺寸也有不同的要求。

③ 建设规模：大坝的建设规模大小不同，对分区的数量和尺寸也有影响。

④ 设计要求：大坝设计中的各项技术要求和安全指标需要在坝体分区时得到充分考虑。

⑤ 施工工艺：大坝的施工工艺不同，也会对分区方式和数量产生影响。

在进行坝体分区时，需根据上述因素综合考虑，采取科学的方法进行分区设计，并根据实际施工情况进行动态调整和修改，以保证大坝的安全性和施工效率。

## 二、坝体施工

### （一）坝体填筑工艺

坝体填筑工艺是指按照一定的工艺流程和要求，对坝体进行填筑的施工方式。一般而言，坝体填筑工艺应满足以下要求：

① 坝体填筑应按照规定的分层、分区施工，确保填筑的坝体稳定性和质量；

② 填筑工艺应遵循"宽一层、窄一层，厚一层、薄一层"的原则，即填筑每一层的宽度和厚度应根据设计要求和现场实际情况进行调整，以保证坝体的稳定性和均匀性；

③ 填筑前应对坝基和坝面进行充分的处理和平整，以保证填筑坝体的平整度和密实度；

④ 填筑材料应符合规定的要求，对材料的含水率、干密度等进行检查和控制，确保填筑坝体的质量；

⑤ 填筑工艺应采取有效的防渗措施，以防止渗漏现象的发生，保证坝体的密封性；

⑥ 坝体填筑应采取合理的压实措施，对于填筑的每一层材料进行充分的压实，以提高坝体的密实度和稳定性；

⑦ 填筑过程中应按照设计要求和现场实际情况进行及时调整和处理，以保证填筑工艺的连贯性和稳定性。

### （二）垫层区上游坡面施工

垫层区上游坡面传统施工方法：在垫层料填筑时，向上游侧超出设计边线 30~40cm，先分层碾压。填筑一定高度后，由反铲挖掘机削坡，并且预留 5~8cm 高出设计线，为了保证碾压质量和设计尺寸，需要反复进行斜坡碾压和修整，工作量很大。为保护新形成的坡面，常采用的形式有碾压水泥砂浆（珊溪坝）、喷乳化沥青（天生桥一级、洪家渡）、喷射混凝土（西北口坝）等。这种传统施工工艺技术成熟，易于掌握，但工序多，费工费时，坡面垫层料的填筑密实度难以保证。

混凝土挤压墙技术是一种常用于土石坝工程中的加固技术，也可用于其他工程中。它采用混凝土挤压技术，将混凝土通过预埋的钢管或者螺旋钢管，在一定的压力下从钢管底部开始逐层往上挤压，形成一道连续的混凝土墙，从而起到加固土石坝、防止坝体滑坡等作用。这种技术适用于适应性较差的软土、淤泥等地层，也适用水位较高的区域。

坡面整修、斜坡碾压等工序，施工简单易行，施工质量易于控制，降低劳动强度，避免垫层料的浪费，效率较高。挤压边墙技术在国内应用时间较短，施工工艺还有待进一步完善。黄河公伯峡面板堆石坝工程所使用的挤压机的施工速度为 40～60m/h，平均速度为 44m/h，挤压混凝土密实度为 2.0～2.2t/m³。

（三）质量控制

1. 料场质量控制

料场质量控制是指对原材料的采购、运输、存储和加工等环节进行质量控制，确保材料的质量符合设计要求，从而保证工程质量。料场质量控制包括以下几个方面：

① 原材料采购：应选择正规的供应商，并且对原材料进行抽样检测，确保原材料质量符合规定标准。

② 运输：应保证原材料在运输过程中不受污染和损坏，避免杂质进入材料中。

③ 存储：应按照规定要求对原材料进行存储，保证其质量不受影响。

④ 加工：应按照工艺要求进行加工，控制加工质量，保证材料符合设计要求。

⑤ 检测：应对原材料进行定期的抽样检测，确保其质量符合规定标准。

⑥ 记录：应对原材料的采购、运输、存储和加工等环节进行记录，以便进行追溯和质量管理。

2. 坝体填筑的质量控制

坝体填筑的质量控制需要对每个工序进行监督和检查，确保施工的质量符合设计要求和相关规范标准。具体包括以下几个方面：

① 坝体填筑前要进行地基处理，确保地基承载能力符合设计要求。地基处理的质量控制包括地基勘察、地基平整度、地基密实度、地基强度等方面。

② 选用合适的坝料进行填筑，保证了坝料符合设计要求和规范标准。坝料的质量控制包括坝料来源、坝料性质、坝料筛分等方面。

③ 填筑过程中要控制坝料的含水量，保证填筑坝体的干密度符合设计要求和规范标准。填筑质量的控制包括填筑厚度、压实度、干密度等方面。

④ 坝体内部的接缝处理，包括接缝的清理、填充和加固等，确保接缝的密封性和强度。

⑤ 在坝体施工过程中，要严格控制坝体的水分含量和温度，特别是在雨季和冬季，要采取防水和保温措施，保证坝体施工质量和工期进度。

⑥ 完成坝体填筑后，需要对坝体进行质量检查和测试，包括干密度、强度以及渗透性等方面，以确保坝体符合设计要求和规范标准。同时，要对坝体进行监测和检测，及时发现和处理坝体变形和渗漏等问题。

## 三、钢筋混凝土面板分块和浇筑

（一）钢筋混凝土面板的分块

钢筋混凝土面板在施工过程中通常会根据设计和现场条件进行分块。一般而言，钢筋

混凝土面板的分块应遵循以下原则:

① 尽可能减少分块的数量和规模,以降低施工难度和成本;

② 考虑板面的形状、大小和施工要求,将面板按照自然分界线或者施工方便的位置分成若干个相对独立的块;

③ 在分块时要考虑板缝位置,使板缝位置尽量集中,便于施工和质量控制;

④ 分块后的板块应有足够的尺寸和强度,以满足承受荷载和变形要求;

⑤ 在施工过程中要注意控制分块缝的位置和宽度,避免对板块的力学性能和使用寿命产生不利影响。

### (二) 防渗面板混凝土浇筑与质量

防渗面板是大坝工程中用于防止水流渗透而设置的结构,防渗面板混凝土浇筑是大坝施工中的一个重要环节。以下是防渗面板混凝土浇筑的一些质量要求和控制措施:

① 混凝土配合比要科学合理,严格按照设计配合比要求进行配制,确保混凝土的强度、抗渗性等性能满足设计要求。

② 浇筑前应对模板进行检查和清理,确保模板表面平整光滑、无浮尘、无积水、无明显缺陷和损伤。

③ 浇筑过程中应采取振捣措施,使混凝土能够紧密填充模板中的每一个角落,排除气泡和空隙,确保混凝土的密实性。

④ 混凝土浇筑完成后应及时进行养护,防止了混凝土在早期强度发展阶段发生龟裂、渗漏等问题。

⑤ 对浇筑质量进行检测和验收,包括浇筑层厚度、表面平整度、表面光洁度、混凝土的密实性、强度、抗渗性等指标。

⑥ 如发现质量问题,应及时整改和处理,确保防渗面板混凝土的质量和安全性。

以上是防渗面板混凝土浇筑的一些质量要求和控制措施,通过对科学的施工技术和质量控制,能够保证防渗面板的稳定性和安全性。

## 四、其他坝型施工

### (一) 抛填式堆石坝

抛填式堆石坝是一种利用石块、砾石、碎石等填筑物来构建坝体的工程。其施工方法是将填筑物从高处向下抛掷或投掷到指定位置,由于填筑物的自重和撞击力,可以使填筑物相互紧密地堆积在一起,形成一个整体坝体。

抛填式堆石坝的质量主要取决于以下几个方面:

① 石材的质量和规格:选用优质的石材是保证堆石坝质量的关键。石材的规格也应符合设计要求。

② 抛填方式:抛填的方式应该选择合适的坝体部位,从而达到坝体密实、结构合理的效果。

③ 施工速度:施工速度应该适当控制,以保证填筑物的密实度和坝体整体的稳定性。

④ 填筑物的湿度：填筑物的湿度应该适中，过于干燥或潮湿都会影响堆石坝的质量。

⑤ 坝面保护：坝面的保护措施要到位，以免坝面被水流冲刷，影响了坝体的稳定性。以上这些因素都需要严格控制，才能保证抛填式堆石坝的质量。

（二）定向爆破堆石坝

定向爆破堆石坝是指通过爆破技术将原岩体控制在一定的范围内，并且将爆破后的岩石块按一定的规则进行排列，形成了具有一定力学性能和抗滑稳定性能的堆石坝体。相较于传统的堆石坝，定向爆破堆石坝可以更有效地利用原有岩石资源，减少对新的石料的需求，同时也提高了坝体的整体稳定性和安全性。

# 第三章

## 水利工程混凝土工程建设

## 第一节 钢筋与模板工程

### 一、钢筋工程

#### （一）钢筋的种类、规格及性能要求

1. 钢筋的种类和规格

钢筋种类繁多，按照不同的方法分类如下：

（1）按照钢筋外形分：光面钢筋（圆钢）、变形钢筋（螺纹、人字纹、月牙肋）、钢丝及钢绞线。

（2）按照钢筋的化学成分分：碳素钢（常用低碳钢）、合金钢（低合金钢）。

（3）按照钢筋的屈服强度分：235、335、400、500 级钢筋。

（4）按照钢筋的作用分：受力钢筋（受拉、受压、弯起钢筋），构造钢筋（分布筋、箍筋、架立筋、腰筋及拉筋）。

2. 钢筋的性能

水利工程钢筋混凝土常用的钢筋为热轧钢筋。从外形可分为光圆钢筋和带肋钢筋。与光圆钢筋相比，带肋钢筋和混凝土之间的握裹力大，共同工作的性能较好。

热轧光圆钢筋（hot rolled plain bars）是指经热轧成型，横截面通常为圆形，表面光滑的成品钢筋。牌号由 HPB 加屈服强度特征值构成。光圆钢筋的种类有 HPB235 和 HPB300。

带肋钢筋（ribbed bars）指横截面通常为圆形，且表面带肋的混凝土结构用钢材。带肋钢筋按生产工艺分为热轧钢筋和热轧后带有控制冷却并自回火处理的钢筋。普通热轧带肋钢筋牌号由 HRB 加屈服强度特征值构成，比如 HRB335、HRB400、HRB500。热轧后带有控制冷却并自回火处理的钢筋牌号由 RRB 加屈服强度特征值构成，比如 RRB335、RRB400、RRB500。

## （二）钢筋的加工

钢筋加工是指将钢筋通过一系列加工工艺加工成适合于建筑结构使用的构件。钢筋加工一般包括以下几个步骤：

① 切割：根据设计需要将钢筋按照一定长度进行切割，通常使用机械切割工具进行。

② 弯曲：将钢筋进行弯曲，制成不同形状的构件，弯曲通常使用钢筋弯曲机进行。

③ 焊接：将多根钢筋通过焊接工艺连接成一个整体构件，常见的焊接工艺有电弧焊接和气焊。

④ 钢筋加工表面处理：将钢筋表面的锈蚀物和污垢清除干净，以保证钢筋表面的光洁度和粗糙度符合要求。

⑤ 淬火处理：将加工好的钢筋通过淬火处理，提高钢筋的强度和硬度，提高其抗拉强度。

⑥ 检测：对加工好的钢筋进行检测，保证其尺寸、质量等符合相关标准和设计要求。

以上步骤的具体操作和要求，应当根据钢筋加工工艺的具体要求和设计要求来确定。

## （三）钢筋的安装

钢筋的安装分为以下几个步骤：

① 钢筋预埋：在混凝土浇筑前，将钢筋按照设计图纸要求预先放置在模板内，定位准确并保证预留长度和弯曲度符合要求。

② 布置钢筋：在混凝土浇筑现场，按照设计图纸要求，在模板上正确布置钢筋，并进行绑扎。在绑扎过程中，要注意钢筋的位置、间距和交叉点的连接等，确保了钢筋的位置和数量符合设计要求。

③ 钢筋的连接：在混凝土浇筑过程中，将不同段钢筋连接起来，保证整个钢筋骨架的稳定性和强度。常用的连接方法有对接、搭接、焊接、机械连接等，连接要求必须符合设计要求。

④ 钢筋的保护：在混凝土浇筑后，对已安装好的钢筋进行保护。一方面是防止钢筋被腐蚀，另一方面是保证钢筋的纵向和横向位置不发生变化。常用的保护方式有钢筋防锈涂料、钢筋混凝土覆盖层、防腐包裹等。

⑤ 钢筋的检验：在钢筋安装完成后，需要进行钢筋的检验，包括钢筋的直径、间距、位置、交叉点的连接等。钢筋的检验要符合相关的国家标准和规定。

## （四）钢筋的配料与代换

钢筋的配料是指在工地按照设计要求、规格、长度等要求将原材料的钢筋进行配备，以便进行施工。在配料过程中需要考虑材质、尺寸、长度等因素，以保证钢筋的品质和安全性。

钢筋的代换是指在钢筋材质、尺寸或者长度等方面有调整的情况下进行的一种处理方式。在设计和施工过程中，可能会出现需要调整钢筋规格或数量的情况，此时需要进行钢筋的代换，以保证工程的质量和安全。在进行钢筋代换时，需要严格按照设计要求和相关规范进行操作，并进行必要的检测和验收。

## 二、模板工程

模板工程是指建筑施工中用于支撑混凝土浇筑、形成混凝土结构外形的木质或钢质结构。模板工程通常分为竖向模板和水平模板两种，竖向模板用于支撑混凝土竖向部分的浇筑，如墙、柱、梁等，水平模板用于支撑混凝土水平部分的浇筑，如楼板、屋面等。

模板工程的质量关系到整个建筑施工的质量和安全。质量好的模板工程可以保证混凝土结构的准确性和稳定性，提高建筑物的整体性能，同时也可以减少事故发生的概率。模板工程的施工需要严格按照设计要求和相关规范进行，包括模板的材料、尺寸、结构、安装、支撑以及拆卸等各个方面。

### （一）模板的基本类型

模板通常分为木质模板、钢质模板和塑料模板三种基本类型。

① 木质模板：一般采用松木、杉木等软材质制作，成本较低，易于加工，但使用寿命较短，需要经常更换和维修。

② 钢质模板：采用钢板、钢管等材料制作，具有强度高、稳定性好、重复利用率高等优点，但成本较高，需要涂层防锈以及经常维修和保养。

③ 塑料模板：采用高分子材料制作，具有质轻、不易磨损、防水防潮等特点，易于清洁和维护，但成本较高，且不适用于大面积混凝土结构的模板。

### （二）模板受力分析

模板的受力分析是指对模板结构的承载能力进行计算和评估，以保证模板结构的安全性。模板受力分析需要考虑多种因素，包括荷载、支撑条件、材料强度等等。

一般来说，模板的主要受力包括以下几种：

① 模板自重：即模板本身的重量所产生的受力。

② 混凝土浇筑荷载：即混凝土在浇筑过程中所产生的荷载。

③ 混凝土硬化荷载：即混凝土在硬化过程中所产生的荷载。

④ 风荷载：在高层建筑或桥梁等场合，由于风力的作用，模板还需要考虑风荷载的影响。

模板的受力分析需要对模板结构进行建模，并通过有限元分析等方法进行计算和评估。在设计模板结构时，需要考虑模板的使用寿命、安全性以及经济性等因素，以确保模板结构的稳定性和可靠性。

### （三）模板的制作、安装和拆除

#### 1. 模板的制作

模板的制作是一个比较复杂的过程，一般需按照设计要求进行具体的构思、制作和安装。具体步骤如下：

① 按照设计要求制作模板构思方案。

② 确定模板所需的材料和数量，如板材、钢筋、木方等；

③ 制作模板图纸并进行裁切、打孔、焊接等加工处理；

④ 对模板进行质量检验，确保模板符合设计要求；

⑤ 进行模板安装，并进行模板的检查和调整；

⑥ 进行混凝土浇筑，并对模板的使用情况进行监测和记录；

⑦ 浇筑完毕后，拆除模板并且对模板进行维护和保养。

需要注意的是，在制作模板时，必须严格按照设计要求和相关规范进行操作，以确保模板的质量和使用效果。同时，模板制作和安装过程中要严格遵守安全操作规程，确保工作人员的人身安全。

### 2. 模板的安装

模板的安装是指在混凝土浇筑前，将预先制作好的模板组装在预定的位置上，从而形成混凝土浇筑的空间形状和表面形态。模板的安装是混凝土施工过程中非常重要的一步，直接关系到混凝土结构的质量和施工进度。模板的安装应该按照设计要求、图纸和规范进行，确保模板的准确性和牢固性。

模板的安装主要包括以下几个方面：

① 清理基础和底板，使其表面平整，清除油污和杂物。

② 根据设计要求和图纸确定模板安装的位置和高度。

③ 搭设模板支架，保证其平整、牢固，支架的间距应按照设计要求和规范进行。

④ 拼接模板板面，将预先制作好的模板板面按照设计要求和图纸进行拼接，并用钢丝、螺栓等紧固牢固。

⑤ 安装模板配件，如立柱、横梁和斜撑等。

⑥ 对模板进行调整和检查，确保其平整、牢固和符合设计要求和规范。

在模板安装过程中，应严格按照设计要求和规范进行，遵循安全施工原则，确保施工人员和周围环境的安全。同时，应加强对模板的检查和维护，及时发现和处理模板的问题，确保混凝土结构的质量和施工进度。

### 3. 模板的拆除

模板的拆除通常需要注意以下几个方面：

① 拆除时间：模板拆除的时间应该在混凝土达到设计强度后，但不能过晚，否则会影响工程进度。

② 拆除顺序：应按照设计图纸上的拆除顺序进行，先拆除顶部模板，再拆除侧模板，最后拆除底部模板。

③ 拆除方式：应根据模板的类型和结构特点，采用合适的拆除方式。一般采用拆除钩、拆除螺栓等工具进行拆除，避免采用冲击力过大的工具，以免损坏混凝土结构。

④ 安全措施：在拆除模板时，要采取相应的安全措施，比如佩戴安全帽、安全带等，防止人员受伤事故的发生。

⑤ 模板的存储和维护：拆除后的模板要进行清洗、检修和分类存储，以备下次使用。同时，要定期检查维护模板，确保其完好无损，保证下次使用时质量可靠。

# 第二节　骨料的生产加工与混凝土的制备

## 一、骨料的生产加工

### (一) 料场的规划

料场的规划需考虑料场的分布、高程、骨料的质量、储量、天然级配、开采条件、加工要求、弃料多少、运输方式、运输距离以及生产成本等多种因素。骨料料场的规划、优选，应通过全面技术经济论证。

#### 1. 料场选择的原则

料场选择的原则通常包括以下几点：
① 距离施工现场近，交通方便，能够满足运输需要；
② 储量大、质量好、种类全，能够满足建筑物各部位的要求；
③ 具备挖掘、筛分、清洗、破碎等加工设备，能够满足生产需要；
④ 具备完善的环保设施和措施，确保生产环境无污染；
⑤ 具有稳定的供货能力，能够满足建筑工程需要的供货量。

根据以上原则，选址时需要进行实地考察和勘察，综合考虑各种因素，选择合适的料场。同时，在使用过程中还需要加强管理，及时检查和维护设备，确保了生产效率和产品质量。

#### 2. 开采量的确定

当采用天然骨料时，应确定沙砾料的开采量。由于砂砾料的天然级配（即各级骨料筛分后的百分比含量，由料场筛分试验测定）与混凝土骨料需要的级配（由配合比设计确定）往往不一致，因此，不但沙砾料开采总量要满足要求，而且每一级骨料的开采量也要满足相应的要求。

#### 3. 砂石骨料的储存

砂石骨料的储存需要注意以下几点：
① 储存场地应选在平坦、排水良好的地方，并应设有防尘、防雨、防污染措施，以避免骨料表面受到污染和水分的侵入；
② 骨料应按不同品种、规格、质量进行分类堆放，并应做好记录和标识，以便于使用和管理；
③ 骨料堆放应注意保证堆体稳定，堆高不应过高，堆面要平整，避免出现塌方和流失等情况；
④ 骨料储存时间不宜过长，一般应控制在 3 个月以内，超过 3 个月应重新检测骨料质量并进行处理；

⑤ 在骨料使用前，应进行检测和筛选，剔除不合格的骨料，以确保施工质量；

⑥ 储存和使用骨料时，应注意环保要求，防止对周围环境造成污染。

## （二）骨料加工

从料场开采的混合砂砾料或块石，通过破碎、筛分、冲洗等加工过程，制成符合级配、除去杂质的各级粗与细骨料。

### 1. 破碎

破碎是指将原石料经过机械加工处理，使其达到一定的颗粒度和几何形状要求的过程。破碎作业可以将天然的原石料加工成符合工程要求的各种规格的砂石骨料，是建筑、公路、铁路等基础设施建设的重要前置工程。常见的破碎设备包括颚式破碎机、冲击式破碎机、圆锥式破碎机、反击式破碎机等。在破碎作业中需要根据原石料的硬度、大小、形状等特性选择合适的破碎设备和工艺，同时也需要注意对设备和工作场所的安全防护。

（1）颚式破碎机

颚式破碎机是一种常用的破碎设备，广泛应用于矿山、冶金、建材、公路、铁路、水利等行业。它由固定颚板和活动颚板组成，通过动力系统带动活动颚板进行周期性的运动，实现对物料的破碎作用。破碎时，物料被送入颚式破碎机的上方，经过颚板的压缩、剪切和摩擦等多重作用，最终被破碎成所需的粒度。颚式破碎机具有结构简单、维护方便、生产效率高等特点。

（2）旋回破碎机

旋回破碎机是一种常用的破碎设备，也被称之为圆锥破碎机。它主要由旋转锥形壳体、压碎壳体、碎石机底部调节装置、液压调节系统和润滑系统等部分组成。在使用时，原料从上方进入破碎机，随着锥形壳体的旋转和压碎壳体的运动，原料逐渐被压缩和破碎，最终形成所需的颗粒度。旋回破碎机广泛应用于矿山、冶金、建筑、化工、水泥等领域的中等或中等以上的硬度矿石和岩石等材料的破碎和细碎加工。

（3）圆锥破碎机

圆锥破碎机是一种常见的破碎设备，主要用于中等硬度和中等以上的矿石和岩石的破碎作业。其工作原理是利用圆锥体在旋转时将物料压缩、剪切和磨损，达到将物料破碎为所需粒度的目的。圆锥破碎机通常包括主轴、碎锤、碎腔、碎锤座和调节装置等组成部分。根据不同的物料性质和工作要求，可选用不同类型的圆锥破碎机，例如复合圆锥破碎机、液压圆锥破碎机、单缸圆锥破碎机等。

（4）反击式破碎机

反击式破碎机，又称冲击式破碎机，是一种利用高速冲击物料并使其产生破碎的破碎机械设备。其工作原理是：在破碎机内部，转子高速旋转，进料口向上，物料通过进料口进入破碎腔，在转子的高速旋转下，被高速旋转的锤头和反击板连续冲击而被粉碎，物料在机器内部多次反复碰撞、破碎，最终达到了所需要的破碎效果。反击式破碎机具有破碎比大、能耗低、破碎效率高等优点，广泛应用于各种中硬度和脆性材料的破碎加工中。

2. 骨料筛分

（1）偏心振动筛

偏心振动筛是一种常见的筛选设备，通常用于对颗粒物料进行筛分、分级和过滤。它主要由筛箱、振动器、偏心轮、弹簧等部件组成。振动器通过偏心轮将机身产生的振动传递到筛网上，使物料在筛网上产生振动，实现筛选、分级和过滤的目的，偏心振动筛广泛应用于矿山、冶金、化工、建材等行业的颗粒物料筛分和分级工作。

（2）惯性振动筛

惯性振动筛是一种常见的筛分设备，也称惯性振动器或惯性振动屏。它的工作原理是利用惯性力和弹性力将物料进行筛分，使其通过或留在筛网上。其主要特点是振幅较大，筛分效率高，适用于粗筛和中粗筛。惯性振动筛通常由筛箱、筛板、惯性振动器、悬挂弹簧等部分组成。

（3）高效振动筛分机

高效振动筛分机是一种用于分离、筛选粉状、颗粒状物料的筛分设备。它采用了先进的设计理念和制造工艺，能够高效地完成物料的筛分、分离和过滤等工作。

高效振动筛分机主要由振动电机、筛体、弹簧减振器和支架等组成。振动电机通过其激振力使筛体产生振动，进而将物料进行筛分，其筛孔尺寸可根据需要进行更换，以适应不同颗粒大小的物料。

高效振动筛分机具有结构简单、操作方便、筛分效率高等特点，广泛应用食品、化工、医药、建材、冶金等行业的粉状、颗粒状物料的筛分和过滤。

3. 洗砂

洗砂是一种将含泥沙较多的砂子进行清洗，以去除泥沙颗粒并提高砂子质量的工艺。一般的洗砂流程包括原砂料的输送、筛分、洗涤、脱水等步骤。洗砂设备主要有振动筛、螺旋洗砂机、轮式洗砂机等。洗砂的优点是可以提高砂子的质量，使其更适合建筑用途；同时也可以保护下游环境，减少了河道淤积等问题。

4. 骨料加工厂

骨料加工厂是生产砂石骨料的工厂，通常包括破碎设备、筛分设备、输送设备、洗砂设备等。骨料加工厂主要通过对石料进行加工处理，使之符合建筑材料的要求，例如粒度大小、形状、含泥量等指标。同时，骨料加工厂也可以对原材料进行洗选处理，去除其中的泥土和杂质，提高骨料的质量。骨料加工厂广泛应用水泥、混凝土、建筑、道路等行业，是建筑工程中重要的生产基地。

## 二、混凝土的制备

### （一）混凝土配料

混凝土配料是指按照一定的配合比例将水泥、骨料、粉煤灰等材料按一定比例混合制成混凝土的过程。混凝土配料的目的是为了在满足强度、耐久性等性能要求的前提下，尽可能减少原材料的消耗和成本，同时也需要考虑到生产工艺和施工条件等方面的因素。常见的混凝土配料方法有手配和自动配料两种。手配是指根据设计配合比在工地上进行原材料的计量和混合，适用于工程量较小的情况；自动配料则是采用计算机控制的自动配料系统，可以实现准确、高效的配料过程，适用大型混凝土生产线。

1. 给料设备

给料设备是混凝土生产过程中将骨料、水泥、粉煤灰等原材料按一定比例输送到搅拌机或混凝土搅拌站中的设备。常见的给料设备包括皮带机、斗式提升机、螺旋输送机、气力输送等。这些设备的选择要根据生产需求、原材料的物理性质、工作环境等因素进行综合考虑。同时，在使用给料设备时，还需要加强设备的日常维护和保养，定期进行检查和清洁，确保其正常运行和延长使用寿命。

2. 混凝土配料

混凝土配料是指根据设计要求，按照一定比例和顺序将水泥、粗、细骨料、掺合料等材料按照一定的顺序投入到混凝土搅拌车中进行充分混合的过程。混凝土配料要求严格按照设计比例进行，确保混凝土的强度、均匀性和稳定性。在配料过程中，需要使用一些给料设备，如皮带输送机、斗式提升机、螺旋输送机等，确保材料顺畅地投入混凝土搅拌车中，并且确保各材料的配比准确无误。同时，还需要对各配料设备进行定期检查和维护，保证设备的正常运行，以避免对混凝土配料质量产生不良影响。

（二）混凝土的拌和

1. 混凝土拌和机械

（1）自落式混凝土搅拌机

自落式混凝土搅拌机是一种常见的混凝土拌合设备，它可以在现场将混凝土原材料进行混合，并输出所需的混凝土。自落式混凝土搅拌机通常由搅拌筒、进料和出料装置、传动系统、水供应系统和电气系统等部分组成。搅拌筒采用特殊的设计，使混凝土在搅拌过程中能够均匀混合，并确保混凝土的质量和稳定性。自落式混凝土搅拌机具有占地面积小、操作简单、自动化程度高、生产效率高等优点。

（2）强制式混凝土搅拌机

强制式混凝土搅拌机是一种常用的混凝土搅拌设备，它通过强制搅拌器的旋转强制混合混凝土原料，从而达到混凝土制备的目的。强制式混凝土搅拌机包括双卧轴混凝土搅拌机和双立式混凝土搅拌机两种类型。其中，双卧轴混凝土搅拌机是一种常用的大型混凝土搅拌设备，具有生产效率高、搅拌均匀、质量可靠等特点，广泛应用于各种混凝土工程中。而双立式混凝土搅拌机则主要应用于小型混凝土工程中，具有结构简单、体积小和搅拌效果好等特点。

（3）涡流式混凝土搅拌机

涡流式混凝土搅拌机是一种采用涡流混合原理进行混凝土搅拌的机械设备。它的主要特点是在混合过程中将混凝土翻转和搅拌，使得混凝土的成分更加均匀，质量更加可靠。涡流式混凝土搅拌机通常由进料装置、搅拌装置、出料装置和控制系统等组成，适用于各种混凝土的生产和搅拌。相比于传统的强制式混凝土搅拌机，涡流式混凝土搅拌机的能耗更低、噪音更小、维护更加方便，并且在搅拌过程中还能降低混凝土的粘度，提高混凝土的流动性和可加工性。

2. 混凝土拌合楼和拌合站

混凝土拌合楼的生产率高，设备配套，管理方便，运行可靠，占地少，故在大中型混凝土工程中应用较普遍；而中小型工程、分散工程或大型工程的零星部位，通常设置拌合站。

（1）拌合楼

拌合楼是混凝土搅拌站的重要组成部分之一，是用于存放原材料、拌合混凝土的设备，通常由原材料储存仓、计量装置、搅拌机、输送设备和电气自动化系统等组成。拌合楼一般建在配料设备的上方，原材料经过计量后通过输送机输送到搅拌机进行拌合，拌合后的混凝土再通过输送机运输到施工现场进行浇筑。拌合楼的设计应根据生产需要确定生产能力和设备类型，考虑设备的使用寿命、设备维修、保养、清洗等问题，并且保证混凝土质量和生产效率。

（2）拌合站

拌合站是由数台拌合机联合组成。拌合机数量不多，可在台地上呈一字形排列布置；而数量较多的拌合机，则布置于沟槽路堑两侧，采用双排相向布置。拌合站的配料可由人工也可由机械完成，供料配料设施的布置应考虑进出料方向、堆料场地以及运输线路布置。

3. 拌合机的投料顺序

采用一次投料法时，先将外加剂溶入拌合水，再按砂—水泥—石子的顺序投料，并在投料的同时加入全部拌合水进行搅拌。

采用二次投料法时，先将外加剂溶入拌合水中，再将骨料与水泥分二次投料，第一次投料时加入部分拌合水后搅拌，第二次投料时再加入剩余的拌合水一并搅拌。实践表明，用二次投料拌制的混凝土均匀性好，水泥水化反应也充分，因此混凝土强度可提高10%以上。"全造壳法"就是二次投料法的一种实例，在同等强度下，采用了"全造壳法"拌制混凝土，可节约水泥15%；在水灰比不变的情况下，可提高强度10%~30%。

# 第三节　混凝土运输、浇筑与养护

## 一、混凝土运输

### （一）混凝土的水平运输

混凝土的水平运输可以使用混凝土运输车或者泵送车。混凝土运输车又分为罐式运输车和搅拌式运输车。罐式运输车是将混凝土装入罐体中进行运输，适合短距离、大量运输，但搅拌不均匀；搅拌式运输车是在罐车上装载水泥、骨料、沙子等混合材料，通过搅拌罐搅拌混凝土，适合长距离、少量运输，但价格较高。泵送车则是利用了混凝土泵将混凝土输送到指定位置，适合远距离、高层、难以到达的施工现场。

（二）混凝土的垂直运输

1. 门式起重机

门式起重机，是一种大型起重设备，通常用于重型物体的起重搬运，也可用于工业制造等领域。其外形呈门型结构，由两个立柱和横梁组成，形似一个大门。门式起重机具有起重能力大、稳定性好、操作方便等优点，常用于码头、船坞、仓库、建筑工地等场所的起重作业。

2. 塔式起重机

塔式起重机是一种常见的起重设备，由塔身、起重机臂、电气控制系统等部分组成。塔身一般采用钢结构，可以高度达到几十米甚至上百米，可以满足不同高度的工地需要。起重机臂一般为悬臂式，长度也可以根据需要调整。电气控制系统可以通过遥控或者手动控制起重机的运转，实现起重、移动、停止等动作。

塔式起重机可以在建筑工地、码头、仓库等场所使用，用来起重、搬运重物，提高施工效率和质量。其优点包括：具有很强的承重能力和工作稳定性、施工高度大、可以控制起重物的运动轨迹、可以在较狭小的空间内作业、可以安装在高楼建筑的顶部进行起重等。缺点包括：安装、拆卸较为复杂、维护成本较高、在使用过程中需要严格遵守安全规定。

3. 缆式起重机

缆式起重机是一种使用钢缆作为起重机构的起重设备。缆式起重机的工作原理是利用缆索进行起重作业，它具有起重能力大、操作灵活以及适应性强等特点，广泛应用于建筑、工矿、码头等领域。缆式起重机一般分为多臂式和单臂式两种，其中多臂式主要应用于大型工程，单臂式则适用于狭小的施工现场。同时，缆式起重机还可以与施工电梯组合使用，提高施工效率和安全性。

4. 履带式起重机

履带式起重机是一种以履带作为行走机构的起重机，通常用在工地等野外环境。它具有移动灵活、通过能力强、适应性好等优点，可在不平整、软弱、潮湿的地面上行驶，适用于各种建筑工程中的起重作业。同时，履带式起重机还具有较强的爬坡能力和越野能力，可以在山区等崎岖地形中使用。

（三）混凝土连续运输

1. 泵送混凝土

泵送混凝土是指通过混凝土泵将混凝土从搅拌站输送到施工现场进行浇筑的一种方法。常用混凝土泵的类型有电动活塞式和风动输送式两种。

（1）活塞式混凝土泵

（2）风动输送混凝土泵

活塞式混凝土泵是一种将混凝土通过活塞运输的设备。它由泵送系统、液压系统、电器系统、机架和行走机构等部分组成。泵送系统包括液压泵、输送管、活塞、液压缸、油缸等部分，通过液压马达或者发动机驱动液压泵将混凝土泵送至输送管道中，再由输送管道中的活塞将混凝土压缩输送至目标地点。

活塞式混凝土泵主要特点如下：

① 具有高效、可靠、安全、方便等特点，可满足各种复杂条件下的混凝土泵送要求。

② 输送压力高、输送距离远，可以满足高层建筑、隧道、水利等大型工程的施工需要。

③ 能够根据不同的工作条件和需要选择不同的泵送形式，如直立式、臂架式、蜗壳式等。

④ 操作简单，维护方便，可以降低工人劳动强度，提高工作效率。

⑤ 可以适应各种混凝土的泵送，比如普通混凝土、轻质混凝土、重质混凝土、干硬混凝土等。

2. 塔带机

塔带机是一种连续输送的机械，它主要由塔架、输送带、输送滚筒、张紧装置、驱动装置、制动装置、保护装置等组成。塔带机常用于工厂、矿山、码头等场所的连续输送物料。由于其输送能力大、输送距离长，广泛应用物料搬运领域。

## 二、混凝土的浇筑与养护

（一）混凝土的浇筑

1. 浇筑前的准备工作

混凝土浇筑前的准备工作通常包括以下几个方面：

① 安排施工队伍和设备，明确施工任务和质量要求；

② 对浇筑区域进行清理和平整，保证了浇筑表面的平整度和水平度；

③ 按照设计要求设置支撑和脚手架，确保浇筑过程中的安全性；

④ 检查混凝土浇筑模板和支撑是否牢固，尺寸是否符合要求；

⑤ 确认好混凝土浇筑的浇口和浇注顺序，以及混凝土搅拌机和运输车辆的位置和路线；

⑥ 准备好浇注前需要用到的工具和设备，如振捣器、拖把、水平仪等；

⑦ 检查混凝土的质量，确保符合设计要求，如配合比、坍落度、强度等。

以上准备工作是保证混凝土浇筑质量的基础，施工前必须认真进行，确保了施工顺利进行并达到设计要求。

2. 混凝土入仓

（1）自卸汽车转溜槽、溜筒入仓

自卸汽车转溜槽、溜筒入仓是混凝土运输的一种方式，主要用于现场难以进入的狭窄或高处施工，如高层建筑、桥梁、隧道等。其工作原理是自卸汽车上的溜筒将混凝土输送到建筑物内部的转溜槽，通过转溜槽将混凝土输送到施工现场。这种方式需要在施工前进行仔细的准备工作，包括选择合适的自卸汽车和转溜槽、制定详细的施工方案、检查设备的运行状况和安全性等。另外，在施工现场需要设置合适的转溜槽位置和安全措施，以保证施工过程中的安全和顺畅。

（2）吊罐入仓

吊罐是将混凝土装载到高处的专用设备。吊罐入仓的过程包括以下几个步骤：

① 调整吊装位置和高度：根据具体的工程要求和混凝土浇筑计划，确定吊罐的吊装位置和高度，并通过吊装机构将吊罐调整到相应的位置和高度。

② 连接输送管道：将输送混凝土的管道与吊罐的出料口连接起来，并进行严密的密封，以防止混凝土泄漏。

③ 进行倒料操作：启动吊罐，将混凝土倒入混凝土罐或直接进入施工区域。

④ 混凝土罐清洗：清洗混凝土罐和输送管道，以免混凝土残留。

⑤ 检查吊罐状态：对于吊罐进行检查，确保其状态良好，没有破损或漏水等问题，以便下次使用。

需要注意的是，吊罐入仓前必须对施工区域进行充分的准备工作，确保吊罐能够顺利进入施工区域，并为吊罐提供稳定的支撑和安全的作业环境。

（3）汽车直接入仓

汽车直接入仓

3. 混凝土铺料

（1）平层浇筑法

平层浇筑法是混凝土浇筑的一种常用方法，其步骤如下：

① 在模板上安装好钢筋和内模板，并进行检查和验收；

② 将模板表面涂刷模板脱离剂，以便于拆模后混凝土表面的平整；

③ 在模板上铺设隔离材料（如泡沫塑料板），以防止混凝土与模板直接接触；

④ 在模板内部逐层浇筑混凝土，并且用振捣器进行振捣，以使混凝土紧实；

⑤ 每层混凝土浇筑完成后，用板平器将表面进行修整，使其达到规定的平整度要求；

⑥ 等待混凝土达到规定的强度后，进行拆模。

该方法适用于墙体和板状构件的浇筑，可以使混凝土表面平整度较高，但对大体积混凝土结构，浇筑时间可能会较长，且施工速度较慢。因此，在实际工程中，需要根据具体情况进行选择。

（2）阶梯浇筑法

阶梯浇筑法是指按照混凝土结构体的不同高程，将浇筑分为多个阶段，逐层浇筑的一种施工方法。具体步骤包括：

① 在模板安装好后，先浇筑最低层混凝土，待其凝固后再浇筑下一层混凝土，依此逐层向上浇筑；

② 每层混凝土浇筑前，应按照设计要求进行预埋件的安装；

③ 在浇筑混凝土前，应进行充分的清洁和润湿处理，以保证混凝土浇筑后的质量；

④ 浇筑混凝土时，应控制浇注速度和厚度，防止出现过量积聚和挤压现象；

⑤ 在浇筑完每一层混凝土后，应及时对其进行养护，保证混凝土强度和外观质量。

阶梯浇筑法能够逐层进行浇筑，便于控制施工进度和质量，同时也有利混凝土的养护和强度的提高。

（3）斜层浇筑法

斜层浇筑法是一种常用的混凝土浇筑方法，适用于高层建筑物或混凝土结构施工中需要斜坡或曲面的部位。斜层浇筑法的原理是，在施工过程中通过调整模板的高度或斜度，使混凝土在不同高度或斜度的模板上逐层浇筑，最终形成所需的斜面或曲面结构。

在斜层浇筑法中，首先要确定混凝土浇筑的起始位置和斜率，然后根据具体情况选择适当的浇筑工艺，包括使用专门设计的模板和辅助设备，如斜坡模板和倾斜式支架等。在浇筑过程中，需要注意混凝土的流动和坍落度，确保了混凝土的均匀性和质量，并及时处理混凝土表面的气泡和空洞。

斜层浇筑法相对于其他浇筑方法，具有节约模板、减少工期、提高施工效率等优点，但也存在一定的难度和技术要求，需要合理的设计和精细的施工组织，以确保施工质量和安全。

4. 平仓

平仓就是把卸入仓内成堆的混凝土铺平到要求的均匀厚度。

（1）人工平仓

人工平仓是指在混凝土运输车辆无法直接进入浇筑位置或者浇筑位置与原料库之间距离较远的情况下，通过人工操作将混凝土从运输车辆中倒入桶筒或倒桶、倒盆等容器中，再通过人工或机械将混凝土运送到浇筑位置的一种浇筑方法。在使用该方法时需要特别注意安全，防止混凝土泼洒或者坍塌造成伤害。

（2）振捣器平仓

振捣器平仓是一种用振动器对混凝土进行振捣，从而排除混凝土中的气泡、空隙和使其充分密实的方法。在施工现场，可以使用手持式振动器对小面积的混凝土进行振捣，也可以使用大型的振动器或振捣棒对大面积的混凝土进行振捣。在混凝土浇筑前，需要对振动器进行检查和试运转，确保其正常运行并且与混凝土接触面充分接触。振捣时需要按照一定的振捣规程和时间进行，以保证混凝土的均匀密实。

（3）机械平仓

机械平仓是指利用机械设备对混凝土进行平整、振实的作业方式。常用的机械设备包括平板振动器、内外振动器、钢管振动器等。这些设备通过振动作用，可以使混凝土内部的空气排出，同时提高混凝土的密实度和质量。机械平仓的优点是效率高、操作简单、质量稳定，特别适用大面积、大体积混凝土施工。但同时也需要注意设备的使用和维护，以免对混凝土质量产生不利影响。

5. 振捣

振捣的目的是将混凝土中的空气和水分排出，使混凝土均匀密实，从而提高混凝土的强度和耐久性。同时，振捣还可以使混凝土与模板之间的粘结更紧密，减少混凝土的收缩和开裂。

（1）振捣器的类型和应用

振捣器是用于混凝土振实的工具，主要作用是通过高频振动，使混凝土内部的气泡排除，促进混凝土的密实性和均匀性。振捣器的类型和应用如下：

① 内置式振捣器：适用于各种类型的混凝土结构，振捣时需要安装在混凝土内部或混凝土配筋的周围。

② 外挂式振捣器：适用于各种类型的混凝土结构，振捣时需要将振捣器外挂在混凝土表面。

③ 手持式振捣器：适用于较小的混凝土结构，比如基础、墙体等。

④ 干粒料振捣器：适用于混凝土的振捣前处理，用于去除混凝土中的空气和减少坍落度。

⑤ 振捣拍打器：适用于较小的混凝土结构，如路面、小桥等。

⑥ 混凝土振动台：适用于混凝土结构的制备，能够加速混凝土的振实过程，并提高混凝土的密实性和均匀性。

⑦ 混凝土剪切泵：适用混凝土结构的振捣和液态混凝土的输送，具有剪切和振动的功能，能够有效提高混凝土的密实性和均匀性。

（2）振捣器的操作

振捣器是一种用于混凝土振捣的机械设备，操作需要遵循以下步骤：

① 准备工作：安装振捣器前，需要确保混凝土已经铺好，并且表面平整，没有障碍物。还需要检查振捣器是否安装稳固、是否处于正确位置。

② 开始振捣：启动振捣器后，将振捣器的头部插入混凝土中，头部不应太深或太浅，以确保振捣效果最佳。注意振捣器头部的间距应该保持一致。

③ 移动振捣器：振捣器应从混凝土中心向外依次振捣，不要停留在同一区域过久，以

免对混凝土造成不必要的损害。

④ 控制振捣时间：振捣时间应该根据混凝土的类型与施工情况而定，通常需要振捣 10 ~ 15 秒钟，然后让混凝土自然沉降一段时间，再进行第二次振捣。

⑤ 清洁振捣器：在振捣结束后，需要清洗振捣器，以防止混凝土固化在振捣器表面。同时，注意关闭振捣器电源，拆卸和存放振捣器时也需要格外小心，以免损坏设备。

（3）混凝土平仓振捣机

混凝土平仓振捣机是一种专门用于混凝土平面振捣的机械设备。它主要由电动机、减速机、轴、振动器等组成。其工作原理是通过轴驱动振动器产生高频振动，使混凝土在平面上产生密实和排泄气泡，从而达到提高混凝土强度和耐久性的目的。混凝土平仓振捣机适用于各种混凝土平面的振捣，可以提高混凝土表面的平整度和密实性，提高了混凝土的力学性能，减少混凝土的收缩和裂缝。

（二）混凝土的养护

混凝土养护是指在混凝土浇注、初凝、硬化过程中，采取一系列的措施，以保证混凝土的正常水化反应进行，获得设计强度和使用性能。混凝土养护不仅可以提高混凝土的强度和耐久性，还可以防止龟裂、表面开裂、渗漏和碱骨料反应等问题的发生。

混凝土养护应根据混凝土的强度等级、环境温度和湿度、施工方式等因素，采取不同的养护措施。一般来说，混凝土在初凝后需要进行湿润养护，以保持其表面的湿润状态，防止水分过早蒸发。在混凝土达到了一定强度后，可以采用湿润养护或湿润加覆盖养护，以保持混凝土的温度和湿度稳定，促进其强度的发展。

混凝土养护的时间一般为 28 天左右，但具体时间还需要根据混凝土的强度等级和使用要求等因素来确定。在混凝土养护期间，还需要注意定期检查混凝土表面的状况，及时处理出现的问题，保证了混凝土的质量和使用效果。

# 第四节　大体积混凝土的温度控制及混凝土的冬夏季施工

## 一、大体积混凝土的温度控制

在温升期，由于水泥水化热的释放，混凝土内部温度逐渐升高；在冷却期（或降温期），混凝土内部温度逐渐下降；在稳定期，混凝土内部温度基本趋于稳定，与环境温度接近。

为了保证混凝土的强度、耐久性和使用寿命，需要对混凝土进行适当的养护。对于大体积混凝土，由于内部温度的升高和降温速度较慢，需要延长养护期，通常为 28 天以上。养护期间，需要保持混凝土表面湿润，防止水分蒸发过快，引起龟裂等问题。养护方式包括水养护、覆盖养护和化学养护等等。同时，在施工中也要注意控制混凝土的温度，避免产生温度裂缝。

## （一）混凝土温度裂缝产生的原因

随着约束情况的不同，大体积混凝土温度裂缝有如下两种。

### 1. 表面裂缝

混凝土在养护和使用过程中，可能会出现表面裂缝，这些表面裂缝可能是由于多种因素引起的，例如：

① 混凝土干缩：混凝土在水化过程中会释放水，使体积缩小，因此干缩是引起混凝土表面裂缝的主要原因之一。

② 温度变化：混凝土在不同的温度下会发生体积变化，如果温度变化过于剧烈，可能会引起表面裂缝。

③ 不均匀的混凝土收缩：如果混凝土收缩不均匀，比如因为混凝土中有硬质骨料的分布不均匀等原因，也可能导致表面裂缝的出现。

④ 内部应力：如果混凝土中存在应力集中的地方，例如混凝土中有未除去的气泡或空洞等，可能会导致表面裂缝的形成。

⑤ 质量问题：如果混凝土的配比、拌和或施工过程中存在问题，例如水泥含量不足、混凝土振捣不充分等，也可能导致表面裂缝的产生。

为了减少表面裂缝的出现，可以采取以下措施：

① 控制混凝土的干缩率，采用减缩混凝土或添加膨胀剂等方式来减少干缩；

② 控制混凝土的温度变化，例如在高温环境下使用遮阳网等方式来控制温度变化；

③ 控制混凝土的配比和施工质量，采用高性能混凝土、充分振捣等方式来保证混凝土的质量；

④ 在混凝土表面施加合适的养护措施，比如使用覆盖膜、喷水等方式来控制混凝土表面干燥速度，从而减少表面裂缝的出现。

### 2. 贯穿裂缝和深层裂缝

贯穿裂缝是指从混凝土表面一直延伸到混凝土内部的裂缝，通常是由混凝土内部的应力引起的。这种裂缝很严重，因为它们不但会影响混凝土的外观，而且可能会影响混凝土的强度和耐久性。

深层裂缝是指从混凝土表面往下延伸到深层的裂缝，深度一般超过混凝土的一半厚度。深层裂缝通常是由混凝土收缩、温度变化或荷载变形等原因引起的。这种裂缝的出现会影响混凝土的整体性能，可能会导致混凝土的破坏和失效。

### 3. 大体积混凝土温度控制的任务

大体积混凝土的温度控制任务主要包括以下几个方面：

① 控制混凝土内部温度升高速率，防止出现温度梯度过大而引起的裂缝。

② 控制混凝土表面温度，避免出现过高温度造成的表面开裂和剥落等质量问题。

③ 控制混凝土内部温度分布，使得整个混凝土块内部的温度变化趋势和水泥水化反应相匹配，避免出现温度不均匀所引起的温度应力。

④ 控制混凝土内部温度变化趋势，保证了混凝土的强度和耐久性符合设计要求。

⑤ 控制混凝土的湿度，避免出现水分蒸发过快和过度干燥所引起的裂缝和表面开裂等问题。

综上所述，大体积混凝土的温度控制是一项复杂的工作，需要在施工过程中严格按照设计要求进行操作，充分考虑各种因素的影响，以保证混凝土的质量和使用寿命。

（二）大体积混凝土的温度控制措施

大体积混凝土的温度控制，常从减少混凝土的发热量、降低混凝土的入仓温度和加速混凝土散热三方面着手。

1. 减少混凝土的发热量

（1）减少每立方米混凝土的水泥用量

减少每立方米混凝土的水泥用量可以降低混凝土内部温度升高的速率，从而减缓温度升高和温度梯度变化的幅度。同时，减少水泥用量还可以降低混凝土的热发生量，减少混凝土内部的温度升高。为保证混凝土的强度和耐久性，减少水泥用量应该在保证混凝土工作性能和耐久性的前提下进行。通常可以通过选用更好的骨料、优化粉煤灰、矿渣粉掺量、采用高效减水剂等方式来减少水泥用量。

（2）采用低发热量的水泥

采用低发热量的水泥是减少大体积混凝土温度升高的一种有效措施。这种水泥的主要特点是在水化反应中放热量较小，因此可以减少混凝土的发热量和温度升高，从而减少混凝土的温度应力和裂缝的产生。常见的低热水泥有硅酸盐水泥、矿渣水泥、粉煤灰水泥等。另外，还可以通过控制混凝土的水灰比、使用减水剂等方式来减少水泥用量和混凝土的温度升高。

2. 降低混凝土的入仓温度

（1）合理安排浇筑时间

合理安排浇筑时间可以有效控制大体积混凝土的温度变化，常用的方法包括：

① 避免在高温天气或日照强烈时进行浇筑，尽量在气温较低或者天气阴凉的时段进行施工；

② 合理安排浇筑时间间隔，避免浇筑过于密集，以便充分降温；

③ 在混凝土表面铺盖遮阳布或喷洒冷水等降温措施，以减缓混凝土内部的温度上升速度；

④ 对于大体积混凝土结构，可以采用冷却管进行降温控制。

这些措施可以减少混凝土内部的温度升高速度，从而有效控制混凝土的温度变化，降低表面裂缝和贯穿裂缝的发生概率。

（2）采用加冰或加冰水拌和

采用加冰或加冰水拌和是降低混凝土温度的一种有效方法。在炎热天气下，可以在混凝土搅拌过程中，向搅拌机中加入一定量的冰块或冰水，使得混凝土的初凝时间延迟，水泥水化反应的放热也会延迟，从而减缓混凝土升温速度。需要注意的是，在使用加冰或加冰水拌和的方法时，应该注意保证了混凝土的强度和工作性能，避免对混凝土质量造成不良影响。

（3）对骨料进行预冷

对骨料进行预冷可以有效地降低混凝土温度。具体措施包括在骨料的堆存、搬运和加工过程中，使用冷却水或冷风对其进行冷却，将骨料表面温度降至常温以下。这样，在混凝土拌和时，由于骨料温度较低，可有效地减少水泥水化释放的热量，从而减缓混凝土内部温度的上升速率。同时，预冷还可以减少混凝土内部温度差异，降低表面温度和内部温度之间的温度梯度，从而减少温度裂缝的产生。

3. 加速混凝土散热

（1）采用自然散热冷却降温

采用自然散热冷却降温是一种简便易行的降温方法。具体实施时，可在混凝土浇筑完后的几小时内，覆盖一层遮阳网或遮阳棚，以避免强阳光直射。同时，可用塑料布将整个浇筑区域封闭，防止水分的蒸发。另外，在混凝土硬化的过程中，要注意浇水养护，保持混凝土的湿润状态，有利于混凝土充分发挥强度。

（2）在混凝土内预埋水管通水冷却

在混凝土内预埋水管通水冷却是一种有效的混凝土温度控制方法。该方法在混凝土浇筑前，在混凝土内部布置水管，通过通水冷却的方式，降低混凝土的温度。这种方法适用于大型混凝土结构，如坝体、桥墩、高层建筑等。使用这种方法可以控制混凝土的温度，减少混凝土的裂缝和变形，提高混凝土的耐久性和使用寿命。

通常，水管的布置应遵循以下原则：

① 布置密度要足够，以确保整个混凝土体积均匀受到冷却；

② 水管应沿着混凝土厚度方向布置，从而确保水能够充分覆盖混凝土的表面；

③ 水管应远离钢筋，以避免对钢筋的腐蚀。

在混凝土浇筑后，通过水泵将冷水注入水管中，使水流经过混凝土内部，带走混凝土内部的热量，降低了混凝土的温度。通过控制水的流量和温度，可以调整混凝土的温度，以满足设计要求。

## 三、混凝土的冬夏季施工

### （一）混凝土的冬季施工

1. 混凝土允许受冻的标准

混凝土在冬季低温环境中可能会受冻。为了保证混凝土在低温环境下的性能和使用寿命，需要根据混凝土的材料组成、设计要求、工程环境等因素，制定相应的防冻措施和允许受冻的标准。一般来说，混凝土的允许受冻标准应该符合以下要求：

① 混凝土的抗冻性能应满足设计要求，达到规定的抗冻等级；

② 混凝土的受冻程度不应影响其使用寿命和安全性能；

③ 混凝土的受冻程度应符合规范要求，不应引起表面龟裂、开裂、剥落等质量问题；

④ 混凝土的受冻程度应符合施工规范和环境要求，不应对周围环境和人员造成了不利影响。

具体的允许受冻标准应根据不同情况进行制定，一般需要考虑混凝土的配合比、水胶比、水泥种类、骨料种类和尺寸、混凝土浇筑温度等因素。

2. 混凝土冬季作业的措施

混凝土冬季作业通常采取如下措施：

预热：在混凝土浇筑之前，需要对模板、钢筋等构件进行预热，以防止冷却后对混凝土产生影响。

① 采用保温材料：在施工现场使用保温材料覆盖在混凝土表面上，从而保证混凝土的温度不会过低。同时，在混凝土浇筑之前，可以在模板内放置保温材料。

② 加热拌合水：在混凝土的拌合过程中，如果拌合水的温度过低，会影响混凝土的强度和性能。因此，在冬季施工时，可以将拌合水进行加热处理。

③ 加速剂的使用：加速剂可以在一定程度上缩短混凝土的凝结时间，从而提高混凝土的强度和性能。在冬季施工时，可以适量添加加速剂。

④ 防冻措施：对于特别寒冷的天气，需要采取防冻措施，例如在混凝土表面覆盖保温材料或进行加热等。

⑤ 监测混凝土温度：需要在混凝土浇筑之后，及时进行混凝土温度的监测，以确保混凝土的温度不低于规定的标准。如混凝土温度过低，需要采取相应的措施进行调整。

总之，混凝土冬季施工需要采取多种措施来保证混凝土的质量和施工进度，同时需要严格遵守相关的规范和标准。

3. 混凝土冬季养护方法

冬季混凝土可采用以下几种养护方法：

（1）蓄热法

蓄热法是指在混凝土浇筑前，利用混凝土构件自身的热量来提高混凝土的温度。具体操作方式为，在混凝土搅拌前，将混凝土构件加热至一定温度，使其表面及内部均匀升温，然后立即进行浇筑。这种方法可以提高混凝土的早期强度和耐久性，同时也能减少混凝土内部温度的变化，降低混凝土的温度裂缝发生的风险。通常情况下，蓄热法需要配合其他降温措施一起使用，从而保证混凝土的质量。

（2）暖棚法

暖棚法是混凝土冬季作业的一种措施，它是通过搭建暖棚将施工现场封闭起来，在内部使用加热器等设备将空气温度升高，从而使得混凝土的凝固水不易结冰，保证施工质量。暖棚法需要注意以下几个方面：

① 选择合适的暖棚材料，保证透光性和保温性能；

② 合理安排加热器的摆放位置和数量，保证施工现场的温度均匀；

③ 安全使用加热器等设备，避免火灾等安全事故；

④ 控制现场湿度，避免混凝土内部的水分过多；

⑤ 在混凝土浇筑后及时覆盖保温材料，保持温度的稳定。

（3）电热法

电热法是指通过电加热的方式来控制混凝土温度的方法。具体做法是在混凝土中安装电热管，通过电能将混凝土加热至一定温度，从而实现控制温度的目的。这种方法的优点是控制精度高、稳定性好，适用于小型混凝土工程。但缺点是投资和运行成本较高，需要考虑电力供应和安全等问题。

（4）蒸汽法

蒸汽法是一种混凝土冬季施工的方法，主要是通过蒸汽加热的方式提高混凝土的温度，从而加速混凝土的凝固和强度发展。该方法需要在混凝土浇筑完成后，在构筑物周围搭建一圈高约 2~3 米的帆布或塑料布，并在其中设置蒸汽发生器。蒸汽发生器可以使用柴油、煤油、天然气等燃料进行加热，产生的蒸汽通过管道输送至帆布或塑料布的内部，将混凝土包裹在高温高湿的环境中进行养护，从而提高混凝土的温度和强度发展速度。蒸汽法的优点是可以快速提高混凝土的温度，适用气温较低、湿度较大的冬季施工环境，但缺点是设备和成本较高，需要注意蒸汽发生器的安全问题。

（二）混凝土的夏季作业

混凝土夏季施工需要注意以下几个方面：

① 控制混凝土的温度：夏季气温高，混凝土易受高温影响，造成早期龟裂、强度低等问题。因此需要采取措施控制混凝土的温度，比如加冰水拌和、使用高效减水剂、遮阳等。

② 控制混凝土的坍落度：夏季气温高，混凝土易失去坍落度，不利于施工。因此需要在拌合中加入减水剂，控制混凝土坍落度，以保证混凝土施工质量。

③ 加强养护：夏季气温高，混凝土早期强度发展迅速，但由于湿度小，养护不当易造成龟裂、表面剥落等问题。因此需要加强混凝土的养护，及时喷水以及覆盖保湿等。

④ 合理安排施工时间：避免在高温时段施工，尽量选择早晚温度较低的时段进行施工，以降低混凝土受高温影响的可能性。

⑤ 加强人员安全管理：夏季高温容易造成人员中暑等问题，需要加强人员安全管理，提供充足的水、安排合理的工作时间和休息时间等。

# 第五节　特殊混凝土施工

## 一、碾压混凝土

碾压混凝土施工技术是混凝土重力坝与碾压土石坝长期"竞争"的结果。碾压混凝土施工技术就是用土石坝的施工方法（分层铺填、碾压）施工一种特殊的混凝土——碾压混凝土（干贫混凝土）。近年来，碾压混凝土施工技术在工程中得到广泛应用。

### （一）碾压混凝土的拌和料特点

碾压混凝土单位水泥用量（30~150kg）和用水量较少，水胶（灰）比宜小于0.70，掺合材料（粉煤灰、火山灰质材料等）掺量较大（掺合料的掺量宜取30%~65%），碾压混凝土粗骨料的粒径不宜大于80mm，并一般不采用间断级配，碾压混凝土的坍落度等于零。其特点主要表现在：

（1）由于坍落度为零，混凝土浆量又少，对振动碾压机械既有足够的承载力，又不至于像普通塑性混凝土那样受振液化而失去支持力。

（2）由于水泥用量少，水化热总量小，而且薄层（25~70cm）浇筑，有利散热 – 可有效地降低大体积混凝土的水化热温升，温控措施简单，节省大量投资。

采用碾压施工法可以大大地提高施工速度，特别适用大体积结构特别是重力坝的施工。过去国内普遍采用"金包银式碾压混凝土重力坝"。所谓的"金包银"就是在重力坝的上下游一定范围内和孔洞及其他重要结构的周围采用常态混凝土（普通混凝土），是为"金"，重力坝的内部采用碾压混凝土，是为"银"。随着碾压混凝土施工技术的提高，也有许多工程全部采用碾压混凝土。

### 2. 碾压混凝土的施工工艺

碾压混凝土是一种特殊的混凝土，在施工过程中需要采取特殊的工艺措施。

① 基础处理：碾压混凝土需要建立在良好的基础上，因此需要对于基础进行清理、平整和处理。

② 分层浇筑：在施工过程中，需要对混凝土进行分层浇筑，每层混凝土的厚度应该在20cm左右。

③ 振捣：浇筑完成后，需要对混凝土进行振捣，以排除混凝土内部的气泡和空隙，同时保证混凝土的密实度。

④ 铺设隔离层：在混凝土硬化前，需要在混凝土表面铺设隔离层，以防止混凝土的过早干燥和开裂。

⑤ 养护：混凝土硬化后，需要进行养护，从而保证混凝土的强度和耐久性。

⑥ 碾压：养护完成后，需要对混凝土进行碾压，以使混凝土表面光滑、平整、密实，

提高混凝土的耐久性和抗压强度。

在碾压混凝土的施工过程中，需要注意混凝土的质量、振捣和养护，以保证碾压混凝土的施工质量。同时，需要使用专用的碾压机械，以提高施工效率和质量。

### 3. 碾压层面结合施工

碾压混凝土的施工工艺中，碾压层面结合施工是一个重要的环节，可以确保碾压混凝土的质量和工期。

具体来说，碾压层面结合施工的步骤如下：

① 确定碾压混凝土的浇筑厚度和碾压层数；

② 在第一层碾压混凝土浇筑完成后，立即在表面喷洒一层水泥浆或石英粉，以便在下一层浇筑时能够良好地结合；

③ 在第二层碾压混凝土浇筑时，将第一层已经喷洒了水泥浆或者石英粉的表面，作为第二层的基础；

④ 碾压混凝土的浇筑和碾压层面的结合应该尽可能连续进行，以确保两层之间的结合牢固；

⑤ 如果需要间隔浇筑，应该在间隔浇筑前的一层混凝土表面喷洒水泥浆或石英粉；

⑥ 在整个碾压混凝土的施工过程中，应该保证碾压机的行走速度和振动频率稳定，并且按照设计要求对混凝土进行碾压；

⑦ 在最后一层碾压混凝土施工完成后，应该进行养护和强化处理，以确保整个碾压混凝土结构的质量和耐久性。

### 4. 碾压混凝土施工的质量控制

碾压混凝土施工时，主要有原材料、新拌碾压混凝土、现场质量检测和控制等。铺筑时 $V_c$ 值检测每 2h 一次，现场 $V_c$ 值允许偏差 5s。压实容重检测采用核子水分密度仪或压实密度计。具体可按水工碾压混凝土施工规范和要求进行质量控制。施工时须特别注意以下几点：

（1）碾压混凝土含水量较少，在运输及碾压过程中，易失水（尤其表层）而产生表面裂缝或造成层间结合薄弱而形成层间渗漏。

（2）立模与不立模的选择技术。立模板容易保证建筑物的外形平整，但是限制了施工进度；不立模不易控制建筑物的外形尺寸和表面质量。

（3）采用"金包银式碾压混凝土重力坝"坝型时，常态混凝土与碾压混凝土的结合部位，因不易施工而成为薄弱环节。

## 二、变态混凝

### （一）施工原理

变态混凝土施工是指混凝土的外表面形成凸凹不平的形状，增加了混凝土与钢筋的黏着面积，提高混凝土的抗剪强度和抗滑移性能。其原理主要是通过模板或模具在混凝土面层上刻出一定的几何形状，然后在混凝土尚未凝固的时候，使用特定的工具在混凝土表面进行加工处理，形成所需的凸凹不平的形状。

变态混凝土施工主要包括以下几个步骤：

① 选择合适的模板或模具，根据设计要求刻画出所需的几何形状；

② 在混凝土表面铺设好模板或模具，保证其与混凝土接触牢固；

③ 在混凝土尚未凝固的时候，使用特定的工具对混凝土表面进行加工处理，使其形成所需的凸凹不平的形状；

④ 及时进行养护，保证混凝土的强度和稳定性。

变态混凝土施工技术能够提高了混凝土的力学性能和美观程度，广泛应用于桥梁、隧道、地下工程、码头等建筑工程中。

## （二）施工特点

在施工过程中，需要特别注意以下几个特点：

① 流动性差：变态混凝土中掺入高比例的掺合料，使得混凝土流动性变差，因此在施工前需要进行精确的浇注设计，以保证混凝土在施工过程中能够达到既定的构造要求。

② 凝结时间长：由于混凝土中掺入了高比例的掺合料，导致其凝结时间变长，因此在施工过程中需要根据掺合料类型和比例合理调整混凝土的配合比，以保证施工效率和施工质量。

③ 初期强度低：变态混凝土初期强度较低，需要通过高温养护来提高其早期强度。同时，在施工中需要注意混凝土的养护和保护，以确保混凝土在早期不受到损害。

④ 高温养护：由于变态混凝土的初期强度低，需要进行高温养护，使其能够在早期达到设计强度。在施工过程中需要采用适当的养护措施，比如覆盖保温、加盖塑料膜等，以确保混凝土在养护期间能够达到既定的强度和性能要求。

## （三）施工工艺

水泥浆一般采取集中拌制法，如在坝头设置制浆站等。用装载车或改装的运浆车运送到施工部位。加浆量应根据试验确定，一般为施工部位碾压混凝土体积的4%~10%。

加浆方式主要有底部加浆和顶部加浆。工程多采用顶部加浆，即在摊铺好的碾压混凝土面上铺洒水泥浆，然后用插入式振捣器（或平仓振捣机）进行振捣，使浆液向下渗透。

一些工程对加浆工艺进行改进，设计插孔器及加浆系统，有效地控制施工质量。

在变态混凝土的注浆前，先将其相邻部位的碾压混凝土压实。变态混凝土振捣完成后，用大型振动碾将变态混凝土与碾压混凝土搭接部位碾平。碾压时可采用条带搭接法，条带长15~20m，条带端部搭接长度为100cm左右。

## 三、预填骨料压浆混凝土

预填骨料压浆混凝土可以提高混凝土的密实性和耐久性，增加混凝土与钢筋的粘结强度，并能在一定程度上修补混凝土结构的裂缝和缺陷。另外，由于压浆混凝土的施工可以在水下进行，因此也适用于水下混凝土浇筑的情况。

　　压浆混凝土对材料有一定的要求：所用的粗骨料，其最小粒径应不小于2cm，以免空隙过小，影响砂浆压入；粗骨料应按设计级配填放密实，尽量减少空隙率以节省砂浆；所用细骨料，其粒径超过2.5mm者应予筛除，以免砂浆压入困难；砂浆中应掺混合材料及有关外加剂，使其具有良好的流动性，以期在较低压力下能压入粗骨料空隙中；砂浆中应掺入适量的膨胀剂，在初凝前略微膨胀，使混凝土更加密实。

　　压浆管一般竖向布置，距模板不宜小于1.0m，以免对模板造成过大侧压力，管距一般为1.5~2.0m，模板应接缝严密，防止漏浆。

　　砂浆用柱塞式或隔膜式砂浆泵压送，灌浆压力一般为0.2~0.5MPa，压浆应自下而上，且不得间断，浆体上升速度应当保持在每小时50~100cm。压浆部位应埋设观测管、排气管，以检查压浆效果。

# 第四章

## 水利工程地基处理施工建设

## 第一节　岩基处理方法

若岩基处于严重风化或破碎状态，首先考虑清除至新鲜的岩基为止；若风化层或破碎带很厚，无法清除彻底时，则考虑采用灌浆的方法加固岩层和截止渗流。对于防渗，有时从结构上进行处理，设截水墙和排水系统。

灌浆方法是钻孔灌浆（在地基上钻孔，用压力把浆液通过钻孔压入风化或破碎的岩基内部）。待浆液胶结或固结后，就能达到防渗或加固的目的。最常用的灌浆材料是水泥。当岩石裂隙多、空洞大，吸浆量很大时，为节省水泥，降低工程造价，改善浆液性能，常加砂或其他材料；当裂隙细微，水泥浆难以灌入，基础的防渗不能达到设计要求或者有大的集中渗流时，可采用化学材料灌浆的方法处理。化学灌浆是指将高强度、高流动性的化学固化材料注入到混凝土、砖石、岩石等结构物体内部的空洞中，经固化后形成一种与结构物体本身紧密粘结的材料。它可以提高结构物的抗剪强度、抗压强度、抗拉强度、刚度和耐久性，修复裂缝、密封水流、防止结构物的腐蚀和减震等作用。常用的化学固化材料有环氧树脂、聚氨酯、水泥浆等。

### 一、基岩灌浆的分类

#### （一）帷幕灌浆

帷幕灌浆是一种将化学灌浆材料注入洞孔内形成灌浆帷幕的技术。其工作原理是通过钻孔在结构体内部形成一个或者多个通孔，然后将预先混合好的化学灌浆材料通过注浆管注入孔内，使其在孔周围形成一个密封的帷幕。这种方法可以有效地提高结构的抗震和承载能力，防止结构发生裂缝或倒塌。帷幕灌浆通常用来建筑、桥梁、隧道等结构体的加固和加强。

#### （二）固结灌浆

固结灌浆是一种通过注入化学材料来增加地基或岩石的强度和稳定性的方法。固结灌浆通常用于土壤或岩石的加固，例如在地下隧道、地铁、堤坝、桥梁、大型建筑物和工程基础中。常见的固结灌浆材料包括水泥浆、聚氨酯、环氧树脂、丙烯酸等，具体选择应根据地质条件和工程需求确定。固结灌浆具有操作简便、施工速度快、施工质量易于控制等优点。

（三）接触灌浆

接触灌浆是指在结构体的表面与孔洞间灌注浆液，从而形成结构体和孔洞间的物理连接。接触灌浆可以提高结构体与孔洞的结合强度，增强结构体的承载能力，防止孔洞的进一步扩张，并改善结构体的抗震性能和耐久性。接触灌浆通常应用于钢筋混凝土、砖石结构、石材结构等建筑物和土壤和基础工程中。常见的接触灌浆材料有水泥浆、环氧树脂灌浆材料、聚氨酯灌浆材料等。

## 二、灌浆的材料

常用的灌浆材料有以下几种：

① 环氧树脂灌浆料：具有较高的强度、抗老化性能、抗渗性能和耐腐蚀性能，适用于地下工程、水利工程、桥梁工程、机械设备基础等。

② 水泥基灌浆料：常用的是普通硅酸盐水泥、矿物掺合料、外加剂等，具有耐久性好、强度高、抗渗性好等优点，适用大型钢筋混凝土结构、桥梁、隧道、地下室等。

③ 聚氨酯灌浆料：聚氨酯是一种双组分发泡材料，具有优良的粘结性、硬度、弹性模量、防水性能等，适用于密封、填充、隔音、防震等领域。

④ 丙烯酸灌浆料：具有高黏度、强粘结力、耐水性、耐气候变化性等优点，适用于混凝土结构、钢结构、电力设备、石化设备等。

⑤ 环氧树脂-水泥复合材料灌浆料：由环氧树脂、水泥以及砂浆等组成，具有高强度、高黏结力、抗渗性能好等优点，适用于混凝土结构加固、大型设备基础加固等。

## 三、水泥灌浆的施工

（一）钻孔

1. 确保孔位、孔深、孔向符合设计要求

确保孔位、孔深、孔向符合设计要求是基岩灌浆施工中非常重要的一步，因为孔位、孔深、孔向的不准确都会导致灌浆不均匀或不完全，从而影响整个施工效果。为确保这一点，需要严格按照设计图纸要求进行测量和定位，特别是在复杂地质条件下，应进行地质勘察和钻孔探测，以确保孔位和孔深符合实际地质情况。

此外，在钻孔时还需注意孔径的大小和钻孔机具的选择，孔径过大会使灌浆量增加，浪费灌浆材料，孔径过小又会影响灌浆效果。在选择钻孔机具时，应根据地质条件和灌浆材料的流动性进行选择，确保能够满足施工要求。

在灌浆前还需要进行试灌浆工作，通过试灌浆可以确定灌浆材料的流动性和粘度，调整灌浆材料的配合比，提高灌浆效果。在进行试灌浆时，应注意控制灌浆压力和流量，并根据实际情况进行调整。

## 2. 力求孔径上下均一、孔壁平顺

确保孔径上下均一、孔壁平顺是基岩灌浆施工中的重要环节之一。孔径大小不均匀会导致灌浆不均匀，影响固结效果；孔壁不平顺会导致灌浆压力不均匀，进而影响固结效果。因此，施工人员需要严格按照设计要求进行钻孔作业，使用高效的钻孔设备，确保孔径均一、孔壁平顺。同时，在钻孔过程中要及时清理孔内碎屑和水，避免了对后续工作产生影响。

## 3. 钻进过程中产生的岩粉细屑较少

这一要求的主要目的是为了确保孔壁的牢固度和稳定性，避免孔壁松动或塌方等情况。如果钻进过程中产生的岩粉细屑过多，会对孔壁的稳定性和灌浆效果造成不良影响。为达到这一要求，可以采用一些措施，如控制钻进速度、调整钻头的结构和参数、使用适当的冷却液等。

## 4. 钻孔顺序

钻孔顺序需要根据具体情况进行安排，一般需要考虑以下因素：

① 钻孔位置：根据设计要求，确定钻孔位置和钻孔方向，确定每个孔的钻进顺序。

② 钻孔深度：在确定钻孔顺序时，需要根据每个孔的深度确定钻进的先后顺序，确保后续钻孔不会影响前面已经钻好的孔。

③ 孔径大小：一般先钻大孔，再钻小孔，以免小孔进钻时对已经钻好的大孔造成影响。

④ 地质情况：在钻孔时需要根据地质情况进行分析，对易坍塌、易滑动的地层，需要优先进行钻孔，以防止后续钻孔时造成塌方或滑坡等安全事故。

⑤ 作业进度：根据工期要求和现场实际情况，合理安排钻孔顺序，确保工程按计划进行。

## （二）钻孔冲洗

钻孔冲洗是指在钻孔的过程中，通过向孔内注入水或其他液体，从而将孔内的岩屑和钻屑冲洗出来，同时保证钻孔的正常进行。钻孔冲洗的目的是保持钻孔的稳定，清除孔内的碎石和砂粒，减少孔内摩擦阻力，降低了钻头磨损，保证钻孔质量。

一般而言，钻孔冲洗需要注意以下几个方面：

① 确定冲洗液的种类和用量，不同地质条件下需要采用不同的冲洗液，比如泥浆、淡盐水等；

② 选择合适的冲洗方式，根据孔径大小和地质条件选用适合的冲洗方式，如冲洗管、泵送等；

③ 控制冲洗压力和流量，过大过小的压力和流量都会影响冲洗效果和钻孔质量；

④ 根据需要定时更换冲洗液，及时清理钻孔周围的碎石和砂粒；

⑤ 根据地质条件和钻孔深度采取相应的措施，如增加钻头的水平或垂直振动，或在孔底喷射压水等。

（三）压水试验

压水试验是基岩灌浆施工前的一项重要工作。其主要目的是检验岩体的渗透性及钻孔是否符合灌浆要求，从而保证灌浆质量。

压水试验的具体操作步骤如下：

① 在钻孔底部安装压水管，并和试验设备相连。

② 关闭钻孔顶部的出水口。

③ 将水泵启动，向钻孔中灌入水，并不断提高压力，直至达到预定的试验压力。

④ 在达到试验压力后，保持一段时间（通常为 30 分钟以上），观察钻孔内是否有水渗出。

⑤ 观察完毕后，放开钻孔顶部的出水口，排除多余的水。

压水试验的结果应根据实际情况进行分析，确定是否需要采取相应的措施，如选择适当的灌浆材料、改变灌浆方法等，从而保证灌浆质量。

（四）灌浆的方法与工艺

为了确保岩基灌浆的质量，必须注意以下问题。

1. 钻孔灌浆的次序

进行钻孔灌浆时，一般应按照以下次序进行：

① 进行钻孔和钻孔冲洗；

② 进行压水试验；

③ 进行灌浆；

④ 等待灌浆充分硬化；

⑤ 进行回填封孔。

在灌浆过程中，需要注意施工人员的配合，确保每个工序的完成符合规范要求。灌浆后还需进行养护，保证灌浆材料充分硬化，从而达到预期效果。

2. 注浆方式

注浆方式一般分为单管注浆、双管注浆和注液式注浆三种。

① 单管注浆：指在灌浆过程中，灌浆管仅有一个管口，注入浆液和排出空气通过同一个管口完成。常用于非洞室岩体的灌浆。

② 双管注浆：指在灌浆过程中，灌浆管有两个管口，一个为灌浆口，另一个为排气口。常用于洞室岩体的灌浆。

③ 注液式注浆：又称压力灌浆法，是指在灌浆过程中，先用高压液体将孔洞内的空气排出，再注入浆液。常用于岩体中裂隙较多及孔洞连通性好的情况下。

不同的注浆方式适用于不同类型的岩体，需要根据实际情况选择合适的注浆方式。

3. 钻灌方法

钻灌是一种特殊的基础处理方法，主要是通过钻孔将灌浆材料注入基岩或土层中，使其与周围土层或基岩紧密结合，增强地基的承载能力和稳定性。常见的钻灌方法包括：

① 螺旋钻孔灌浆法：通过螺旋钻头钻孔，在钻孔过程中不断注入灌浆材料，使其充满孔隙并与周围土层结合。

② 岩石芯样灌浆法：在钻孔过程中，采用了特殊的岩石钻头取得岩芯样品，然后注入灌浆材料，使其与周围岩体结合。

③ 桩基灌浆法：在桩基施工中，通过钻孔在桩侧壁周围注入灌浆材料，加强桩与土层之间的结合。

④ 压力注浆法：通过钻孔，采用高压泵将灌浆材料注入孔洞中，使其充满孔隙并与周围土层或基岩结合。

⑤ 空心桩灌浆法：在空心桩中注入灌浆材料，使其与周围土层结合，增强桩的承载能力和稳定性。

这些方法在不同的工程中都有广泛的应用，可根据具体情况选择合适的钻灌方法。

4. 灌浆压力

灌浆压力是指在灌浆过程中，对灌浆材料的加压力度。灌浆压力的大小取决于灌浆材料的性质、孔隙度、孔径大小、灌浆深度、灌浆工艺等因素。一般来说，灌浆压力应逐渐加大，达到预定的灌浆压力后，应保持稳定，直至灌浆完毕。过高或者过低的灌浆压力都会影响到灌浆效果，一般应根据具体情况进行合理调整。

5. 灌浆压力的控制

在基岩灌浆施工中，灌浆压力的控制非常重要。灌浆压力过高会导致灌浆液渗透到裂隙中，使得灌浆效果变差，甚至形成新的裂隙。而灌浆压力过低，则会导致灌浆液无法充分填充裂隙，影响灌浆效果。因此，需要合理控制灌浆压力。

一般来说，灌浆压力的控制要根据岩体情况、灌浆材料特性和灌浆工艺等因素进行综合考虑。具体控制方法如下：

① 在灌浆前，需要对基岩进行分层、分区，根据岩性和裂隙情况制定合理的灌浆方案；

② 灌浆压力应根据基岩的稳定性和裂隙的大小、深度等因素确定。一般来说，岩体稳定、裂隙小、深度浅的部位可以采用较高的灌浆压力，而不稳定、裂隙大、深度深的部位则需要采用较低的灌浆压力；

③ 灌浆压力的控制应从低到高，逐渐增加，直到达到设计要求。在灌浆过程中，需要实时监测灌浆压力，及时调整灌浆的参数；

④ 灌浆压力过高时，需要采取措施进行调整。一般可以采用降低灌浆液密度、加大灌浆孔径或减少灌浆液流量等方法进行调整；

⑤ 灌浆压力过低时，需要及时调整灌浆液流量、增大灌浆孔径或增加灌浆孔的数量等措施，以保证灌浆液能够充分填充裂隙。

总之，灌浆压力的控制需要根据具体情况进行综合考虑，并采取相应的调整措施，以保证灌浆效果。

6. 浆液稠度的控制

浆液稠度的控制是灌浆施工中的一个重要环节，它直接影响到了灌浆效果的好坏。通常采用以下几种方法控制浆液稠度：

① 控制水灰比：水灰比是指混凝土或灌浆中水与水泥的质量比值。一般情况下，水灰比越小，浆液越稠。因此，通过调整水灰比可以控制浆液稠度。

② 调整加水量：加水量的多少也会直接影响到浆液的稠度。在灌浆施工过程中，可以根据实际需要适量调整加水量，从而控制浆液稠度。

③ 采用外加剂：在灌浆施工中，可以加入适量的外加剂，如减水剂、增稠剂等，来改善浆液的流动性和稠度，从而控制浆液稠度。

④ 根据孔隙特征控制浆液稠度：针对不同的孔隙特征，可以采用不同的灌浆浆液，从而控制浆液的稠度。比如，在裂隙较宽的区域，可以采用稠度较大的灌浆浆液，以保证填充效果。

需要注意的是，浆液稠度过高或过低都会影响到灌浆效果，因此需要根据具体情况进行调整，并在施工过程中不断检查和调整浆液稠度。

7. 灌浆的结束条件与封孔

灌浆的结束条件是满足设计要求的灌浆量达到预定值，或者达到灌浆压力上限或注入量上限。灌浆结束后，需要对钻孔进行封堵，通常采用混凝土、水泥砂浆或石膏等材料进行回填封孔，以保证孔壁密实，防止水泥浆体外漏。

在进行灌浆前，需要对孔内进行清洁处理，确保孔内无杂物、无泥浆等，以免影响灌浆质量。灌浆时需要掌握合适的注浆速度和压力，避免压力过大导致基岩开裂，同时也要避免浆液过于稀薄，影响灌浆效果。灌浆结束后，还需对灌浆区域进行检查和测试，确保达到设计要求的灌浆效果。

（五）灌浆的质量检查

灌浆的质量检查主要包括以下几个方面：
① 灌浆深度、孔距、孔径等是否符合设计要求；
② 灌浆浆液是否均匀、密实、无漏浆现象；
③ 灌浆压力是否达到要求；
④ 灌浆后是否进行回填封孔，并封堵好的孔洞是否牢固可靠；
⑤ 灌浆现场是否进行记录，包括了灌浆孔编号、浆液配合比、灌浆压力、施工人员等信息；
⑥ 对灌浆后的基岩进行检测，如硬度检测、孔洞密度检测等。

灌浆质量检查是保证基岩灌浆施工质量的重要环节，应根据施工现场具体情况制定相应的检查方案，并进行全过程记录，以便于后期的质量监督和问题处理。

## 四、化学灌浆

化学灌浆是指使用化学材料进行孔洞、裂缝等混凝土结构的灌浆处理，常用于加固、修补和补漏混凝土结构。化学灌浆可以通过化学反应或物理反应实现灌浆材料与混凝土的胶结，从而提高结构的承载力和稳定性，常见的化学灌浆材料有环氧树脂、聚氨酯、丙烯酸等。

（一）化学灌浆的特性

① 高强度：化学灌浆可以形成一种高强度、高硬度的胶状体，能够有效地固结和加固混凝土结构。

② 耐久性：化学灌浆具有很好的耐久性和抗腐蚀性能，能够抵抗多种化学腐蚀。

③ 良好的渗透性：化学灌浆能够渗透到混凝土的微小缝隙中，填充空隙，提高混凝土的整体强度。

④ 防水性能：化学灌浆能够填充混凝土中的孔隙和裂缝，提高混凝土的密实性，从而提高其防水性能。

⑤ 适用性广：化学灌浆适用于各种混凝土结构的加固和修补，包括桥梁、隧道、地下室、水池、坑道等。

⑥ 施工方便：化学灌浆具有施工方便和快速的特点，可以在较短时间内完成加固和修补工作。

（二）化学灌浆的施工

化学灌浆施工步骤如下：

① 钻孔：根据设计要求，在需要灌浆的位置钻孔。孔径和孔深应符合设计要求，孔壁应清洁平整。

② 喷淋清洗：用压缩空气和清水将孔内灰尘、碎屑和泥浆等清洗干净。如有裂隙，还要清洗干净。

③ 压力试验：在钻孔中安装测压管，进行压力试验，以确定孔道是否畅通和孔壁是否有渗漏现象。

④ 安装注浆管：将注浆管插入钻孔内，管子及孔壁之间应采用高压橡胶管套，保证灌浆时不渗漏。

⑤ 混合浆料：按照灌浆材料的要求配制浆料，调节稠度、流动性等参数。

⑥ 灌浆：将混合好的浆料倒入灌浆设备的料斗中，通过设备将浆料注入注浆管中。一般从下往上灌浆，灌浆时控制好流量和压力，保证浆料能充分填充孔道和裂隙。

⑦ 灌浆结束：当浆料从灌浆孔口处流出，或压力达到一定值时，表示灌浆结束。拔出注浆管后，将孔口封住。

⑧ 清理：清洗设备和工具，清理现场。

⑨ 质量检验：对灌浆后的构件进行质量检验，以保证灌浆的效果符合设计要求。

# 第二节　防渗墙

防渗墙是一种用于防止水、土壤、污染物等物质渗透的结构，其主要作用是将地下水位以下的地层分隔成不同的水文地质单元，以便于地下工程的建设和地下水的治理。常见的防渗墙类型有混凝土墙、钢板桩墙、水泥土墙、土工合成材料墙等。防渗墙的施工需要根据具体情况选择不同的材料和技术，并且采取严格的施工工艺和质量控制，以确保其防渗效果。

## 一、防渗墙特点

### （一）适用范围较广

防渗墙主要用于各种土石体和混凝土结构物的防渗和防漏处理，包括大坝、堤防、隧洞、地铁、地下室、垃圾填埋场、油罐基础、化工厂等工程。防渗墙可以有效地阻挡地下水、渗透水、化学物质的渗透，保护工程的安全和稳定。

### （二）实用性较强

防渗墙的实用性较强，可以在多种场合下使用。例如，防渗墙可以应用于水利工程中的水坝、堤防、水渠等工程，也可以用于矿山、化工、垃圾填埋场等工业场合的防渗措施。另外，防渗墙还可以应用于建筑工程中的地下室、地下管廊等场合的防渗隔离。

### （三）施工条件要求较宽

防渗墙施工需要满足一定的条件要求，包括：
① 地基稳定：防渗墙必须建立在地基稳定的基础上，以免因地基沉降或变形引起开裂、渗漏等问题。
② 基坑降水：在进行防渗墙施工前，必须采取措施降低基坑内水位，以保证施工现场的安全和施工质量。
③ 清理表面：在施工前，必须对施工面进行清理和处理，以确保墙体和土壤之间的粘结牢固。
④ 保证材料质量：防渗墙的材料质量必须符合相关标准和规定，以确保施工质量和防渗效果。
⑤ 施工工艺：防渗墙的施工必须按照相关工艺规范进行，以确保施工质量和防渗效果。
⑥ 环保要求：在施工过程中，必须采取措施保护环境和水资源，以免对周边环境造成了影响。

### （四）安全、可靠

确保防渗墙的安全和可靠性是非常重要的，因为它的主要作用是防止水的渗透和泄漏。因此，在施工阶段需要严格按照设计要求进行施工，确保材料的质量，选择适当的施工方法，并进行严格的质量控制和监测。同时，在使用防渗墙的过程中，也需要定期进行检查和维护，及时修复和更换损坏的部分，确保其持续有效地发挥作用。

## 二、防渗墙的作用与结构特点

### （一）防渗墙的作用

防渗墙的主要作用是防止水的渗透，常用于以下场合：

① 基础防渗：用于防止地下水、降雨水或其他水源侵入建筑物或者其他地下结构的基础。

② 岩土坝、堤防防渗：用于防止水从土壤或岩石中渗透进坝体或堤防，增强其稳定性。

③ 油污、化学废料等有害物质的隔离：用于防止油污、化学废料等有害物质渗透到土壤和地下水中，保护环境和人类健康。

④ 水污染治理：用于隔离污染源，防止污染物渗透到地下水中。

防渗墙的作用在工程中非常重要，能够保证工程的安全稳定和环境保护。

### （二）防渗墙的构造特点

防渗墙的构造特点主要包括以下几个方面：

① 材料：防渗墙一般采用的材料包括水泥、黏土、沥青等，根据不同的渗透压力和渗透介质选择不同的材料。

② 厚度：防渗墙的厚度一般在 20~60 厘米之间，可根据实际情况和设计要求进行调整。

③ 位置：防渗墙一般设置在地下水位以下，地下水位变化较大的地方可以设置多层防渗墙。

④ 连接：防渗墙的连接处应采用特殊接头，确保接头处的密封性和抗渗性。

⑤ 加固：为了增强防渗墙的强度和稳定性，可以在墙体中加入钢筋、网格等加固材料。

⑥ 预制：在一些需要快速施工、施工空间有限等情况下，可采用预制防渗墙板块，将其组合成墙体。

⑦ 排水系统：在防渗墙的后面设置排水系统，将渗透水收集起来，排放到管道中，防止水压过大造成防渗墙破裂。

### （三）防渗性能

防渗墙的防渗性能是根据不同的工程需要和地质条件来确定的，常见的防渗性能要求包括：

① 渗透系数：防渗墙的渗透系数要求越小，防渗性能越好。

② 稳定性：防渗墙应具有一定的稳定性，能够承受地下水压力和周围土体的荷载。

③ 耐久性：防渗墙应具有一定的耐久性，能够长期保持防渗性能，不受水质和环境的影响。

④ 封闭性：防渗墙的封闭性要求高，能够有效防止水流绕过或穿透防渗墙。

⑤ 连接性：防渗墙的连接处应该紧密，能够有效地避免漏水。

⑥ 施工性：防渗墙的施工性要求高，施工过程中应该保证施工质量和工期。

### 三、防渗墙的墙体材料

一般来说，刚性材料如混凝土、石材、砖等具有很好的耐久性和机械强度，但对变形和裂缝敏感，不适用于需要较大变形或有温差变形的场合。而柔性材料如沥青、聚氨酯、聚乙烯等则具有较好的耐变形性和柔性，但强度和耐久性相对较低。根据工程的需要，防渗墙常常采用不同的材料组合来达到最佳效果。

#### （一）普通混凝土

普通混凝土是指以水泥、水、骨料（石子、沙子）为主要原料，按一定比例掺加掺合料或者其他化学掺合剂，经过搅拌、浇注、养护等工艺制成的一种建筑材料。普通混凝土的抗压强度一般在 10～50MPa 之间，适用于一般性的建筑工程、基础、路面、水利工程等方面。

#### （二）黏土混凝土

黏土混凝土是以黏土为主要骨料、水泥或石灰为胶凝材料，再加入一定量的砂、砾石和水制成的混凝土。黏土混凝土因其独特的黏结性能，具有较高的抗渗性和自密实性，适用于一些特殊的工程项目中，如防水隧道、水库、水利工程、防渗帷幕等。由于黏土混凝土在硬化后体积稳定、力学性能好，也可以用一些结构较为简单的房屋建筑中。

#### （三）粉煤灰混凝土

粉煤灰混凝土是指在混凝土中加入粉煤灰，取代部分水泥的混凝土。粉煤灰是煤的燃烧过程中产生的一种灰烬，经过粉碎后成为一种细粉末状物质。将粉煤灰加入混凝土中能够提高混凝土的耐久性、减少收缩以及降低热释放等优点，同时也能充分利用工业废弃物资源，降低环境污染。

#### （四）塑性混凝土

塑性混凝土是一种特殊的混凝土，与普通混凝土相比，其流动性能更好，能够在不加外力的情况下填满模板内的任何空隙，也能够在模板内自由流动，从而得到充分密实的混凝土。塑性混凝土主要由水泥、高岭土和膨胀剂等材料组成，其掺入高岭土和膨胀剂能够增加混凝土的粘稠性和延展性，从而提高混凝土的流动性。在施工时，可将塑性混凝土通过自流式浇注法或泵送法注入模板内，从而得到充分密实的混凝土结构。

#### （五）自凝灰浆

自凝灰浆是指在无外加水泥或其他硬化剂的条件下，由于某些物质的存在，混合物能够自然硬化而成的一种灰浆。一般来说，自凝灰浆中含有活性氧化镁、磷酸盐、硅酸盐等成分，其中以活性氧化镁自凝灰浆应用最为广泛。其特点是具有很高的抗渗性和强度，但相对于传统混凝土，自凝灰浆的成本较高，施工难度也较大。

（六）固化灰浆

固化灰浆

## 四、防渗墙的施工工艺

### （一）造孔准备

造孔是指钻孔或挖掘孔洞，通常在地基工程、岩土工程以及建筑工程等领域中广泛使用。造孔之前需要进行一些准备工作，包括但不限于以下几个方面：

① 确定孔的位置和尺寸：根据工程设计要求，确定孔的位置、深度和直径等参数，进行绘图和标注。

② 确定孔的钻掘方式：根据孔洞的深度、直径、地质情况、土层性质等因素，选择合适的钻掘方式，如手动钻孔、机械钻孔等。

③ 选择合适的钻孔工具和设备：根据钻孔方式和孔洞的性质选择合适的钻孔工具和设备，如手动钻头、机械钻头、岩心钻头、钻杆等。

④ 确定钻孔方法：根据孔的深度、直径、地质情况等因素，确定钻孔方法，如干钻法、液压冲击法、液压旋挖钻孔等。

⑤ 检查钻孔工具和设备：在使用钻孔工具和设备之前，需要对其进行检查和维护，确保其状态良好，能够正常工作。

⑥ 清理孔底和孔壁：在完成钻孔之后，需要清理孔底和孔壁，方便后续工作的进行，如加固、填充等。

### （二）固壁泥浆和泥浆系统

固壁泥浆是指在井壁钻孔中，以一定比例调配而成的一种浆体，用于在钻孔壁面形成一层坚固、压实的壁膜，以增强井壁稳定性和防止钻孔中发生漏失泥浆、地层塌陷等事故。固壁泥浆一般由水、黏土、淀粉和化学添加剂等组成，其配比应根据地层条件、钻孔直径和孔壁稳定性等因素而定。

泥浆系统是指泥浆的循环系统，包括搅拌池、泵送系统、固液分离设备等。泥浆通过泵送系统进入钻杆中心孔，向井底喷出，并通过钻杆和套管之间的空隙回流至地面，再经过固液分离设备处理后，回到搅拌池中重新配制。泥浆系统的主要功能是保持钻孔稳定，冷却钻头，将岩屑从钻孔中带出，保持孔壁稳定，同时还可以提供润滑和冷却钻具的作用。

### （三）造孔成槽

造孔成槽指的是在地下工程中，利用钻孔和炸药等方法将土体挖掘成为一定深度和宽度的槽。通常在隧道、地铁、堤坝、渠道、地下洞室等工程中会采用此种方法进行地基处理和地质探测等工作。该方法具有操作方便、效率高以及适应性广等优点。

（四）终孔验收和清孔换浆

终孔验收是指钻探完毕后，对钻孔进行检查和测试，以确认钻孔质量和是否达到设计要求。终孔验收应包括以下内容：

① 钻孔直径和深度的检查，应与设计要求相符合。

② 钻孔位置、倾斜度的检查，是否符合设计要求。

③ 钻孔岩芯的取样和标识，是否符合要求。

④ 钻孔内壁的状况，是否平整、光滑，有无塌方等。

⑤ 钻孔内是否存在水位，水质是否符合规定。

⑥ 钻孔内浆液的性质，如泥浆浓度、液压、pH 值等，是否符合规定。

⑦ 钻孔内是否存在泥浆污染，如有，应立即清理。

清孔换浆是指在进行钻探时，当钻孔内部出现泥浆污染或泥浆性质发生变化时，需要及时对钻孔进行清洗、清理和更换新的泥浆，以确保钻孔质量和钻探效率。清孔换浆应根据钻孔内部的情况和泥浆系统的状态，合理选择清洗方法和更换浆液的配方。在清孔换浆过程中，应注意控制清洗水量、清洗时间和浆液浓度，避免过度清洗和过度消耗泥浆。

（五）墙体浇筑

墙体浇筑是建筑施工中的一个重要工序，通常用建筑物的立墙。其基本流程如下：

① 安装模板：首先根据设计要求安装木模板，确保墙体的几何形状、尺寸和表面质量。

② 配制混凝土：按照设计要求配制混凝土，并进行检验和试块制作，确保混凝土的质量和强度满足设计要求。

③ 浇筑混凝土：在墙体模板内浇筑混凝土，要求均匀浇筑，不能出现空鼓、夹渣、裂缝等缺陷。

④ 拉振混凝土：在混凝土浇筑后，使用振动器对混凝土进行拉振，以排除混凝土中的气泡，提高混凝土的密实度和强度。

⑤ 等待养护：混凝土浇筑后，需要进行养护，以保证混凝土强度的稳定提高。具体的养护时间和方法视混凝土强度等级和气温等因素而定。

⑥ 拆除模板：待混凝土养护完毕后，拆除了模板并进行墙面修整和涂料处理，使其符合设计要求。

总之，墙体浇筑是一项关键的施工工序，需要注意施工流程和细节，以保证墙体的质量和强度。

## 五、防渗墙的质量检查

防渗墙的质量检查应包括以下内容：

① 材料质量检查：应按照施工规范的要求进行材料的验收和试验，包括水泥、骨料、混凝土等。

② 基础验收：包括基础标高、基础尺寸、基础外形、水平度等。

③ 墙体模板验收：包括模板的尺寸、平整度、强度等。

④ 钢筋加工和验收：包括钢筋的直径、弯曲度、抗拉强度等。

⑤ 混凝土浇筑前的验收：包括混凝土的坍落度、配合比、含气量、密实度等。

⑥ 混凝土浇筑中的验收：包括混凝土的均匀性、振捣情况、外观质量等。

⑦ 混凝土养护的验收：包括混凝土的养护期间的水养护、防风、防晒等。

⑧ 防渗墙成品的验收：包括墙面平整度、墙体强度、防渗效果等。

以上是防渗墙质量检查的主要内容，需根据具体的施工规范和项目要求进行具体的验收和检查。

## 六、双轮铣成槽技术

### （一）双轮铣成槽技术工作原理

双轮铣成槽技术是利用铣刀在地下墙壁上进行切割，将墙体表面削平，形成一条条平滑的槽口，槽口之间的边缘光滑平整，从而达到防渗墙的效果。具体工作原理如下：

① 预处理：在进行双轮铣成槽之前，需要对墙体表面进行光洁处理，以保证铣刀的工作效果。

② 铣刀运作：双轮铣成槽采用双轮驱动，两个铣刀轮流对墙体进行铣削，将墙体表面削平。

③ 废料排出：铣削墙体表面会产生大量废料，需要通过泥浆系统将其排出，同时保持墙体干燥。

④ 检查验收：完成双轮铣成槽后，需要对墙体进行检查验收，从而确保达到预期的防渗效果。

双轮铣成槽技术采用机械化作业，能够高效地进行防渗墙施工，而且在施工过程中，可以根据需要对铣刀进行调整，从而达到所需的深度和宽度。同时，该技术施工速度快，对工人的体力消耗也较小。

### （二）主要优点

（1）对地层适应性强，从软土到岩石地层均可实施切削搅拌，更换不同类型的刀具即可在淤泥、砂、砾石、卵石及中硬强度的岩石、混凝土中开挖；（2）钻进效率高，在松散地层中钻进效率 $20 \sim 40 m^3/h$，双轮铣设备施工进度与传统的抓槽机和冲孔机在土层、砂层等软弱地层中为抓槽机的 $2 \sim 3$ 倍，在微风岩层中可达到冲孔成槽效率的 20 倍以上，同时也可以在岩石中成槽；（3）孔形规则（墙体垂直度可控制在3‰以下）；（4）运转灵活，操作方便；（5）排碴同时即清孔换浆，减少混凝土浇筑准备时间；（6）低噪声、低振动，可以贴近建筑物施工。（7）设备成桩深度大，远大于常规设备；（8）设备成桩尺寸、深度、注浆量、垂直度等参数控制精度高，可保证施工质量，工艺没有"冷缝"概念，可实现无缝连接，形成无缝墙体。

（三）施工准备

1. 测量放样

施工前使用 GPS 放样防渗墙轴线，然后延轴线向两侧分别引出桩点，便于机械移动施工。

2. 机械设备

主要施工机械有双轮铣，水泥罐，空气压缩机，制浆设备，挖掘机等等。

3. 施工材料

水泥选用强度等级为 42.5 级矿渣水泥。进场水泥必须具备出厂合格证，并经现场取样送试验室复检合格，水泥罐储量要充分满足施工需要。

施工供水、施工供电等。

（四）施工工艺

双轮铣成槽技术的施工工艺如下：

① 清理基础表面：清除基础表面的油污、灰尘等杂物，确保基础表面干燥、平整。

② 标线：根据设计要求，在基础表面上划出槽的位置、尺寸和轮廓线。

③ 配合泥浆：按照一定比例配制泥浆，保证其黏度和流动性能，以便进行冲刷和清理槽内杂物。

④ 铣切成槽：将双轮铣槽机按照设计要求放置在基础表面上，启动机器，开始对基础表面进行铣切，直到达到设计要求的槽深和槽宽。

⑤ 冲洗清理：使用高压水泵或者压缩空气将槽内的杂物冲洗或吹扫干净，然后再用配合泥浆进行清理。

⑥ 检验验收：对于已经铣切的槽进行检验验收，检查槽的尺寸、深度、宽度等是否符合设计要求。

⑦ 浇注混凝土：在槽内浇注混凝土，确保混凝土充实、密实，无松散、空鼓等现象。

⑧ 防渗处理：根据设计要求，在混凝土中加入防水材料，如加聚合物防水剂等，进行防渗处理。

⑨ 撤除模板：混凝土充分凝固后，拆除模板，检查墙体表面质量是否符合设计要求。

⑩ 后续处理：对已完成的墙体进行后续处理，如刷涂防水涂料、涂刷装饰涂料等。

⑪ 质量检查：对已完成的防渗墙进行质量检查，检查墙体表面质量、墙体尺寸和防渗效果是否符合设计要求。

（五）造墙方式

防渗墙的造墙方式一般有两种：单面浇筑与双面浇筑。

单面浇筑：先在挖孔壁上安装一排墙筋，再在挖孔的一侧进行混凝土浇筑，待混凝土凝固后，再将模板翻转至另一侧进行浇筑。这种方法施工简单，适用于孔径较小、单侧开挖或挖孔深度较浅的情况。

双面浇筑：在挖孔时，同时进行双侧墙体的浇筑，采用一种叫做"导墙板"的工具，将混凝土逐步灌入孔中，确保两侧墙体同时浇筑。这种方法适用孔径较大、双侧墙体需要同时浇筑或挖孔深度较深的情况。

在施工过程中，还需要注意以下几点：

① 墙体浇筑要均匀，不能出现波浪形或漏筋现象。

② 浇筑后，要及时清理模板上的混凝土残留物，确保下次使用时不影响墙体质量。

③ 墙体顶部应保持平整，避免出现高低差。

④ 浇筑时应掌握好混凝土的配合比、搅拌时间和振捣强度等参数，保证了墙体质量符合设计要求。

## （六）造墙

### 1. 铣头定位

根据不同的地质情况选用适合该地层的铣头，随后将双轮铣机的铣头定位于墙体中心线和每幅标线上。

### 2. 垂直的精度

在建筑施工中，垂直的精度是指建筑物垂直度的精度，即建筑物在垂直方向上的偏差或误差。这个偏差或误差通常用单位长度的偏差来表示，如每米的偏差或每层的偏差。垂直的精度是建筑物稳定性和外观的重要因素之一，对于建筑物的使用寿命、安全性和美观性都有着重要的影响。因此，在建筑施工中，要对垂直的精度进行严格的控制和检测。常用的检测方法包括测量竖直距离、水平仪测量等。

### 3. 铣削深度

铣削深度是指铣削刀具在一次铣削中可以去除工件表面材料的深度。它的大小决定了每次铣削后工件表面的平整度和粗糙度。铣削深度通常由加工工艺和刀具的切削性能等因素决定，一般不应超过刀具直径的1/2，以保证加工效果和刀具寿命。在实际加工过程中，需要根据工件材料、加工要求和刀具情况等因素综合考虑，选择适当的铣削深度。

### 4. 铣削速度

铣削速度是指铣削刀具在单位时间内移动的距离，通常用米每分钟（m/min）或英尺每分钟（ft/min）来表示。铣削速度的高低直接影响到铣削效率和表面质量。

铣削速度的选择应根据具体的铣削材料、刀具材料和刀具类型等因素进行选择，一般应在刀具能承受的范围内选取最大铣削速度。同时，应根据不同铣削深度和加工精度要求调整铣削速度，以保证加工质量。

根据地质情况可适当调整掘进速度和转速，以避免形成了真空负压，孔壁坍陷，造成墙体空隙。在实际掘进过程中，由于地层35m以下土质较为复杂，需要进行多次上提和下沉掘进动作，满足设计进尺及注浆要求。

### 5. 注浆

注浆是指将注浆材料通过一定压力从孔洞中注入岩体或混凝土中，填充孔隙、裂缝，以提高岩体或混凝土的强度、稳定性和防水性能的工艺。注浆广泛应用于地下隧洞、地铁、水利水电工程、建筑工程等领域中，常用于处理岩体和混凝土中的渗漏和裂缝等问题。常用的注浆材料有水泥浆、聚氨酯、环氧树脂等等。

### 6. 供气

供气是指将气体输送到需要使用的地方。通常情况下，供气是指将气体输送到工业、家庭或商业设施，以满足其生产或生活所需。

常见的供气方式包括管道输气和压缩气体储存，其中管道输气是最常见的供气方式。通过管道输气，气体可以从气源地输送到使用地点，中途可以进行调压、过滤、脱水等处理。

压缩气体储存则是将气体压缩到一定压力后存储在储气罐或瓶中，以便在需要时使用。这种方式适用于需要移动的场合，比如潜水、登山、野外作业等。

### 7. 成墙厚度

成墙厚度是指防渗墙厚度，也就是墙体的宽度，其厚度应当根据设计要求进行计算和确定。在防渗墙的施工中，成墙厚度是一个非常关键的指标，因为厚度过薄会影响墙体的防水性能，而过厚则会增加工程成本和施工难度。一般来说，防渗墙的成墙厚度应当不小于设计要求的厚度，同时还应当符合相关的施工规范和标准。

### 8. 墙体均匀度

墙体均匀度指的是防渗墙内外表面之间的平整度和垂直度。墙体均匀度的好坏直接影响防渗墙的防水性能。在施工过程之中，应根据设计要求控制墙体均匀度，采取相应的措施保证墙体平整度和垂直度。一般采用水平定位装置、自动控制装置等辅助设备进行控制，并在施工完成后进行墙体检查，确保墙体均匀度达到设计要求。

### 9. 墙体连接

防渗墙通常需要与基础、地下室地面、地下水平面等部位进行连接，以确保墙体的完整性和密封性。墙体连接的方式包括机械连接和化学连接两种。

机械连接是通过将墙体端面上的预留凸缘与另一部位的凹槽、榫口等机械连接部位配合，以达到连接的效果。机械连接通常采用预制构件的方式，将构件与墙体一起安装施工。机械连接的优点是连接牢固，缺点是施工过程中需要进行了准确的测量和加工，工期相对较长。

化学连接是通过在墙体端面和连接部位表面涂覆防水胶、高分子胶等化学材料，在其凝固后达到连接的效果。化学连接的优点是施工快捷、方便，能够适应各种复杂形状的连接部位，缺点是连接强度相对机械连接较低，长期使用后容易发生松动、脱落等情况。因此，化学连接适用不要求连接强度过高的部位。

10. 水泥掺入比

水泥掺入量按20%控制，一般为下沉空搅部分占有效墙体部位总水泥量的70%左右。

11. 水灰比

下沉过程水灰比一般控制在1.4~1.5；提升过程水灰比为1。

12. 浆液配制

浆液配制是指在泥浆系统中，将水泥、黏土和其他辅助材料按一定的比例混合配制成浆液，用于固井、地基处理、防渗等工程中。

浆液的配制要根据实际需要选择不同的配比和混合方法。通常情况下，浆液的配制需要满足以下要求：

① 配比合理：根据工程要求和现场条件选择合适的配比，以保证浆液的质量。

② 搅拌均匀：搅拌时间和方式要合适，确保了各种材料充分混合，避免产生团块和不均匀。

③ 浆液稠度适宜：稀浆不易搅拌均匀，过稠又容易导致堵塞泥浆系统和不易灌入孔隙。

④ 浆液质量稳定：浆液配制的每一批次都要保持一定的稳定性，确保施工质量的稳定性和可靠性。

⑤ 满足现场要求：在现场按需加水、调整稠度等，确保施工顺利进行。

浆液的配制是固井、地基处理和防渗等工程中非常重要的一个环节，影响到工程的质量和施工进度。所以，需要严格控制配比、搅拌时间和方式、稠度等因素，确保浆液质量的稳定性和可靠性。

13. 施工记录与要求

施工记录是防渗墙施工中必不可少的一项工作，可记录每个工序的施工情况、使用的材料、设备和施工人员等信息，以便日后查询和追溯。

防渗墙施工的一些要求包括：

① 施工前必须进行勘察和设计，合理确定防渗墙的位置、深度、宽度和墙体材料等；

② 确保施工现场安全，采取必要的安全措施，如设置警示标志、使用防护设备等；

③ 按照施工方案和质量标准进行施工，掌握施工进度，及时调整工作计划；

④ 严格控制施工过程中的各项参数，比如浆液配比、压力控制等，确保防渗墙施工质量符合要求；

⑤ 施工结束后进行验收，并填写施工记录和相关资料，保存完好，以备查阅；

⑥ 按照规定进行防渗墙的保护和维护，定期进行检查和维修，确保防渗墙长期有效。

14. 出泥量的管理

出泥量的管理是指在混凝土搅拌站的生产过程中,合理控制每个批次的混凝土出泥量,以达到经济、高效、优质的生产目的。

合理的出泥量控制可以降低生产成本,提高了生产效率,保证混凝土质量稳定。以下是一些出泥量的管理方法:

① 严格按照混凝土配合比控制出泥量,不得随意调整水灰比;

② 在生产过程中及时记录每个批次的出泥量、生产时间和生产员工等信息;

③ 对于出泥量较大的批次,要及时调整出泥量,避免浪费;

④ 定期检查搅拌机、输送机等设备,确保设备运转正常,减少故障,避免出泥量不稳定;

⑤ 建立完善的出泥量管理制度和培训机制,确保每个员工都能正确掌握出泥量管理的知识和方法。

总之,合理控制出泥量是混凝土搅拌站生产中非常重要的环节,需要严格执行各项管理制度和措施,确保生产顺利的进行。

# 第三节 砂砾石地基处理

## 一、沙砾石地基灌浆

沙砾石地基灌浆是指在沙砾石地基上施工时,通过在地基中注入灌浆材料,以提高地基的承载能力和稳定性的一种处理方法。灌浆材料可以是水泥浆、水泥土、聚氨酯泡沫、环氧树脂等。这种方法广泛应用各种建筑、桥梁、隧道等工程中,可以有效地解决沙砾石地基的承载力不足、稳定性差等问题。

### (一) 灌浆材料

沙砾石地基灌浆的材料包括水泥、砂、水和添加剂。其中,水泥用于胶凝材料,砂用于增加灌浆材料的流动性,水用于调节材料的流动性和控制凝结时间,添加剂用于提高灌浆材料的强度、流动性和抗渗性。常见的添加剂包括减水剂、外加剂、纤维等。根据不同的需要,灌浆材料还可以添加其他的填充材料,比如膨胀土、粘土、煤渣等。

### (二) 钻灌方法

钻灌是一种钻探孔道并注入灌浆材料的地基加固方法。常见的钻灌方法有单孔钻灌和双孔钻灌两种。

单孔钻灌是指在地基中钻出一个孔道,将灌浆材料从钻孔中注入,灌浆材料在地基中形成柱状体,起到加固地基的作用。

双孔钻灌是在钻孔时,从钻孔的中央部分注入水泥浆料,同时从钻孔的两侧通过另外两个管道抽出浆液，形成一个环形的灌浆带。双孔钻灌可以使灌浆材料充分分布在地基中，提高地基加固的效果。

钻灌方法适用于沙砾石地基、软土地基、坚硬地基和岩石地基等多种地质条件，常用于建筑物、桥梁、码头、机场等工程的地基加固。

### 1. 打管灌浆

打管灌浆是一种地基处理方法，通过打管灌入水泥浆或其他浆料，使地基砂土或砾石充分固结，提高地基承载力和稳定性。该方法适用砂砾含量高、孔隙度大、承载力低的砂土地基。

打管灌浆的具体施工步骤如下：

① 钻孔：先在地基上钻孔，钻孔直径一般为 $80 \sim 150$ mm，深度一般为地基深度的 $0.8 \sim 1.2$ 倍。

② 打管：将带有小孔的管子沿着钻孔垂直插入，管子的长度一般为钻孔深度的 $1.2 \sim 1.5$ 倍。管子之间的距离根据具体情况而定。

③ 灌浆：将水泥浆或其他浆料通过管子注入地基，同时提高管子，使浆料充分渗透到地基中，直到管子周围出现浆料。

④ 抽管：等待浆料固结后，再将管子抽出，填补管孔，并进行下一个钻孔的施工。

需要注意的是，打管灌浆时应严格控制浆液的流量和压力，避免破坏地基的结构。同时，浆液的配合比、浆液强度等参数也应符合设计要求。

### 2. 套管灌浆

套管灌浆是指在地基钻孔后，在钻孔内放置套管，再通过套管注入灌浆材料，使地基钻孔处形成密实、稳固的灌浆体，以提高地基承载力和稳定性的一种灌浆方法。套管一般选用钢制管或塑料管材质，根据灌浆深度和孔径大小确定套管的直径和长度。在套管的内部和地基钻孔间会形成一定的间隙，通过在间隙中注入灌浆材料，形成了密实、均匀的灌浆体，提高地基的承载力和稳定性。套管灌浆适用于各种类型的土层和岩石地基，是一种比较常见的地基加固方法之一。

### 3. 循环钻灌

循环钻灌是一种应用于土壤或岩石地基处理的机械灌注方法。其基本原理是在岩土中钻一个孔，将灌浆管置于孔内，然后在灌浆管内通过压缩空气或水压作用，将预先配制好的浆液注入孔中，同时将灌浆管慢慢向上提取，同时不断注浆，使灌浆材料在孔内形成一根柱状的灌浆体，从而达到加固地基的目的。

循环钻灌具有操作简便、效率高、施工质量稳定等优点，适用于地基加固、基础加固等工程，其不足之处是对灌浆材料要求较高，且对孔壁的要求较严格，需根据不同地质情况选择合适的灌浆材料和灌浆管径。

### 4. 预埋花管灌浆

预埋花管灌浆是指在地基内预先埋设花管，通过花管将灌浆材料注入地基内部进行灌浆的方法。花管一般选用直径较小的钢管或塑料管,埋设深度一般为地基深度的 1/3 到 1/ 2,花管间距为 1.5～2 米。灌浆材料通过压力泵或手动灌浆设备从花管的下端注入,在灌浆的过程中,灌浆材料通过花管的洞口逐渐充填整个地基。在充填完成后,需要将花管及时拔出,并用混凝土进行封堵。预埋花管灌浆适用于软土、沉积土以及砂土等地基灌浆加固。

## 二、水泥土搅拌桩

水泥土搅拌桩是一种以水泥土为主要材料,通过机械搅拌形成桩体的地基加固技术。其工作原理是在地面上先挖出一定深度的孔洞,然后通过搅拌机将水泥、砂、石等材料混合,形成一定质量的混合物,再通过搅拌桩机的旋转和上下移动,将混合物注入孔洞中,搅拌桩机在拔出过程中形成搅拌桩体。在地基工程中,水泥土搅拌桩可用于加固软土地基,增强地基承载力和稳定性。同时,该技术也适用地下水位较高的情况。

### (一) 技术特点

水泥土搅拌桩是以水泥土为主体,经过高速旋转的钻杆搅拌成桩体,广泛用于建筑物、交通、水利、环保等领域的地基处理中。其主要技术特点包括:

① 施工工艺简单,对现场地形条件适应性强。

② 施工效率高,能够快速地成桩、振实、固结地基。

③ 结构可靠,桩身质量稳定、强度高、承载力大。

④ 适用范围广,不受土层、地形、气候等限制,可用多种地质条件下的地基处理。

⑤ 与周边环境相容性好,施工过程中对周边环境影响小,噪音、震动等污染小。

⑥ 可调性强,可根据需要调整桩长、桩径、桩间距、桩型等参数,以满足不同场合的工程要求。

⑦ 施工可控性强,施工现场实时监控数据,以保证施工质量。

总之,水泥土搅拌桩具有施工方便、效率高、成桩质量可靠等优点,是地基处理中常用的一种方法。

### (二) 防渗性能

防渗墙的功能是截渗或增加渗径,防止堤身和堤基的渗透破坏。影响水泥搅拌桩渗透性的因素主要有流体本身的性质、水泥搅拌土的密度、封闭气泡和孔隙的大小及分布。因此,从施工工艺上看,防渗墙的完整性和连续性是关键,当墙厚不小于 20cm 时,成墙 28d 后渗透系数 $K < 10^{-6} cm/s$,抗压强度 $R > 0.5 MPa$。

### (三) 复合地基

当水泥土搅拌桩用来加固地基,形成了复合地基用以提高地基承载力时,应符合以下规定:

① 水泥土搅拌桩的数量、直径、长度和间距应符合设计要求;

② 搅拌桩的布置和成排方式应符合设计要求;

③ 搅拌桩的搅拌深度应符合设计要求，并应注意防止与原地基质混合；

④ 搅拌桩周围应留有一定的土体余量，并注意与邻近搅拌桩的交界处理；

⑤ 搅拌桩成桩后应及时进行打靶或钻芯取样试验；

⑥ 搅拌桩灌注时应注意均匀灌注、不得有漏浆现象，避免过度振捣；

⑦ 搅拌桩灌注浆液应均匀、充实，浆液浓度符合规定；

⑧ 搅拌桩桩身变形应符合规定，且不能超过规定限值；

⑨ 搅拌桩成桩后应及时进行静载试验或动载试验。

### 三、高压喷射灌浆

高压喷射灌浆是一种高效、经济、环保的地基处理技术，可以提高地基的承载力、改善地基的稳定性和防渗效果。除了在水利工程中广泛应用外，也被广泛用于道路、桥梁、地铁、隧道等基础设施工程中。

高压喷射灌浆是利用旋喷机具造成旋喷桩以提高地基的承载能力，也可以作联锁桩施工或定向喷射成连续墙用于防渗。可适用于砂土、黏性土、淤泥等地基的加固，对砂卵石（最大粒径小于 20cm）的防渗也有较好的效果。

#### （一）技术特点

① 适用范围广：可以用于各种土壤和岩石地层的灌浆处理，特别是对软弱地层的处理效果更佳。

② 灌浆效果好：高压喷射灌浆可以在地层中形成密实的灌浆体，增强地基的稳定性和承载力，同时能够防止地下水渗透和泥土流失。

③ 施工速度快：高压喷射灌浆可以快速进行，施工效率高。

④ 施工难度小：高压喷射灌浆施工难度相对较小，不需特殊的施工条件和大量的人力物力。

⑤ 灌浆材料易获取：高压喷射灌浆使用的灌浆材料一般为水泥、沙子等易获取的材料。

⑥ 施工过程环保：高压喷射灌浆施工过程中不会产生大量的粉尘和废弃物，对环境的污染较小。

⑦ 施工安全性高：高压喷射灌浆过程中，操作人员不需要进入孔道或现场作业，可以大大提高施工的安全性。

#### （二）高压喷射灌浆作用

高压喷射灌浆的浆液以水泥浆为主，其压力一般在 10~30MPa，它对于地层的作用和机理有如下几个方面：

##### 1. 冲切掺搅作用

高压喷射灌浆技术的特点之一是利用高压水或气流的冲击力和速度，对地层介质产生强烈的冲切、掺拌和挤压作用，从而能够破坏原有的土体结构，使其变得更加紧密。这样可以有效地提高地层的强度和稳定性，并防止水的渗透和泥浆的漏失。在此过程中，高压喷射灌浆设备通常采用特制的喷嘴和喷头，使喷射出的浆液或水、气流能够在喷头周围形成旋涡和涡流，从而增强冲切和掺拌效果。

此外，高压喷射灌浆还能够充分混合和分散各种灌浆材料，使其能够充分发挥作用，提高灌浆效果。同时，高压喷射灌浆设备具有灵活性高、操作简便、适应性强等特点，能够适应各种复杂地质环境和施工条件，广泛应用各种地基加固和防渗堵漏工程中。

2. 升扬置换作用

高压喷射灌浆的升扬置换作用是指通过高压水或空气喷射将灌浆材料送入地层，并将原有地层介质挤压或冲刷出孔隙或裂缝，以便浆液能够填充其中，从而形成坚固的凝结体。这种作用可以使灌浆材料填充地层内的孔隙和裂缝，达到密实、防渗和加固的效果。同时，升扬置换作用还可以改善地层的物理性质和力学性质，提高地基的承载力和稳定性。

3. 挤压渗透作用

高压喷射灌浆在地层中形成凝固体的过程中，挤压渗透作用也是一个重要的作用。高压喷射灌浆机通过喷嘴将浆液高速喷射到地层中，浆液在高压喷射下，不仅具有强大的冲击力和剪切力，还能在地层中形成强大的压力，使得浆液渗透到地层的细小孔隙中，填充地层的空隙，同时在地层中形成一个坚硬的凝结体，从而达到了防渗、加固地基等效果。

4. 位移握裹作用

位移握裹作用是指高压喷射灌浆过程中，浆液通过喷嘴高速射入地层后，在地层中产生了位移，使得周围地层对喷入的浆液形成了一定的握裹力，从而保证浆液的充填和密实。这种作用可以有效地改善地层的物理性质，提高地层的承载能力和抗渗能力。同时，位移握裹作用还能够减小地层的孔隙度，增加地层的密实度，提高地层的强度和稳定性。

（三）防渗性能

在高压喷射流的作用下切割土层，被切割下来的土体与浆液搅拌混合，进而固结，形成防渗板墙。不同地层及施工方式形成的防渗体结构体的渗透系数稍有差别，一般说来其渗透系数小于 $10^{-7}$cm/s。

（四）高压喷射凝结体

1. 凝结体的形式

高压喷射灌浆法形成的凝结体形式多种多样，常见的有以下几种形式：

① 单孔注浆体：即由单一孔洞注浆形成的凝结体，主要应用于地下建筑及隧道、管廊等结构的渗漏补救，以及地铁车站隧道、建筑物基础防渗等工程。

② 多孔注浆体：指由多个孔洞共同注浆形成的凝结体，主要应用较大范围内地基或岩土体的固结和加固，如防渗墙、地基硬化、河道修复等工程。

③ 块体注浆体：即由多个孔洞共同注浆形成的块状凝结体，常用于处理较大尺寸的空洞、隙缝、松散岩土体等，以提高地基的承载力和稳定性。

④ 混凝土增强体：指通过高压喷射灌浆法加固后形成的混凝土增强体，可用于处理地基沉降、地震损伤、隧道施工、桥梁加固等工程。

总之，高压喷射灌浆法形成的凝结体具有结构稳定、固结强度高、防渗性能优良以及施工速度快等特点。

2. 高压喷射灌浆的施工方法

（1）单管法

单管法是高压喷射灌浆法中的一种常用方法，它采用单管灌注，即在一根管子的内部同时进行灌浆和喷射。具体操作时，将灌浆管插入待处理地层深度，将浆液泵入管中，同时开启高压气源，将气体通过喷嘴高速喷射，形成高速气流，与浆液相互作用，产生切割、冲刷、搅拌、压实等作用，从而形成一个具有一定强度和密实度的凝固体。

单管法具有操作简便、施工速度快、施工效率高、工艺稳定等特点，适用于各种地质条件下的灌浆加固、堵漏截水、土体固结等工程。但由于灌浆管内部同时进行灌浆和喷射，其施工过程中可能会产生浆液泄漏、管道堵塞、灌浆均匀度不易控制等问题。

（2）双管法

双管法是高压喷射灌浆的一种方法，它是通过两根灌浆管同时进行灌浆，一根为外管，一根为内管。外管口向下，内管口向上，通过外管喷出浆液，同时通过内管将空气排出，保持内部压力不变，使浆液能够顺利地喷入地层中。双管法相对单管法能够更好地控制浆液流动方向和速度，提高灌浆质量。同时，由于内部压力稳定，避免了单管法在灌浆过程中可能出现的灌浆不均匀的问题。

（3）三管法

三管法是高压喷射灌浆法中的一种，相对于单管法和双管法，它增加了一个压浆管，即三管法。具体工作原理为：先在地下注入水泥浆料，然后在水泥浆管道旁边设一压缩空气管，再在空气管旁边设一条排气管。在进行施工时，通过空气管道压缩空气，使水泥浆料随之被压缩，从压浆管喷出。同时，排气管道起到排放冗余气体的作用，避免空气管中的空气过多，导致施工效果不佳。三管法能够提高灌浆效果和质量，特别适用于一些地质条件较为复杂的地区。

（4）多管法

多管法是指在高压喷射灌浆中使用多根灌浆管同时施工的方法，可以同时在多个方向进行喷射灌浆，增加喷射灌浆的覆盖面积和均匀度，提高施工效率和灌浆质量。多管法一般需要使用专门的多管灌浆头和多组灌浆管组合，根据具体工程情况选择合适的施工方案。该方法适用于大面积和多孔地层的喷射灌浆处理，比如水利水电工程、隧洞支护等。

（五）施工程序与工艺

高压喷射灌浆的施工程序主要有造孔、下喷射管、喷射提升（旋转或摆动）、最后成桩或墙。

1. 造孔

造孔是地基处理过程中的一个重要环节，其目的是为了在地基中形成一定形状和尺寸的空洞，便于进行后续的处理。常用的造孔方法包括钻孔、挖孔、钻挖结合等。选择造孔方法要考虑地质条件、施工环境以及工程要求等因素。

2. 下喷射管

下喷射管是高压喷射灌浆施工中的一种工具，通常由高压橡胶软管、射流管和扣件等组成。它的作用是将灌浆材料通过高压喷射的方式注入到地层中，形成凝结体，从而提高地基的承载力和稳定性。在施工过程中，先在地面上钻孔，然后将下喷射管插入到孔内，通过高压泵将灌浆材料注入到管内，再通过射流管将灌浆材料喷射到地层中，形成凝结体。这种施工方法通常用于软弱地层的加固处理，具有施工效率高、成本低等优点。

3. 喷射灌浆

喷射灌浆是一种地基处理方法，通常用于加固软弱地层、填塞空洞和裂缝，以及防止地基渗漏。它的原理是将特制的灌浆材料通过高压喷射机喷射到待处理的地层中，填充和强化地基。喷射灌浆方法可分为单液体、双液体和多液体三种类型，其中单液体灌浆是最常见的一种，它采用一种预先混合好的灌浆材料，可以直接喷射到地层中，而双液体和多液体灌浆则需要在现场将不同的液体混合后再喷射到地层中。

喷射灌浆的施工流程通常包括以下几个步骤：准备工作、造孔、下喷射管、喷射灌浆、养护等。在喷射灌浆的过程中，需要注意控制喷射压力、喷射速度、喷嘴距离和喷射量等参数，以确保灌浆材料充分填充到地层中，形成均匀、致密的凝结体，从而达到加固和防渗的效果。

喷射灌浆适用于多种类型的工程，例如基础加固、地下室防渗、隧道和地铁施工、桥梁墩身加固、水坝和堤防加固等。它具施工方便、工期短、效果明显、节约材料等优点，但也存在喷射材料污染环境、施工噪音大、灌浆质量难以保证等缺点。

4. 施工要点

高压喷射灌浆施工的要点包括以下几个方面：

① 灌浆材料的选择和配比：根据不同工程条件和要求，选择适合的灌浆材料和合理的配比，确保施工质量。

② 喷嘴的选择和安装：根据工程条件和灌浆材料特性，选择合适的喷嘴，并正确安装，保证喷浆效果。

③ 喷浆压力的控制：根据不同地层情况和灌浆材料特性，控制喷浆压力，避免过高或过低导致施工质量问题。

④ 施工速度的控制：控制施工速度，保证了灌浆效果和施工质量。

⑤ 灌浆管的布置和固定：根据实际情况，合理布置灌浆管，并固定牢固，避免移位和影响灌浆效果。

⑥灌浆顺序的控制：根据施工方案和地层情况，控制灌浆顺序，避免漏浆或重复灌浆。

⑦灌浆质量的检查和验收：对于灌浆质量进行检查和验收，确保施工质量符合规范要求。

⑧安全措施的落实：在施工过程中，落实好安全措施，保证施工安全。

### （六）旋喷桩的质量检查

旋喷桩的质量检查通常采取钻孔取样、贯入试验、荷载试验或开挖检查等方法。对于防渗的联锁桩、定喷桩，应进行渗透试验。

# 第四节 灌注桩工程

灌注桩是先用机械或人工成孔，然后再下钢筋笼后灌注混凝土形成的基桩、其主要作用是提高地基承载力、侧向支撑等。

根据其承载性状可分为摩擦型桩、端承摩擦桩、端承型桩及摩擦端承桩；根据其使用功能分为竖向抗压桩、竖向抗拔桩、水平受荷桩、复合受荷桩；根据其成孔形式主要分为冲击成孔灌注桩、冲抓成孔灌注桩、回转钻成孔灌注桩、潜水钻成孔灌注桩和人工挖扩成孔灌注桩等。

## 一、灌注桩的适应地层

### 1. 冲击成孔灌注桩

冲击成孔灌注桩是指在灌注桩成孔的同时，使用冲击器或振动器对地层进行冲击或振动作用，使灌注桩孔周围的土层松动并形成较大的土工作用体，增加了灌注桩与土层间的摩擦力及桩身的侧阻力，从而提高灌注桩的承载力和抗侧力能力。该技术适用于各种不同地质条件下的基础加固工程，尤其适用于填土地基加固、地震地区的土石混合物地基加固、较坚硬的土石层地基加固、深基坑周围灌浆桩的施工等。

该技术的主要施工要点包括：

①选用合适的冲击器或振动器，并进行充分的试验和检查；

②确定灌注桩的孔径和长度，并进行适当的加固和保护；

③在施工过程之中，不断调整冲击或振动参数，保证灌注桩周围的土层能够形成较大的土工作用体；

④灌注桩灌浆时，应使用高强度的灌浆材料，并保证灌浆质量的稳定性和均匀性；

⑤对灌注桩的质量进行充分的检查和验收，确保其符合设计要求和施工规范。

### 2. 冲抓成孔灌注桩

适用于一般较松软黏土、粉质黏土、沙土、沙砾层及软质岩层应用。

3. 回转钻成孔灌注桩

适用于地下水位较高的软、硬土层，如淤泥、黏性土、沙土、软质岩层。

4. 潜水钻成孔灌注桩

适用于地下水位较高的软、硬土层，如淤泥、淤泥质土、黏土、粉质黏土、沙土、砂夹卵石及风化页岩层中使用，不能用于漂石。

5. 人工扩挖成孔灌注桩

适用于地下水位较低的软、硬土层，如淤泥、淤泥质土、黏土、粉质黏土、沙土、砂夹卵石及风化页岩层中使用。

## 二、桩型的选择

冲击成孔灌注桩的桩型根据工程需要和地质条件的不同，可选择多种类型。其中比较常用的桩型包括：

① 圆形截面桩：适用于一般性较好的地层，可以承受竖向和水平荷载，受力性能稳定。

② 方形截面桩：适用土质松软的地层，便于侧向土体的依靠，适合承受较大的水平荷载。

③ 逆向锥形截面桩：适用于地层坚硬、围岩稳定的场合，其端部较宽，可以增加承载面积和摩擦力，适合承受竖向和水平荷载。

④ 球形截面桩：适用软土、弱膏体地层，对地基的影响小，能够有效提高承载能力和稳定性。

⑤ 其他特殊形状桩：如桩身带翼板的桩、桩身带钻孔的桩等，根据具体情况进行选择。

在选择桩型时，需要综合考虑地质、土层、荷载等因素，确定最适合的桩型，以提高工程的安全性和经济性。

## 三、设计原则

### （一）设计等级

根据建筑规模、功能特征、对差异变形的适应性、场地地基和建筑物体型的复杂性以及由于桩基问题可能造成建筑破坏或影响正常使用的程度，应将桩基设计分为三个设计等级。

第一，甲级：重要的建筑；30 层以上或者高度超过 100m 的高层建筑；体型复杂且层数相差超过 10 层的高低层（含纯地下室）连体建筑；20 层以上框架——核心筒结构及其他对差异沉降有特殊要求的建筑；场地和地基条件复杂的 7 层以上的一般建筑及坡地、岸边建筑；对相邻既有工程影响较大的建筑。

第二，乙级：除甲级、丙级以外的建筑。

第三，丙级：场地和地基条件简单、荷载分布均匀的 7 层及 7 层以下的一般建筑。

### （二）桩基承载能力计算

桩基承载能力计算通常基于桩的侧阻力和端阻力来估算。一般而言，计算桩的承载能力需要考虑以下因素：

① 桩的截面形状和尺寸；

② 桩的长度和埋置深度；

③ 岩土地层的物理性质和桩的侧阻力以及端阻力分布规律；

④ 桩身和桩顶的荷载。

根据桩的截面形状和尺寸、岩土地层物理性质和荷载特点，可以选择适当的理论计算方法来计算桩的承载能力。例如，可以采用静力法、动力法、数值模拟等方法进行计算。在计算中，还需要考虑桩基与地基之间的相互作用，以及不同地层中的桩侧阻力和桩端阻力的变化规律等因素。

需要注意的是，桩基承载能力计算的精度受多种因素影响，如岩土地层的复杂性、测定参数的准确性、计算模型的合理性等。因此，在进行桩基承载能力计算时，应根据实际情况合理选择方法和参数，并进行合理的安全系数折减。

### （三）桩基沉降计算

设计等级为甲级的非嵌岩桩和非深厚坚硬持力层的建筑桩基；设计等级为乙级的体型复杂、荷载分布显得不均匀或者桩端平面以下存在软弱土层的建筑桩基；软土地基多层建筑减沉复合疏桩基础。

## 四、施工前的准备工作

冲击成孔灌注桩的施工前的准备工作包括以下内容：

① 设计方案审核：在施工前，施工单位需要审核设计方案是否符合施工要求，同时要核实土质、地下水位等信息，以确定施工方案的可行性。

② 土方开挖：进行冲击成孔灌注桩施工前，需要进行土方开挖，并且根据设计要求设置好桩位和桩顶标高等相关参数。

③ 桩基周围土体处理：在进行冲击成孔灌注桩施工前，需要对桩基周围土体进行处理，以确保施工安全和桩基的稳定性。

④ 施工设备和材料准备：进行冲击成孔灌注桩施工需要使用专用设备和材料，施工前需要做好设备和材料的准备工作，确保施工顺利进行。

⑤ 检查施工环境：在施工前需要对施工环境进行检查，确保了施工安全，并进行相关的安全防护措施，保证工作人员的安全。

## 五、钢筋笼制作与安装

钢筋笼制作与安装是冲击成孔灌注桩施工中的重要工序。一般按照设计要求制作预制钢筋笼，在施工现场进行钢筋笼的组装和安装。具体的制作和安装过程如下：

① 钢筋笼的制作：根据设计要求进行钢筋笼的加工和制作，一般采用自动化机械化生产，保证钢筋笼的加工精度和质量。

② 钢筋笼的组装：在施工现场，根据设计要求将预制好的钢筋笼进行组装，将钢筋进行连接，确保钢筋笼的稳定性和整体性。

③ 钢筋笼的安装：在冲击成孔灌注桩的施工中，将组装好的钢筋笼通过起重设备安装到孔中，并进行垂直、水平和位置的调整，保证了钢筋笼的正确位置和方向。

④ 钢筋笼的固定：在钢筋笼安装完成后，需要进行固定，避免在灌注浆液时钢筋笼的移动或变形。固定方法包括钢筋笼与钻孔壁间的填充和灌浆，或者通过钢丝绳等固定钢筋笼的位置。

以上是冲击成孔灌注桩施工中钢筋笼制作与安装的主要工作流程。钢筋笼的质量和安装位置的准确性直接影响冲击成孔灌注桩的质量和承载能力。所以，在施工中要严格按照要求进行操作，确保钢筋笼的质量和安装位置的准确性。

## 六、混凝土的配置与灌注

混凝土的配置与灌注是冲击成孔灌注桩施工过程中的重要环节，需要注意以下几个方面：

① 混凝土配合比的确定：配合比应符合设计要求，浇筑性能稳定，保证强度和耐久性。

② 现场搅拌：搅拌应充分，混凝土应均匀、细腻，不得出现干硬、稠浆、凝结不良等情况。

③ 灌注过程中的控制：灌注应连续不断，防止混凝土分层或空洞。在灌注时，应从距离钻孔顶部约30cm处开始，逐层灌注，每次灌注高度不应超过30cm，直到灌满整个钻孔。

④ 灌注压力的控制：在灌注过程中，应根据钻孔的情况和混凝土的性质，控制灌注的压力和流量，保证灌注的质量。

⑤ 浇注后的养护：浇注完成后，应及时进行养护，防止混凝土龟裂和表面开裂。一般来说，混凝土的养护期为28天左右。

总之，混凝土的配置与灌注是冲击成孔灌注桩施工中至关重要的环节，需要严格按照规范进行操作，确保施工质量和安全。

## 七、灌注桩质量控制

正确的质量控制措施对于确保灌注桩质量至关重要。以下是一些常用的质量控制措施：

① 检查桩孔位置、尺寸和深度，确保符合设计要求；

② 严格控制混凝土的配合比，确保其符合设计要求，避免强度不达标；

③ 在混凝土灌注前，对于钢筋笼进行检查，确保其符合设计要求，长度、直径和间距等符合要求；

④ 在灌注过程中，应注意浇注速度、混凝土坍落度、振捣程度等，确保混凝土充实且均匀；

⑤ 在灌注完成后，应对灌注桩进行质量检查，包括对灌注桩的尺寸、偏差、混凝土强度、钢筋笼偏差等进行检查，并及时记录和处理。

在质量控制过程中，应有专人进行监督和检查，并及时记录和处理问题，以确保灌注桩质量符合设计要求。

## （一）桩位控制

桩位控制是指在灌注桩施工中，保证桩的位置符合设计要求的一系列措施。桩位的控制是灌注桩施工质量控制中非常重要的一环，对确保工程的安全、有效性、经济性至关重要。

桩位控制的具体内容包括以下几个方面：

① 桩位标高控制：通过测量控制桩顶的标高，确保桩的长度符合设计要求。

② 桩位平面位置控制：控制桩的位置，使其在平面上的偏差满足设计要求，一般采用激光全站仪等精度较高的仪器进行控制。

③ 桩位轴线控制：控制桩的轴线方向，保证桩的轴线与设计要求的方向一致。

④ 相邻桩之间的距离控制：确保相邻桩之间的间距符合设计要求，以保证桩间荷载的传递均匀。

⑤ 桩位与场地其他结构的位置控制：确保灌注桩和场地其他结构的相对位置符合设计要求，以避免发生相互影响的情况。

在进行桩位控制时，需要使用精度高、稳定性好的测量设备，如全站仪、水准仪等，并对测量结果进行合理的处理，以提高测量的精度和可靠性。此外，还需要进行现场监控，及时处理施工中出现的问题，保证了桩位控制的顺利进行。

## （二）桩斜控制

桩斜是指灌注桩与垂直方向的偏离程度，也称为桩身偏斜。桩斜控制是确保灌注桩垂直度的重要控制要点之一，其目的是确保灌注桩的垂直度符合设计要求，避免灌注桩斜度过大或过小，导致桩的承载力不足或其他不良后果。

在施工中，采取以下措施可以有效控制桩斜：

① 在桩基设计时合理控制桩的直径与长度，减小桩基的偏心距；

② 设置灌注桩的调节孔，利用调节孔控制桩斜；

③ 合理选择施工工艺，控制混凝土灌注速度和灌注压力，避免因施工工艺不当引起的偏斜；

④ 采用专业的施工设备和技术人员，确保桩的斜度符合设计要求；

⑤ 在施工过程中进行实时监测和控制，及时发现问题并及时处理。

总之，灌注桩斜度控制是保证灌注桩质量与使用寿命的重要控制环节之一，需要在施工过程中严格把控。

## （三）桩径控制

对于混凝土灌注桩的桩径控制，主要考虑以下几个方面：

① 钻孔直径的控制：在钻孔的过程中，要控制钻头的直径，保证钻孔直径符合设计要求，以便桩的灌注施工顺利进行。

② 钢筋笼的尺寸控制：钢筋笼的尺寸和直径需要按照设计要求进行控制，以便灌注混凝土能够完全充填钢筋笼，同时能够达到了设计要求的桩径。

③ 混凝土灌注的控制：在混凝土灌注的过程中，要确保混凝土完全充填钢筋笼，并且能够达到设计要求的桩径。

④ 灌注压力的控制：在灌注混凝土的过程中，需要控制灌注的压力，以避免灌注过程中出现管道堵塞、混凝土流量不足等问题，影响桩的质量和桩径。

⑤ 灌注混凝土的浆液配合比控制：灌注混凝土的浆液配合比需要按照设计要求进行控制，以确保混凝土强度和桩径达到设计要求。

（四）桩长控制

桩长控制是指在施工过程中控制灌注桩的实际长度，以确保其与设计要求相符。灌注桩的长度通常由以下几个因素决定：

① 设计要求：灌注桩的设计要求会指定桩的长度范围，施工时需要按照设计要求进行控制。

② 地层情况：桩的长度也受到灌注桩所穿越的地层情况影响，需要通过钻孔记录、岩芯取样等方式进行实测。

③ 施工工艺：灌注桩的施工工艺也会影响桩长的控制，需要根据具体的工艺要求进行控制。

在施工过程中，通常采用以下方法对桩长进行控制：

① 桩长标志：在钻孔和灌注桩过程中，在桩的顶部和底部设置标志，用记录灌注桩的实际长度。

② 定位设备：利用激光定位仪和全站仪等设备对灌注桩的位置和长度进行实时监测和控制。

③ 测量检查：通过测量灌注桩的实际长度，与设计要求进行比对，及时发现和纠正偏差，确保灌注桩的质量符合要求。

通过上述控制方法，可以有效地控制灌注桩的长度，确保其符合设计要求，并保证工程质量。

（五）桩底沉渣控制

桩底沉渣是指在灌注桩施工过程中，混凝土在桩底挤出地层水分和泥沙，形成一层混凝土和沉渣混合物。控制桩底沉渣的厚度是保证灌注桩质量的关键措施之一，一般要求控制在设计要求范围内。

桩底沉渣的控制方法有：

① 掌握灌注桩周围地层的情况，确定桩底最大喷压，调整喷头孔径和数量，避免了水、泥沙进入钢管内，减少沉渣的生成。

② 严格控制灌注桩灌注时间，避免混凝土过早硬化，影响灌注桩底部混凝土的压实

性能。

③灌注桩施工结束后，及时在桩顶挖开孔洞，通过高压水冲洗，将桩底沉渣清理干净。

④灌注桩施工前，要将灌注桩钢管底部加装防止泥沙进入的过滤器，并定期更换。

⑤在桩底部位加设密封罩，防止泥沙进入钢管内，减少沉渣的生成。

以上措施的综合运用可以有效地控制桩底沉渣的厚度。

### （六）桩顶控制

桩顶控制是指控制灌注桩浇注混凝土的高度，以确保桩顶高度符合设计要求。通常采用在桩顶设置标志杆或设置控制线的方法进行控制。

在施工过程中，施工人员需要根据标志杆或控制线的位置和高度，及时调整混凝土灌注的速度和高度，保证桩顶高度的控制精度。

此外，为了避免混凝土灌注时造成桩顶的浮渣或塌陷，也需要控制灌注速度和混凝土的流动性。灌注桩顶后，还需要对桩顶进行养护，保证混凝土在桩顶的充实性和密实性，防止出现裂缝和浮渣现象。

### （七）混凝土强度控制

混凝土强度是灌注桩质量中非常重要的一个指标，因此在施工过程中需进行严格的控制。

在混凝土的配置方面，需要根据设计要求制定合理的配合比，并按照一定的施工工艺进行搅拌、运输和灌注。在搅拌过程中需要控制搅拌时间和搅拌强度，以确保混凝土充分拌合。在运输和灌注过程中，需要控制混凝土的坍落度、均匀性和流动性，从而保证混凝土充分填充桩孔并形成均匀致密的混凝土体。

同时，为确保混凝土强度符合设计要求，需要进行混凝土强度试验。在试验中需要注意样品的制备、养护和试验条件的控制，以保证试验结果的准确性。

最后，在灌注桩的养护过程中，需要严格按照设计要求进行养护，包括湿养、覆盖、喷水等措施，以保证混凝土的充分硬化和强度的提高。

### （八）桩身结构控制

桩身结构控制是指控制混凝土在灌注桩孔中的形成情况，确保灌注桩具有合适的结构和力学性能，具体包括以下几个方面：

①确定桩的截面形状和尺寸，如圆形、方形、六边形等；

②控制混凝土的浇筑方式，避免在灌注过程中混凝土的分层或者起泡现象；

③控制混凝土的拌合质量，确保混凝土的均匀性和密实性；

④在灌注桩孔的过程中，要适当地振捣或者震动混凝土，使其均匀分布在整个桩孔中，避免空隙和气泡产生；

⑤采用适当的浇注速度，避免过快或过慢，导致混凝土质量下降；

⑥在灌注桩孔的过程中，需要采用合适的灌注方式，如自流灌注、压力灌注等，以保

证混凝土的均匀性和密实性；

⑦ 在灌注完成后，需要采用合适的养护措施，以保证混凝土的强度和耐久性。

（九）原材料控制

在混凝土灌注桩施工中，原材料控制也是非常重要的一环，包括水泥、骨料、粉煤灰等。以下是一些常用的原材料控制措施：

① 水泥：应使用标准合格的水泥，并注意水泥的保质期限；在拌和前应进行试验，确保其符合设计要求；应当在施工前进行试块的试制，从而了解水泥的强度、时间等性能指标，控制混凝土强度的变异范围。

② 骨料：应选用质量好、粒度合适的骨料，要求杂质含量低；拌和前应进行筛分试验，以控制其粒径分布，提高混凝土的强度和均匀性。

③ 粉煤灰：应使用质量稳定、标准合格的粉煤灰，并注意其保质期限；应当在拌和前进行试验，确保其符合设计要求；同时应注意粉煤灰的掺入量，过多会影响混凝土的强度和耐久性。

除此之外，还需要对原材料的储存、运输、保管等方面进行有效的管理，以保证原材料的质量稳定和完整性。

## 八、工程质量检查验收

工程质量检查验收是指对工程建设项目实施过程中所采取的各种技术措施和控制措施的合理性和有效性进行检查，以及对建设项目交付使用前的质量进行检验、测试和评定，验收合格后方可投入使用的全过程。

工程质量检查验收的目的是保证工程质量，确保工程项目符合规范标准、设计要求和技术规范，达到预期的技术、经济和社会效益。具体包括：

① 技术措施和控制措施的检查验收，包括了材料、设备、施工方法、施工质量控制等方面的检查验收；

② 施工过程的检查验收，包括施工过程的质量控制、进度控制、安全控制等方面的检查验收；

③ 工程质量的检验、测试、评定，包括工程验收的各项技术指标、性能参数的检验、测试、评定等；

④ 工程质量的鉴定，包括对工程质量的鉴定和评估等；

⑤ 工程质量的保证，包括对工程质量的保修、保养以及维护等方面的要求。

工程质量检查验收应该由专业的验收机构或者验收人员进行，验收结果应该被记录和归档，以备后续参考。在验收过程中，如果发现问题或者存在疑虑，应该及时采取措施进行处理或者进行复查，确保工程质量符合要求。

# 第五章

## 城市生态水利工程规划建设

## 第一节　城市生态水系规划的内容

水是地球上十分珍贵的资源之一，不仅是人类生存必需品，也是生态系统中的重要组成部分。水的循环、存储、分配和利用对人类社会和自然环境都具有重要影响。保护水资源、合理利用水资源是人类社会可持续发展的重要方面之一。

城市规划是确定城市性质、规模和发展方向，合理利用城市土地，协调城市空间布局以及建设和管理城市的基本依据。城市的建设和发展要在城市规划的框架与引导下进行，实现有序开发、合理建设，实现城市发展目标和可持续运行。同样，城市内水系建设，也应在城市水系规划的指导下，进行合理的布局和开发，实现了城市整体的发展目标和水系自身的良性运行。同时，城市水体及水系空间环境也是城市重要的空间资源，城市水系的总体布局甚至影响着城市的总体布局，因此城市水系规划也是城市规划的基础和重要的组成部分。

随着经济社会的快速发展和城市化进程的快速推进，一方面，城市对水安全、水资源、水环境的依赖性和要求越来越高；另一方面，城市的建设不断侵占着城市的水面、向城市水体排放污染物，导致城市水系的生态环境问题日益突出。因此，迫切需要编制城市水系规划，来完善城市水系布局，强化滨水区控制，充分发挥水系功能，维持河湖健康生命，保障了水资源的可持续利用和水环境承载能力。2008年，水利部发布《城市水系规划导则》（SL 431—2008），住房和城乡建设部联合国家质量监督检验检疫总局发布了《城市水系规划规范》（GB 50513—2009），成为城市水系规划编制的依据。

城市水系是指城市内涵洞、河流、湖泊、渠道等人工或自然形成的水系系统，是城市水资源的主要组成部分，对于城市生态、环境和社会经济发展都有着重要的影响。

城市水系规划是指针对城市内的各种水资源（包括地表水、地下水、雨水等）进行系统规划，以满足城市的不同水需求和水资源管理的需要。城市水系规划的目的是保障城市水资源的合理利用、提高水资源的利用效率和质量，同时防止水资源的过度开采和污染，以保障城市可持续发展。城市水系规划包括对水源地的保护、水资源的开发利用、城市内的水循环系统规划以及城市排水系统规划等内容。

## 一、城市水系规划的内容

### (一) 保护规划

城市水系保护规划是指针对城市水系的保护和管理，制定相关的规划和措施，保障城市水系的生态功能、水资源利用效率和水环境质量，确保城市水系的可持续发展。城市水系保护规划的主要目标是保障城市水环境的可持续发展，促进城市经济、社会和环境的协调发展。其主要内容包括城市水环境质量评价、城市水资源管理、城市水生态保护和修复、城市水环境监测与治理等。城市水系保护规划需要综合考虑城市的经济、社会和环境因素，统筹规划城市的水资源利用、水环境保护和水生态建设等方面的问题。同时，还需要强化城市水资源的管理和保护，制定了相关的政策和措施，提高城市水资源的利用效率，促进城市可持续发展。

### (二) 利用规划

城市水系的利用规划是指在城市水系规划的基础上，制定城市水系的具体利用和管理方案，以满足城市经济、社会、文化、生态等各方面的需求。利用规划通常包括以下内容：

① 城市水系的功能定位和利用目标，明确城市水系在城市发展中的地位和作用；

② 城市水系的分类和分区，根据城市水系的不同特点和功能，划分不同的区域，制定不同的管理措施；

③ 城市水系的利用方式和管理制度，包括城市水系的开放程度、管理机制和保护措施等方面的规定；

④ 城市水系的利用设施和配套措施，包括水上交通、滨水公园、休闲娱乐等配套设施和服务设施的建设和管理；

⑤ 城市水系的环境保护和治理，包括城市水系的水质监测、污染防治以及生态修复等方面的措施；

⑥ 城市水系的品牌建设和宣传推广，根据城市水系的特色和形象，打造城市水系的品牌形象，进行宣传推广，提升城市形象和吸引力。

城市水系的利用规划旨在将城市水系打造成为城市发展的重要资源和活力源泉，同时保护和提升城市水系的环境和生态价值，为人们创造优美、健康、可持续的城市生活环境。

### (三) 涉水工程协调规划

涉水工程协调规划是指在城市规划、水系规划的基础上，进一步协调涉及城市水系的各种工程的规划，以达到最佳的工程效益和城市水系的整体优化。

涉水工程包括城市排水、河道治理、防洪工程、航道工程、水生态修复等。这些工程之间有着千丝万缕的联系，而且涉及多个部门和单位，因此需在规划阶段就进行协调和统筹。

涉水工程协调规划应该从整体上考虑水资源的利用和保护，充分发挥城市水系的综合效益。规划内容应该包括工程的目标、任务、指标、投资、建设时序等方面，明确工程的实施路线和重点，保证工程建设的科学性、合理性和可行性。同时，还需要考虑工程对城市环境、人居条件、经济社会等方面的影响，从而保证规划的可持续性。

## 二、城市水系规划的原则

在城市水系规划阶段，要树立尊重自然、顺应自然和保护自然的生态文明理念，要从城市水系整体的角度将水系规划与用地规划结合起来进行考虑，综合考虑水安全、水生生态、水景观、水文化等不同的需求，避免了各自为政，或走"先破坏、后治理"的老路。在编制水系规划时，应坚持以下原则：

### （一）安全性原则

河流对于人类而言，没有了安全，其他的一切都无从谈起。在水系规划中，安全性是规划应坚持的第一原则，要充分发挥水系在城市给水、排水和防洪排涝中的作用，确保城市饮用水安全和防洪排涝安全。安全性的原则主要强调水系在保障城市公共安全方面的作用。如城市河道的防洪排涝要满足一定的标准，滨水区的设计要考虑亲水安全，水源地要充分考虑水质保护措施等。

### （二）生态性原则

生态性原则指的是在城市水系规划中，需要考虑生态环境的保护和修复，实现城市水系与生态系统的协调发展。这一原则强调城市水系的规划、建设和管理应当优先考虑生态系统的需求，尽可能保护和恢复水生生态系统的功能，减少对于生态环境的破坏。

在实际操作中，生态性原则可以通过以下几种方式来体现：

① 保护和修复水生生态系统：在城市水系规划和建设中，要保护和修复河流、湖泊、湿地等水生生态系统，减少对生态环境的破坏，保证水生生物的栖息和繁衍。

② 优先保障生态需求：在城市水系规划和建设中，要优先考虑生态系统的需求，合理调配水资源，确保生态系统的水量、水质等基本需求得到满足。

③ 倡导绿色生态理念：在城市水系规划和建设中，要倡导绿色生态理念，通过生态工程、生态景观等手段，提高城市水系的环境品质和生态价值，增强公众对水生态环境的认知和保护意识。

④ 强化生态监管：在城市水系建设和管理过程中，要强化生态监管，加强对城市水系的监测和评估，及时发现和处理水生态环境问题，确保了城市水系的生态安全和可持续发展。

### （三）公共性原则

人水和谐是一种既强调保护和恢复河流生态系统，也承认了人类对水资源的适度开发利用的"友好共生"理念，那些认为"生态河流"就是要将河流恢复到一种不被人类活动干扰的原生态状态，反对河流的任何开发活动的观念已经被大家认识到是片面和不科学的。尤其是城市水系，由于其位于城市这一人类聚集区的特性，更成为城市不可多得的宝贵的公共资源。城市水系规划应确保水系空间的公共属性，提高水系空间的可达性和共享性。公共性原则主要强调水系资源的公共属性，一方面体现在权属的公共性上，滨水区应成为每一个城市居民都有权享受的公共资源，为保证水系及滨水空间为广大市民所共享，不少国家的城市对此制定了严格的法规，在我国，三线的划定，特别是蓝线、绿线的控制，是水系保护的需要，也为水系的公共性提供了保证；公共性的另一方面表现在功能的公共性上，在滨水地区布局的公共设施有利于促进水系空间向公众开放，并有利于形成核心凝聚力来带动城市的发展。比如绍兴环城水系、济南护城河沿岸的景观河公共设施建设都带动了当地旅游业的发展，并已成为城市名片。

### （四）系统性原则

系统性原则是城市水系规划中非常重要的一项原则，它要求在规划城市水系时，应该考虑到整个城市水系的系统性。也就是说，城市水系规划不应该仅仅考虑到某一特定区域或部分的水系，而应该将整个城市的水系作为一个整体来规划，以确保城市水资源的合理利用和保护。在系统性原则的指导下，城市水系规划应该综合考虑不同区域的水资源利用、水质保护、水环境改善、水生态保护等方面的问题，并在不同区域之间进行协调和整合，以达到整个城市水系的平衡和协调发展。

### （五）特色化原则

特色化原则是指根据城市自身特点和需求，以创新为驱动，形成了具有城市特色和个性化的水系规划。这一原则强调城市水系规划需要充分考虑城市的历史、文化、地理、社会等方面的特征和需要，将规划与城市的发展战略相结合，推进城市水系规划和城市文化、旅游等多个领域的发展。同时，在规划中充分考虑生态、环境和可持续发展等方面的要求，打造具有地域特色的水系景观，提升了城市形象和吸引力。

## 第二节　水系保护规划

### 一、城市水域面积保护

#### （一）城市水面的功能和水面规划原则

##### 1. 城市水面的功能

城市水面对社会经济及生态系统有着重要的作用，具体有以下功能。

###### 1）防洪排涝

防洪排涝是指对城市内涝和山洪灾害进行有效防范和治理的工作。防洪排涝是城市基础设施建设的重要组成部分，主要包括城市排水系统建设、防洪工程建设、山洪治理和预防等方面。

城市排水系统建设是防洪排涝的基础。其目的是通过对合理规划和建设排水设施，将城市内产生的降雨、地下水等有害水分及时、有效地排走，使城市排水系统的排水能力与城市的发展需求相适应。

防洪工程建设主要是指在城市内涝易发区域或者流域上游建设抗洪设施，以减轻或消除洪灾危害。防洪工程主要包括河道整治、堤防建设、调蓄池建设等。

山洪治理主要是指针对山区地形复杂、降雨强度大、流域面积小等特点，采取一系列技术手段和措施，如梯田、林网、截留坝等，来减少山洪的冲刷破坏和危害。

预防是防洪排涝的最终目标。通过加强监测、预报和预警，及时发现降雨、河水水位等异常情况，并采取相应的应急措施，尽可能地减少洪涝灾害的损失。

2）提高环境容量

提高环境容量是指通过合理的城市水系规划和设计，最大限度地利用和发挥城市水系的功能和潜力，达到改善城市生态环境和水资源利用效率的目的。具体来说，提高环境容量的方法包括但不限于以下几个方面：

第一，合理规划城市水系，统筹考虑城市建设与自然环境的关系，保护水源地、湿地等自然水体，提高城市水体的自净能力；

第二，加强城市水体水质监测和管理，严格控制城市污水排放，减少污染物对城市水体的影响；

第三，利用城市水体进行生态修复和景观打造，通过对植被的引入和保护，增强城市水体的生态功能和美观度，提升城市品质和形象；

第四，采用适宜的水体处理技术，如湿地净化、生物降解等，对城市水体进行净化和治理，达到保护水体生态、提高水质的效果；

第五，推广节水型城市建设理念，通过提高城市用水效率、采用节水型设施等手段，减少对水资源的浪费和消耗。

综上所述，提高环境容量旨在优化城市水系和水资源的利用，实现了城市生态环境和经济社会可持续发展的良性互动。

3）健康保健

健康保健通常指采取预防措施以保持身体健康、预防疾病的一系列行为和措施。这些措施包括健康的饮食习惯、适度的体育运动、充足的睡眠、避免吸烟、限制饮酒等。此外，也可以通过定期进行身体检查来预防或及早发现疾病。

在现代社会中，由于生活方式和环境的改变，疾病的发病率逐渐增高。因此，健康保健也越来越受到人们的关注。通过采取合适的健康保健措施，可以降低疾病的风险，提高生活质量，延长寿命。

4）景观功能

水体变化的水面，多样的形态，水中、水边的动植物，随着时间而变换的景物，在喧嚣的城市里给人们提供了或清新、或灵秀、或广阔、或安静的愉悦感受，形成有吸引力的景观。

5）文化功能

在城市水系规划中，文化功能也是一个重要的方面。城市水系不仅是城市生态系统的一部分，也是城市文化景观的重要组成部分。通过规划设计，可以利用城市水系的特点和文化资源，创造具有地域特色和文化内涵的城市水景区，为城市居民提供休闲、娱乐、文化交流等服务，丰富城市文化生活。同时，将城市历史文化元素与水系融合在一起，打造历史文化长廊，展现城市的历史文化底蕴。例如，可以建设水系公园、文化广场、文化中心等，设置文化展览、演出等活动，将城市水系打造成一个既有生态功能，又有文化内涵的城市景观。

6）生态功能

生态功能是指城市水系在维护和改善城市生态环境中所起到的作用。城市水系不仅是城市景观的重要组成部分，同时也是城市生态系统的重要组成部分，具有保护生态、净化空气、调节气候以及促进生态恢复等重要功能。

城市水系的生态功能主要表现在以下几个方面：

① 提供生态栖息地：城市水系是生态栖息地的重要组成部分，为许多野生动植物提供了生存和繁衍的场所。

② 保持生态平衡：城市水系具有调节城市生态平衡的作用，通过水的自净作用和水域生态系统的自我修复作用，能够减轻城市环境污染和改善城市生态环境。

③ 改善城市气候：城市水系能够通过水面蒸发和水域降温等作用，调节城市气候，改善城市热岛效应。

④ 提供休闲场所：城市水系的景观和环境优美，是城市居民休闲、娱乐、体育等活动的场所。

综上所述，城市水系的生态功能是城市生态系统中不可或缺的组成部分，对于维护和改善城市生态环境具有重要意义。

7）经济功能

在现代城市规划中，水面有着重要的作用，有时候甚至影响城市规划布局和社会经济发展的趋势。一个地区水面的建设或治理往往会带动周边的地产升值，促进片区的经济发展。城市水体的总量和水面的组合形式影响着城市的产业结构和布局。水与经济越来越密不可分。

2. 城市水面规划的原则

在城市水面规划时，应遵循以下原则：

（1）严格保护和适当恢复的原则。"严格保护和适当恢复"原则是城市水系规划中的一个重要原则，其主要目的是在城市水系的规划、建设和管理中，保护和恢复水系的生态环境，提高水资源的质量和利用效益。

具体来说，该原则要求在城市水系规划中，要遵循生态系统的自然规律，合理确定水系的空间格局和流域分界线，保护水系的自然景观和生态功能。同时，在水系建设和管理中，要采取适当的生态修复措施，比如植被恢复、生态补偿等，恢复和改善水系生态环境，保障水资源的可持续利用。

该原则的实现需要对城市水系进行全面、科学、系统的调查研究，结合城市发展规划和生态保护要求，科学规划、合理利用、适度恢复，不断提升城市水系的生态价值和文化价值，实现城市水系的可持续发展。

（2）统筹考虑和合理布置的原则。统筹考虑和合理布置是城市水系规划中的一个重要原则。它强调在规划设计过程中要充分考虑城市水系与城市其他功能的相互关系和协调发展，使水系规划更好地与城市功能布局相结合，实现城市空间的整体优化。同时，合理布置城市水系，还可以最大限度地利用城市的水资源，提高了城市的水资源利用效率，实现可持续发展。

（3）因地制宜和量力而行的原则。因地制宜和量力而行的原则是指在城市水系规划中，需要根据不同地区的自然条件、人文环境、经济发展水平等情况，量力而行地制定相应的规划方案。这一原则强调在规划过程中要充分考虑各种实际情况，既不能一刀切、生搬硬套，也不能盲目跟风、一哄而上，而应根据实际情况因地制宜地进行规划设计。

这一原则的实践意义在于，能够使规划方案更加符合实际情况，更具可行性和可操作性，减少规划实施过程中的问题和阻力。同时，也能够更好地保障规划的可持续性，使城市水系在不断发展变化的过程中，仍然能够满足人们的需求和发展要求，实现良性的城市水系生态系统。

（4）与经济社会发展相协调的原则。与经济社会发展相协调的原则是指在城市水系规划中，要充分考虑经济和社会发展的需要，以保障城市的可持续发展。在规划过程中，需要综合考虑城市水系的建设、改造、保护和管理等方面的因素，确保规划方案的可行性和经济效益。同时，还需要注重水资源的合理利用和节约，优化水资源配置结构，促进水资源的高效利用。综合考虑社会、经济和环境等方面的因素，平衡各方利益，达到经济社会效益和生态环境效益的统一，实现了城市水系规划的可持续发展。

（二）城市适宜的水面面积

城市适宜的水面面积是由城市规划、土地利用、环境保护等多个方面因素综合考虑而得出的一个指标。一般来说，城市水面面积应该占到城市总面积的 10%～15% 左右，具体数值还需要结合城市的实际情况进行评估和确定。

城市水面面积的大小对城市的生态环境、城市景观和城市气候等方面都有着重要的影响。适当增加城市水面面积可以改善城市热岛效应，提高城市的舒适度和居住环境质量，同时也有助于增强城市的景观吸引力和文化氛围。但在增加城市水面面积的同时也需要考虑水资源的保护和管理，避免水资源的浪费和污染，确保城市水面的可持续利用。

## 二、水域保护规划

### （一）蓝线保护

蓝线保护是指对城市的自然河流、湖泊、水库、湿地等水域的边界线进行界定和保护，防止在开发建设中对水域的非法占用、破坏和污染，保障城市水环境的生态安全和可持续发展。

蓝线保护的目的是保护城市的水资源和水生态环境，同时保障城市的水安全和防洪安全。具体来说，蓝线保护可以实现以下几个方面的目标：

① 保护水体的生态功能：保护自然水域，保留水域的自然景观与生态系统，维持水体

的生态功能，提高水体的自净能力，保障水生态环境的健康发展。

② 维护水资源的供给：保护水体，保障城市的水资源供给，维持城市正常用水和工业用水的需求。

③ 加强水安全和防洪能力：保护水体，加强水安全和防洪能力，防止城市出现水灾和水污染事故。

④ 促进城市可持续发展：蓝线保护是一项长期的工程，它能够保障城市水环境的可持续发展，提高城市的整体形象和品质，促进城市的可持续发展。

### （二）水生生态保护

河流形态具有变动性，但又具有持续性和规则性，冲蚀的地方会产生洼地，淤积的地方会产生沙洲，物理性质的河流形态结合生物性质的生命，就是河流生态系统，也就是生物、水、土壤随时间与空间而变化的关系。水域的地理、气候、地质、地形以及生物适应力因时因地而异，从而造就出丰富的水域生态特色。

健康的水生生态系统通过物理与生物之间，以及生物与生物之间的相互作用，具有自我组织和自净作用，并为水生生物、昆虫、两栖类提供生长、繁殖、栖息的健康环境。

水生生态保护规划是指根据当地水域生态环境的现状和问题，通过科学评估、定位分析、问题研究等方法，制定出科学合理、可行可操作的水生生态保护方案，以实现对水域生态系统的保护和修复。水生生态保护规划主要包括以下内容：

① 水生生态环境评估：对水域生态环境进行评估，包括水体质量、生态系统结构和功能、水生生物种类和数量等方面的评估。

② 水生生态环境问题定位：通过对水域生态环境的评估，找出存在的问题，如水质污染、生态系统破坏、生态物种丧失等。

③ 水生生态保护目标的制定：根据水生生态环境评估和问题定位，制定出保护目标和指标，如水质保护目标、生态系统恢复目标和生物多样性保护目标等。

④ 水生生态保护措施的制定：制定针对性的保护措施，包括水域治理、生态系统修复、生态保护等措施，如建设湿地、植被恢复、禁渔、禁捕等。

⑤ 水生生态保护实施计划：制定具体的实施计划，包括措施的实施时间、实施步骤、实施地点、责任单位等。

⑥ 水生生态保护监测与评估：对实施后的水生生态环境进行监测与评估，对措施的实施效果进行评价和调整，保证了规划的实施效果。

### （三）水质保护

水系功能的健康可持续运行过程中，水量与水质是两个重要条件。由于水体污染、水质下降导致的水质性缺水越来越受到广泛关注，因此水系规划必须把水质保护作为一项重点内容。传统的污水治理规划更多的是对规划区域的污水的收集与集中处理，并未建立起针对不同水体功能、水质目标、水污染治理之间的关系。水系规划中的水质保护内容应根据水体功能，制定出不同水体的水质保护目标及保护措施。

## 1. 水体功能区划分

水体功能区划分是将水体根据其生态、环境、经济和社会功能特征，划分为不同的功能区，以达到合理利用水资源、保障水生态环境、维护人类健康和促进经济社会可持续发展的目的。通常根据水体的水质、水量、生态环境、水文地貌、水资源利用等因素，将水体划分为生态保护区、水源涵养区、景观区、城市供水区、工业用水区、航运区、渔业区、农业用水区、生态修复区等不同的功能区。

在水体功能区划分的过程中，需要充分考虑区域特征和不同利用需求，科学合理地确定各种功能区的边界和范围，制定相应的管理措施和保护措施，保障水资源的可持续利用和生态环境的保护。同时，水体功能区划分也是水资源管理、生态修复和环境保护的基础性工作，对城市规划、水利工程建设和水环境治理具有重要的指导意义。

## 2. 水质目标

水质目标是指针对不同用途的水体，在保护和改善水质的基础上，根据水体的实际情况和特定的要求，制定的水质指标和相应的限值标准，以保证水体的可持续利用和生态健康。不同的水质目标针对的水体用途不同，一般包括生活饮用水、农业灌溉用水、工业用水、环境景观用水等。

水质目标的制定是一个综合性的过程，需要考虑水体的水文地理条件、自然生态状况、污染源排放情况、周边人口密度等多种因素。同时，水质目标也需要根据不同的阶段和发展目标进行调整和更新，以适应不同时期的需求和水环境变化。一般来说，制定水质目标应当根据国家和地方相关法律法规的要求，遵循科学、合理以及可行的原则。

## 3. 水质保护措施

水质保护措施应包括城市污水的收集与处理、面源污染的控制和处理、内源污染的控制措施，必要时还应包括水生生态修复等内容。

1）城市污水的收集与处理

水质保护首先应保证城市污水的收集与处理，要做到达标排放。目前，城市污水收集处理率已成为国家发展规划和城市发展规划的一项约束性目标，城市的污水收集与处理率必须满足目标要求。

污水处理厂的选址应优先选择在城镇河流水体的下游，须选择在湖泊周边的，应位于湖泊出口区域。

污水处理等级不宜低于二级，以湖泊为尾水受纳水体的污水处理厂应按三级控制。

2）面源污染的控制和处理

面源污染是指来自城市、农村、工业、交通、农业等各种人类活动所产生的，直接或间接地通过地表径流入河流、湖泊和海洋等水体的污染物。面源污染的种类很多，比如农业源污染、城市源污染、交通源污染等。

面源污染的控制和处理主要包括以下几个方面：

① 源头治理：面源污染的治理首先要从源头上入手，采取有效的控制措施，减少或避

免污染物的排放。例如，加强城市污水处理设施的建设和运行管理，推广农业生态化种植技术，控制化肥、农药和畜禽粪便的使用量等。

②　土地利用规划：合理规划土地利用，防止水体周边地区的污染物进入水体，特别是在城市规划和建设中，要避免在河道两岸和湖泊周围设置工业和生活垃圾处理设施等易产生污染的场所。

③　生态修复：对于已经受到污染的水体，需要采取生态修复措施，恢复其生态功能和水质水量。例如，通过湿地恢复、水生植被种植等手段，提高了水体的自净能力，达到水质改善的目的。

④　排水管网建设：加强城市排水管网的建设和维护，确保城市污水得到有效处理和排放，防止直接排放到水体中造成污染。

⑤　宣传教育：通过宣传教育和普及环保知识，提高公众环保意识和水资源保护意识，减少人类活动对水体的污染。

3）内源污染的控制措施

内源污染指的是由城市自身污染源所引起的污染，包括污水、垃圾、工业废气、建筑扬尘等。以下是内源污染的控制措施：

①　建立完善的污染物排放标准和监测体系，对违规排放的单位进行处罚，同时加大宣传和教育力度，提高公众环保意识。

②　建设污水处理厂，对城市污水进行处理，达到排放标准后再排放入河流或海洋，减少污染物对水体的影响。

③　对建筑工地进行封闭管理，采取湿式作业、覆盖和洒水等降尘措施，减少施工对空气质量的影响。

④　采取垃圾分类、减量化、资源化处理等措施，减少垃圾对于环境的污染。

⑤　加强对工业企业的环保监管，对超标排放的企业进行处罚和关闭，鼓励企业采用清洁生产技术，减少污染物排放。

⑥　采取绿化措施，增加城市植被覆盖率，吸收和固定污染物，净化空气和水质。

⑦　建设生态城市，通过生态系统建设和修复，提高城市自身的环境容量，减少污染物对城市环境的影响。

（1）底泥疏挖

底泥疏挖是指通过物理、化学等手段将水体底部淤积的泥沙和污染物质进行清除、处理，以提高水质和水环境的治理效果的一种控制措施。底泥疏挖可以有效去除水中的污染物和富营养化物质，减少底泥的含水量和污染物浓度，提高水体的自净能力，恢复水生态系统健康。同时，还可有效降低富营养化水体的氮、磷等污染物的浓度，减少水体富营养化的程度，达到保护水生态系统的目的。

底泥疏挖的主要措施包括机械疏挖、水下抽泥、生物疏浚、化学固化等方法。机械疏挖是指通过挖掘机、铲斗等机械设备对底泥进行疏挖和清理；水下抽泥则是通过水下抽泥泵将底泥吸入到船上，并将其运到岸上进行处理；生物疏浚则是通过引入一些生物来促进底泥的降解和分解；化学固化则是通过添加化学药剂使底泥中的污染物质固化，防止其再次释放。在具体实施中，要根据不同水域和不同污染源的特点和实际情况选择合适的疏挖方法和方案。

（2）引水冲刷

引水冲刷是一种清理河道底泥的方法，通过引进干净的水源，在一定的水流和水压作用下，将河道底泥冲刷出来，以达到清淤的目的。这种方法适用于浅水区和水流较缓的河道，常用于小型河流、湖泊等水域的清淤。需要注意的是，引水冲刷时应保证清水质量干净，同时要避免清淤后的底泥再次淤积，可以采取加固河床、修建河岸防护工程等措施。

（3）原位控制技术

原位控制技术是指在水体中直接对污染物进行处理和控制的一种技术，而不是将污染物收集起来后再进行处理。它主要应用水体中污染物浓度比较低、分布范围比较广的情况下，包括以下几种常见的技术：

①原位氧化技术：通过注入氧气或过氧化氢等氧化剂，将有机污染物氧化为二氧化碳和水等无害物质。

②原位还原技术：通过注入还原剂，将有机污染物还原成较为稳定的无害物质，如将六价铬还原为三价铬。

③原位生物修复技术：利用生物菌群降解水体中的有机物质，包括自然生物修复和人工生物修复两种方式。

④原位吸附技术：通过注入吸附剂，在水体中将污染物吸附到吸附剂表面，从而达到净化水体的目的。

原位控制技术具有技术难度低、工程成本较低、对于水体的干扰较小等优点，但其效果受到环境条件和水质特性等因素的影响，需要综合考虑。

4. 水生生态修复措施

水生生态修复是指在已经受到破坏或退化的水生生态系统中，采用一系列科学合理的措施，以恢复和重建生态系统的结构、功能和稳定性，达到了生态系统的可持续发展。常见的水生生态修复措施包括：

①植被恢复：通过种植水生植物或湿地植物等，增加生态系统的植被覆盖度，提高水体的自净能力，减少水体污染物的输入，同时提供生境，促进水生生物的生长和繁殖。

②水体调控：通过调整水体的水流速度、水位、流向等参数，促进水体的自净作用，增加水体的氧气含量，促进水生生物的生长。

③水生物引种：引进优质水生生物种类，促进水生生物的物种多样性和生态系统的稳定性，同时提高水体的自净能力。

④人工增氧：通过增加水体中的氧气含量，改善水体的环境条件，促进水生生物的生长和代谢活动。

⑤生物修复：通过利用一些能够吸收或降解污染物的水生生物，进行水生生态系统的修复和净化。

⑥水土保持措施：通过对采用梯田、草坪、林带等水土保持措施，减少水体污染物的输入和水土流失，保护水生生态系统的完整性和稳定性。

⑦湿地修复：通过修复湿地生态系统，增加水生生态系统的面积和生境，提高水体的

自净能力，促进水生生物的生长和繁殖。

水体的生物生态修复技术具有以下优点：

① 绿色环保：与传统的化学修复技术相比，生物生态修复技术具有环保、经济、社会效益好的特点，更符合可持续发展的理念。

② 具有可持续性：生物生态修复技术能够建立稳定的生态系统，不仅能够治理水体的污染问题，还能够为生态系统提供持续的服务。

③ 修复效果好：生物生态修复技术能够修复水体中的有机物、氮、磷等营养物质，能够促进水体的自净作用，提高水质，保护和恢复水生态系统的健康。

④ 适用范围广：生物生态修复技术适用各种类型的水体，如河流、湖泊、水库、海洋等。

⑤ 操作简单：相比于传统的化学修复技术，生物生态修复技术操作简单，技术门槛低，可以通过培训和普及，普及到更多的人群中去。

### 三、滨水空间控制

滨水空间是水系空间向城市建设陆地空间过渡的区域，其主要作用表现在：

① 生态功能：滨水空间可以提供自然景观、生态系统服务和生态多样性，为城市提供了宝贵的生态资源。例如，湿地、河口、河滩等生态系统可以起到净化水质、调节气候、保护生物多样性等生态功能。

② 文化功能：滨水空间也是城市文化的重要载体，可以提供休闲娱乐、文化体验和艺术创作等功能。例如，河滨公园、滨江步道等公共空间可以成为城市居民的活动场所，增强城市文化的活力。

③ 经济功能：滨水空间可以为城市经济发展提供支持，比如，滨江旅游、渔业、水上运输等产业可以为城市带来经济效益。

④ 水资源利用：滨水空间可以为城市提供水资源，例如，河道、湖泊等水域可以作为城市供水的水源，也可以用于农业灌溉、工业生产等领域。

总之，滨水空间是城市生态、文化、经济和水资源利用的重要组成部分，具非常重要的意义和价值。

（一）滨水绿化区

滨水绿化区是滨水空间中一种重要的景观形态，它在城市生态系统中具有以下作用：

① 保护和改善水体环境：滨水绿化带可以起到截留、过滤和净化雨水、污染物等的作用，保护和改善水体生态环境。

② 改善城市气候环境：滨水绿化带具有一定的调节城市气候的作用，可以降低城市地表温度、改善空气质量等。

③ 提高城市生态品质：滨水绿化带可以增加城市的绿色空间和生态环境，为了城市居民提供良好的休闲娱乐场所。

④ 保护生物多样性：滨水绿化带可以提供生物栖息和繁殖的生态环境，保护和增加城市生物多样性。

⑤ 丰富城市文化内涵：滨水绿化带可以融入当地的历史文化、自然景观等元素，为城市增添文化内涵和魅力。

（二）灰线控制

灰线是指城市滨水区域与建筑物之间的界限线，一般是河岸线与建筑物立面延伸线的交点，也可以是在规划中划定的界限线。灰线控制是指对于城市滨水区域与建筑物之间的空间关系进行规划和管理，确保滨水区域的景观、生态以及文化等价值得以保护和体现，同时保障城市建筑用地的合理利用和开发。

灰线控制的目的是促进城市滨水区域的景观、生态和文化价值的保护和提升，同时确保城市建筑用地的合理利用和开发，维护城市空间的整体和谐性和美观度。灰线控制的主要内容包括滨水区域的开发和利用、建筑物的体量和高度、建筑物的外立面设计、开放空间的布局和景观设计等方面的规划和管理。

灰线控制的好处在于可以保护城市滨水区域的自然环境和文化遗产，增强城市的生态价值和文化魅力，同时规范城市建筑用地的利用和开发，提高城市空间的品质和居住舒适度。

# 第三节 河流形态及生境规划

## 一、河流形态规划

城市生态河流规划设计中，可根据天然河流的空间形态分类，综合考虑当地自然环境条件与城市总体规划目标的平衡契合，寻求最优设计。天然的河流有凹岸、凸岸，有浅滩和沙洲，它们既为各种生物创造了适宜的生境，又可以降低河水流速、蓄滞洪水，削弱洪水的破坏力。

河流平面形态设计要满足城市防洪的基本要求，体现河流的自然形态、保护河流的自然要素。设计中，尊重天然河道的形态，师法自然，可根据区域地形特点设计为自然型蜿蜒曲折的形态，创造多样化水流环境，营造城市中的绿色生态环境。多样化的水深条件有利于形成多样化的水流条件，是维持河流生物群落多样性的基础，蜿蜒曲折的河道形式可加强岸边土壤、植被、水的密切接触，保证其中物质和能量的循环及转化。

河流横断面设计以自然型河道断面为主，以过洪基本断面为基础，改造为自然断面形态，避免生硬的梯形、矩形断面。河岸两侧布置人行步道和种植带。河边可种植树木，为水面提供树荫，重建常水位生态环境。在合适位置交替布置深潭、浅滩，既可以满足过洪要求，又可满足景观效果。

河流纵向上有陡有缓，尽量少设高大的拦河建筑，必须设置时，要考虑为鱼类洄游设置通道，在跌水的地方尽量改造为陡坡。河道纵向断面塑造有陡有缓的河流底坡，尽量放缓边坡，为两栖类生物上岸创造条件。采用生态护岸，为生物创造生长、繁殖空间。河岸上尽量保持 20 m 以上的绿化廊道，为了生物迁徙提供走廊。

## 二、生境规划

生境是指生物生存的空间和其中全部生态因子的总和，河流生境又被称为河流栖息地，广义上包含河流生物所必需的多种尺度下的物理、化学和生物特征的总和，狭义上包括河床、河岸、滨水带在内的河流的物理结构，包括的基本物质有阳光、空气、水体、土壤、动物、植物、微生物等。

城市河流是城市生态环境的重要组成部分，有水才有生命，有水才有生机。传统水利上讲，河流的主要功能是防洪排涝，随着经济的发展和生活水平的提高，人们意识到河流还有其生态、景观、文化和经济价值，河道的功能是多样化的。健康的河流应该有多种水生生物和动植物，能承载一定的环境容量，有自净功能，其形态上蜿蜒曲折，水面有宽有窄，水流有急有缓，而且保持流动，河流良好的水体环境还需要依靠优良的水质作为保障。

传统水利上，多偏重防洪功能，将河流与周边环境割裂开来，为了减小糙率，衬砌了河道。生态水利设计则重新沟通河流、植物、微生物与土壤的关联，河坡上种植树木和植物可以充分地涵养水分，它也增强了河流的自净功能。河坡的生态化改造，对水土保持和洪涝灾害的预防有利。一旦有洪水发生，河坡上的植物和土壤能够最大量地蓄积洪水，避免水资源的流失，同时也减少了下游洪水的威胁。生态河坡的改造，沟通了水、陆，为动植物的生存和繁衍提供了更恰当的栖息地，并为野生动物穿越城市提供了生物走廊。在不影响防洪的前提下，在河边建一些微地形，可改变河水的流态，使水流有急有缓，更加接近天然河流的特性；也为水生生物提供庇护场所，是鱼儿产卵的绝佳之地。这些微地形对于增加水中日溶解氧的含量很有帮助，溶解氧的增加对避免水体富营养化有极大贡献。

设计中可采用的多样化生境要素如下：

① 植被：树木、草地、灌木、花卉等植物可以提供氧气和防止水体营养过剩的作用，并为野生动物提供栖息地。

② 水体：水体是滨水空间的重要组成部分，不但可以增加城市景观，还可以提供生物栖息地和重要的生态功能，如净化水质、调节气候等。

③ 岩石：岩石可以为滨水空间增加景观效果，同时也可以提供野生动物栖息和繁殖的场所。

④ 土壤：合适的土壤可以提供适宜的植物生长环境，并有助于防止水体污染。

⑤ 人工结构：如码头、游步道、休闲设施等，可以为人们提供休闲娱乐的场所，同时也为野生动物提供栖息和觅食的机会。

⑥ 其他：如人工湿地、浮岛等，也是滨水空间中常见的生态要素，可以提供生物栖息和生态功能。

以上这些多样化的生境要素，可以在滨水空间的规划设计中进行巧妙的组合，使滨水空间更加具有生态和景观价值。

河流生态治理在形态上的设计应本着实事求是、切实可行的原则。在城市周边河流未治理河段，尽量塑造自然型河流，保证了形态和生境的多样性。城市内部往往受到区域限制，河流形态布置受限，尽量以生态修复为主。

# 第四节　水系利用规划

## 一、水体利用

城市水体不仅是城市生态系统中重要的组成部分，也是城市发展不可或缺的资源。在水系规划中，应该综合考虑各种因素，合理配置水体的利用功能，实现城市水系的多功能利用。这样不但可以提高城市水资源的综合利用效益，还可以促进城市生态环境的改善和城市可持续发展的实现。

### （一）确定水体功能的原则

确定水体的利用功能应符合下列原则：

① 适应性原则：根据当地水资源情况和城市发展需求，确定水体适宜的功能。

② 多功能性原则：充分发挥水体的多重功能，如水源保护、生态调节、景观观赏等。

③ 可持续性原则：坚持可持续发展理念，保护水体环境和生态系统，确保长期利用。

④ 灵活性原则：根据城市发展需要和水体变化，灵活调整和适时修正水体功能。

⑤ 优先性原则：重点发展城市缺乏的水体功能，比如水源保护、生态修复和环境容量提升等。

### （二）水体水位控制

水体水位控制是指对水体水位进行调控，以满足城市水资源利用、水文环境保护、防洪排涝等多种需求。其主要目的是保持水体稳定和安全，避免出现水患和水荒等问题。

在确定水体水位控制时，需要考虑以下原则：

① 保障水生态系统：水体水位的控制应尊重水生态系统的需求，确保水生态系统的生物多样性和良好的生态环境。

② 满足城市用水需求：水体水位控制应根据城市用水需求合理调节，确保城市居民和工业用水的需求得到满足。

③ 防洪排涝：水体水位的控制还需要考虑防洪排涝的需要，确保了城市的基础设施和人民生命财产安全。

④ 考虑气候变化：随着气候变化的影响加剧，水位控制需要考虑极端天气条件下的水位变化情况，确保城市的水资源和水文环境的可持续发展。

⑤ 公众参与：在水位控制方案的制定和实施过程中，应加强公众参与，充分听取各方意见和建议，确保水位控制方案的公正性和透明度。

同时，应符合下列规定：

① 应符合国家和地方规划的要求，尊重水体的生态功能，合理的利用和保护水资源，维护水体的稳定和安全；

② 水位控制应遵循水资源节约利用的原则，优先保障城市生活用水和工业用水的需

要，合理调节水位变化，避免水体枯竭、泛滥等不良影响；

③ 应加强水位监测和预警，及时采取应对措施，防止水体水位超标和意外事故的发生；

④ 在水位控制过程中，应加强环境保护，避免水体污染和生态破坏，保护水体的生态环境和生物多样性；

⑤ 水位控制方案应根据当地的水文地质条件、气候变化和人口、经济发展需求等因素，经过科学研究和论证，制定合理的方案，确保了水体水位调节的可行性和有效性。

### （三）城市水功能区划和水质管理标准

#### 1. 水功能区划

水功能区划是根据水体的水文、水力、水质、生态等特性将水域划分成具有一定特征的区域，以实现对水资源的全面管理和保护。水功能区划是水资源管理的基础，也是水环境管理的核心内容之一。根据《水环境管理条例》的规定，水功能区划应当满足以下原则：

① 确定水功能区划应当以水环境承载能力为依据，科学合理确定水体功能分区、保护目标和管理措施；

② 按照水资源管理的需要和现有的水利工程设施、生态条件等，将水体划分为不同的功能区，并且合理利用和开发水资源；

③ 在保护水生态和水资源的前提下，合理满足人类生产生活和发展需求，促进水资源的合理利用和可持续发展；

④ 统筹考虑不同地区的自然条件、经济发展水平、水资源供需状况等因素，科学确定不同水功能区划的管理要求和措施。

总之，水功能区划是一个综合性的工程，需要充分考虑自然和社会经济因素，同时也需要遵循科学合理、可持续发展的原则，从而实现对水资源的全面管理和保护。

#### 2. 各级水功能划区条件及应执行的水质标准

各级水功能划区条件及应执行的水质标准是根据国家和地方的相关法律、法规、标准以及水资源管理和保护的要求制定的。具体如下：

① 国家地表水环境质量标准（GB 3838—2002）：该标准规定了各类水功能区的水质标准。

② 地方水环境质量标准：各地根据实际情况制定的水环境质量标准。

③ 各级水资源管理机构根据实际情况划定的水功能区划分：根据水环境、水资源分布情况、水生态系统特征等因素，将水域划分为不同的水功能区。

④ 国家及地方规划的水资源保护、治理、修复等措施：对于不同水功能区域的水质要求、控制措施等作出规划。

总体来说，水质标准和水功能区划的制定应以生态保护为出发点，以满足人民生产生活和经济社会发展需求为目标，以可持续利用和管理为原则，综合考虑水资源利用的多重功能和保护需要，制定出科学合理的标准和划分。

## 二、岸线利用

岸线是指海、湖、河等水体与陆地相接的线。通俗的说，就是水与陆地的分界线。岸线不是静止不变的，它随着潮汐、水位的变化而变化。同时，岸线还受到海浪、波浪、风力等自然力量的影响，因此它是动态变化的。

岸线利用是指将水系边缘地带作为城市空间的一部分进行开发和利用。其主要目的是满足城市功能需要，同时保护水体生态环境，实现人和自然的和谐共处。

岸线利用的方式和手段非常多样化，一般包括以下几个方面：

① 滨水公园：利用水体资源打造公园，提供休闲、娱乐、运动等功能。

② 滨水商业：在水岸线上开设商业综合体，将商业、文化、娱乐等元素融入水系环境。

③ 滨水居住：建设具有水景、水景观、水乡风情的居住环境，使人们能够在自然环境中生活。

④ 滨水交通：利用水体的交通功能，建设水上交通枢纽或开展水上运输等。

⑤ 滨水保护：对于水岸线进行生态修复和环境治理，保护水体生态环境，同时建设防洪设施和绿化带等。

⑥ 滨水文化：利用水体的文化意义和历史渊源，打造具有文化内涵的景点和场所，丰富城市文化生活。

在岸线利用中，需要注意生态环境的保护，确保开发和利用的过程对水体生态环境没有不良影响。同时，还需要考虑社会、经济和文化等方面的需求，为了城市提供多种岸线利用方式，实现多功能利用。

## 三、水系改造

水系改造是对现有水系进行改造、调整和升级的过程，以达到优化水环境、提高水资源利用效率和提升城市生态、文化、旅游等功能的目的。水系改造包括水域开挖、淤泥清淤、河床整治、岸线规划和修复、水生态建设、水质改善、防洪排涝和水利设施更新等方面。水系改造是一项复杂的工程，需要充分考虑工程的经济性、社会性、环境性和可持续性等方面的因素，同时注重生态保护和生态修复，实现城市与自然和谐共存。

水系改造应遵循以下原则：

① 生态原则：保护和修复水生态系统，增强生态系统的承载能力和稳定性。

② 安全原则：保障城市及居民的安全，防范水灾和污染事故。

③ 经济原则：注重资源的合理配置，提高水资源的利用效率，促进经济可持续发展。

④ 社会原则：增强公众参与意识，提高社会认知和满意度，提升了城市品质和公共福利。

⑤ 可持续发展原则：注重长期性和可持续性，维护生态平衡，不破坏自然生态系统的基础条件。

## 四、滨水区利用规划

滨水区利用规划是指对城市滨水区进行开发、保护、利用的规划。其目的是在保护水资源、改善水环境的前提下，统筹规划滨水区的开发、保护、利用等活动，使滨水区成为城市建设的重要组成部分，提高城市环境品质，增加了城市生态、文化、休闲等多种功能。具体而言，滨水区利用规划应包括以下内容：

① 滨水区的分区规划。对滨水区进行分区，根据不同区域的自然条件和城市需求，确定其开发、保护和利用方向，制定相应的规划和政策。

② 滨水区的土地利用规划。确定滨水区的不同土地用途，并进行合理规划，满足城市建设和发展的需要，同时保护和提升滨水区的生态环境和文化价值。

③ 滨水区的景观规划。根据滨水区的地形地貌、自然环境和历史文化，规划出适宜的滨水景观，并进行保护和营造，以提升城市的形象和品质。

④ 滨水区的交通规划。根据城市滨水区的交通需求，规划出适宜的交通网络和交通方式，以便城市内外的人员和物资流通畅通无阻。

⑤ 滨水区的生态保护规划。通过科学合理的手段和措施，保护滨水区的生态环境，保障水质和水生态系统的健康运转。

⑥ 滨水区的文化保护和开发规划。对滨水区内的历史文化遗产和现代文化资源进行调查、研究和评估，并且进行合理保护和开发利用，推动城市文化产业的发展。

⑦ 滨水区的水利设施规划。针对滨水区的水利设施需求，规划出适宜的水利工程，保障城市的供水和排水系统的正常运行。

⑧ 滨水区的灾害防治规划。针对滨水区的洪涝、台风以及地震等自然灾害，规划出合理的防灾和应急措施，保障城市人民的生命财产安全。

我国的滨水区建设在实践中既取得了很好的效果，也存在着许多问题，甚至失误。主要有以下几个方面：

① 土地利用混乱：滨水区土地利用往往缺乏规划和统一管理，导致开发建设的混乱和无序，影响了滨水区的生态环境和景观质量。

② 污染问题：滨水区水体往往受到污染，如工业污染、生活污水排放等，影响了滨水区的水质和生态环境。

③ 安全问题：滨水区容易发生洪涝灾害，建设时需要考虑安全问题，采取有效的措施进行防范。

④ 管理问题：滨水区的管理往往分散，管理主体不清晰，导致管理混乱和问题不易得到及时解决。

⑤ 历史文化保护问题：滨水区通常具有悠久的历史文化，需要保护和传承，但在建设中往往存在对历史文化的破坏或忽视。

⑥ 社会利益问题：滨水区的建设涉及到各方利益的平衡，需要考虑到社会、经济、生态等多个方面的利益，避免了一方面过度强调而损害其他方面的利益。

这些问题需要通过科学规划、严格管理、有效监管等手段得到解决，以保证滨水区的合理利用和可持续发展。

为实现规划目标，发展规划提出了具体的规划策略。

（1）针对可持续发展目标的规划策略。

① 资源利用的最优化：规划应当合理利用土地、水资源和自然环境等，实现资源的最大化利用和可持续发展。

② 生态保护与修复：规划应考虑到生态环境的保护和修复，同时要提高公众对环境问题的认识和参与度，推广环境友好型的生活方式和生产方式。

③ 环境质量控制：规划应将环境质量控制纳入重要的考虑因素，加强了环境监测和控制，对环境污染等问题进行综合治理，以提高城市的环境质量。

④ 社会经济可持续发展：规划应以社会经济可持续发展为目标，通过城市规划、产业发展、人口控制等手段来提高城市的经济效益和社会效益，同时促进经济与环境的协调发展。

⑤ 创新和科技：规划应该以创新和科技为驱动，加强科技创新和技术创新，推动城市可持续发展。

⑥ 全球化与合作：规划应充分考虑全球化和合作的重要性，加强与其他城市、国际组织的合作，推动城市可持续发展。

（2）针对公共空间目标的规划策略。

① 多元化的公共空间设计：将公共空间设计成一个多元化的环境，包括景观、公园、广场、步行街以及自行车道等，以满足不同年龄、性别和文化背景的人们的需求。

② 充分考虑可持续性：公共空间应该遵循可持续性原则，包括使用可再生能源、水资源循环利用、植物覆盖率的提高、采用环保材料等。

③ 考虑到社区特点：公共空间应该考虑社区的特点，包括人口、文化、历史和环境等，以确保公共空间和社区相互协调，促进社区发展。

④ 促进社交交流：公共空间应该设计成一个促进社交交流的场所，鼓励人们相互交流、分享和合作。

⑤ 安全和无障碍：公共空间应该考虑到所有人的需求，包括老年人、残障人士和儿童等。要确保公共空间的安全性和无障碍性，让每个人都能够舒适地使用。

⑥ 可达性和可用性：公共空间应该具备良好的可达性和可用性，以方便人们前往和使用公共空间。同时，公共空间也应该为人们提供足够的座位、卫生间和饮水设施等。

⑦ 利用数字技术：数字技术可以帮助公共空间实现更好的管理和运营。例如，可以使用智能监控系统来提高公共空间的安全性，使用智能照明系统来节省能源等。

（3）针对用地功能复合目标的规划策略。

① 强调空间整合：在用地规划中，要注重将不同的用地功能整合起来，通过空间设计和组织，使不同的用地功能形成有机的整体。例如，可以将商业区、住宅区和公园等不同的功能区域进行整合，形成集中、便捷、舒适的城市生活空间。

② 强调多功能融合：在用地规划中，要注重多种用地功能的融合，使城市空间具有多种功能，满足人们不同的需求。比如，可以将商业区和住宅区进行融合，形成商住混合区，提高城市空间的利用效率。

③ 强调灵活适应：在用地规划中，要注重灵活适应城市发展的变化，随着城市的发

展，不同用地功能的需求也会不断发生变化，因此需要随时调整用地规划，以适应城市发展的需要。

④ 强调可持续发展：在用地规划中，要注重可持续发展的原则，尽量减少对自然环境的破坏，采用节能环保的设计理念，打造低碳和绿色的城市空间。

综上所述，针对用地功能复合目标的规划策略，需要注重空间整合、多功能融合、灵活适应和可持续发展等方面，以满足不同的城市发展需求。

（4）针对通达性目标的规划策略。

① 公共交通规划：制定完善的公共交通规划，优化线路布局和车辆调配，提高交通运输效率和便捷性。

② 步行和自行车道规划：规划建设步行和自行车道，方便居民出行和锻炼，减少机动车使用，降低交通拥堵和污染。

③ 交通网络规划：规划建设完善的交通网络，包括道路、桥梁、隧道、轨道交通等，优化交通组织和管理，提高通行效率和安全性。

④ 城市设计：在城市设计中考虑通达性因素，合理布局和组织城市空间，建设便捷、快速、安全的交通系统。

⑤ 智能交通系统：建设智能交通系统，利用信息技术和数据分析，提高交通流量控制和调度能力，优化交通组织和管理，提高通行效率和安全性。

⑥ 联防联控：建立联防联控机制，加强对城市交通管理和监督，防范和应对交通安全事故和突发事件，确保城市通行畅通和安全。

（5）针对宜居环境目标的规划策略。

① 绿色空间规划：通过增加城市公园、植物园、绿道、广场和其他开放空间，增强城市的绿色环境，提高城市居民的生活质量和健康水平。

② 城市交通规划：合理规划城市道路、交通枢纽和公共交通线路，减少交通拥堵，提高城市居民出行的便利性和舒适度。

③ 建筑设计规划：制定建筑外观、材料、通风、采光等方面的规范，确保了建筑物对周围环境的影响最小化，创造健康、舒适的居住环境。

④ 废物处理规划：规划城市垃圾处理设施和废水处理设施，保障城市环境卫生和水质安全。

⑤ 水资源规划：制定城市水资源开发和保护规划，提高城市自来水水质和供水保障能力，保护城市水环境。

⑥ 噪声控制规划：规划城市噪声源分布和噪声监测设施，减少城市的噪声对居民生活的干扰，创造安静的居住环境。

（1）规划组织。

规划组织是指规划编制和实施中所涉及的人员、机构、程序等各种组织形式和管理机制。规划组织的好坏直接影响规划的质量和实施效果。

规划组织的主要内容包括：

① 规划编制组织：指负责规划编制工作的组织机构和相关人员，包括规划编制领导小组、规划编制指挥部、规划编制工作组等。

② 规划编制程序：指规划编制中各个阶段的程序和时间节点，包括规划编制的立项、研究、调查、分析、编制、审批、公示、实施等各个环节。

③ 规划编制机制：指规划编制中的管理机制和协作机制，包括规划编制的管理制度、组织协调机制、沟通协商机制、督导检查机制等。

④ 规划实施组织：指负责规划实施工作的组织机构和相关人员，包括了规划实施领导小组、规划实施指挥部、规划实施工作组等。

⑤ 规划实施程序：指规划实施中各个阶段的程序和时间节点，包括规划实施的立项、实施、监督、评估等各个环节。

⑥ 规划实施机制：指规划实施中的管理机制和协作机制，包括规划实施的管理制度、组织协调机制、沟通协商机制、督导检查机制等。

规划组织的建立和运行需要有良好的组织管理机制和专业能力支持，保证规划编制和实施的有效性和可持续性。同时，规划组织还需要有良好的沟通机制，积极吸纳公众的意见和建议，形成共识，提高规划的接受度和执行力度。

（2）规划策略制定。

规划策略制定是规划编制的核心内容，主要包括目标确定、分析评价、选定发展方向和制定规划措施等环节。具体来说，规划策略制定需要遵循以下步骤：

① 目标确定：明确规划的总体目标和具体目标，包括空间结构目标、经济社会发展目标、环境保护目标、公共服务设施建设目标等。

② 分析评价：对区域内现状进行分析评价，包括自然、经济、社会、文化等方面的分析，同时评估潜力、瓶颈、风险等因素。

③ 选定发展方向：基于目标和分析结果，确定规划的基本发展方向，包括发展定位、空间布局、产业结构和公共服务设施建设等方面。

④ 制定规划措施：在确定的发展方向基础上，制定一系列可行、有效的规划措施，包括空间布局措施、产业发展措施、公共服务设施建设措施等。

⑤ 实施计划：制定具体的实施计划，包括时间表、任务分工、投资计划等方面，为规划的实施提供保障。

在规划策略制定过程中，需要结合当地的实际情况和发展需求，充分考虑经济、社会、环境等因素的平衡，确保规划策略的科学性、可行性和可持续性。同时，还需要注重参与和沟通，与相关利益方展开广泛的沟通和协商，确保规划策略的公正性和合法性。

（3）公众参与。

公众参与是指在城市规划过程中，广泛听取和征求居民、利益相关者和公众对规划决策的意见和建议，通过多元化的方式促进公众参与规划的制定和实施过程，使公众对规划具有更好的理解和接受度，从而达到更加公正、公开、民主以及可持续的城市规划效果。

公众参与在城市规划中的作用非常重要，它能够实现以下目标：

① 增加规划决策的透明度和公正性，减少可能存在的腐败和不合理现象；

② 充分听取和汇集公众对规划的意见和建议，避免规划制定中出现偏差或错误；

③ 增强公众对规划的认知和理解，提高对于规划的接受度和支持度，减少规划实施中可能存在的阻力；

④ 提高规划的质量和可持续性，从而实现城市的可持续发展。

公众参与的方式包括公开听证会、社区会议、问卷调查、公众咨询、公众讨论等。在实践中，规划机构需要根据实际情况选择合适的参与方式，保证公众参与的有效性和可行性。

# 第五节　涉水工程协调规划

涉水工程主要包括对水系直接利用或保护的工程项目，如给水、排水、防洪排涝、水污染治理、再生水利用，综合交通、景观、游憩和历史文化保护等工程，这些工程往往都已经有了相对完备的规划或设计规范，但不同类别的工程往往关注的仅是水系多个要素中的一个或几个方面，需要在城市水系保护与利用的综合平台上进行协调，在城市水系不同资源特性的发挥中取得平衡，也就是要有利城市水系的可持续发展和高效利用。从水系规划的角度，在协调各工程规划内容时，一是从提高城市水系资源利用效率角度对涉水工程系统进行优化，避免由于一个工程的建设使水系丧失其应具备的其他功能；二是从减少不同设施用地布局矛盾的角度对各类涉水工程设施的布局进行调整。涉水工程各类设施布局有矛盾时，应进行技术、经济和环境的综合分析，按照"安全可靠、资源节约、环境友好、经济可行"的原则调整工程设施布局方案。

## 一、饮用水源工程与城市水系的协调

饮用水源包括地表水源和地下水源，是城市的水缸，必须保证其不被污染。

在保护区一定范围内上下游水系不得排放工业废水、生活污水，不得堆放生活垃圾、工业废料及其他对水体有污染的废弃物，水源地周围农田不能使用化肥、农药等，有机肥料也应控制使用。

取水口应选在能取得足够水量和较好的水质，不易被泥沙淤积的地段。在顺直河段上，应选在主流靠近河岸、河势稳定、水位较深处，在弯曲河段，应选在水深岸陡、泥沙量少的凹岸。

水源地规划还应考虑取水口附近现有的构筑物，比如桥梁、码头、拦河闸坝、丁坝、污水口以及航运等对水源水质、水量和取水方便程度的影响。

## 二、防洪排涝工程与城市水系的协调

防洪排涝功能是城市水系最重要的功能，在规划中，要在满足防洪排涝安全的基础上，兼顾城市水系的其他功能。

在规划防洪工程设施时，应本着统筹规划、可持续发展的原则，把整个城市水系作为一个系统来考虑，来合理规划行洪、排洪、分洪、滞蓄等工程布局。在防洪工程规划中，应尽量少破坏或不破坏原有水系的格局，做到既能满足城市防洪要求，又不能破坏城市生态环境，应大力倡导一些非工程的防洪措施。

排涝工程是利用小型的明渠、暗沟或埋设管道，把低洼地区的暴雨径流输送到附近的主要河流、湖泊。暴雨径流出口可能和外河高水位遭遇，使水无法排出而产生局部淹没。这就需要在规划中协调二者之间的关系，在规划中，尽可能通过疏挖等方式使排洪河道满足一定的排涝标准。当不能满足时，应提出防洪闸或排涝泵站的规划。布置排水管网时，应充分利用地形，就近排放，尽量缩短管线长度，从而降低造价。城市排水应采取雨污分流制，禁止把生活污水或工业废水直接排入自然水体。

### 三、水运路桥工程与城市水系的协调

#### 1. 滨水道路与城市水系的协调

滨水道路往往沿着城市河流、湖泊的岸线布置，道路可布置在地方内侧、外侧及堤顶。滨水道路往往利用河流、湖泊的自然条件，辅助以绿化和景观，设计为景观道路。滨水道路分为车行道和人行道，考虑到汽车尾气及噪声对水体环境的污染，以及道路的安全，车行道往往距离岸线较远。若河流承担生态廊道的功能，车行道的位置则应满足生态廊道的宽度要求，尽量布置在生态廊道宽度之外，避免了对生态廊道造成干扰。人行道则可以设置在离水近的地方，甚至堤内侧，以增强亲水性。人行道可以结合景观与滨水活动广场水面游乐设施等统一规划布置。

#### 2. 跨水桥梁与城市水系的协调

跨水桥梁作为城市交通系统的重要组成部分，与城市水系的协调至关重要。以下是一些跨水桥梁与城市水系协调的措施：

① 桥梁选址应在保护水系生态环境的前提下，尽量避免对水系的破坏，减少水体面积的占用和水体的截断。

② 桥梁的形式应考虑到水系的功能和景观，尽可能地和周围环境相协调，达到景观美观、城市形象完美的效果。

③ 桥梁的设计应根据水系的水位变化，确定桥梁高度，保证桥梁不被水淹没，在水位变化时不影响交通运行。

④ 桥梁的建设需要考虑到施工对水系的影响，应采取相应的防护措施，减少对水环境的污染和破坏。

⑤ 桥梁的管理和维护需要加强，保证桥梁的稳定性和安全性，防止对水系产生负面影响。

⑥ 桥梁周边的开发和利用需要符合城市规划和水系规划要求，尽可能地保护水系生态环境，减少对水体的污染和破坏。

总之，跨水桥梁与城市水系的协调需要考虑到环境保护、交通运行、城市形象等多个方面，采取了综合措施，实现桥梁与水系的和谐共生。

#### 3. 码头港口与城市水系的协调

港口选址与城市规划布局、水系分布、水面宽、水体深度、水的流速和流态、岸线的地质构造等均有关系，海港位于沿海城市，应布置于有掩护的海湾内或位于开敞的海岸线

上，最好是水深岸陡、风平浪静。河港位于内地沿河城市，应布置于河流沿岸，内港码头最好采用顺岸式布置，尽量避免突堤式或挖入式带来的影响河流流态、泥沙淤积等问题。海港码头则可根据需要布置成各种形式。

4. 航道、锚地规划与城市水系的协调

我国内河航运发展的战略目标是"三横一纵两网十八线"。航道的发展应与规划发展目标一致。我国各地的航道标准和船型还没有完全统一，随水运的发展，各大水系会相互衔接，江河湖海会相互连通，形成四通八达的水运体系。因此，需要及早统一航道标准和优化船型。目前，我国很多航道标准较低，需要运用各种措施，通过对水系的治理，提高城市通航能力。

## 四、涉水工程设施之间的协调

取水设施的位置应考虑地质条件、洪水冲刷和其他设施正常运行产生的水流变化等对取水构筑物安全的影响，并且保证水质稳定，尽可能减少其他工程设施运行中对水质的污染。取水设施不得布置在防洪的险工险段区域及城市雨水排水口、污水排水口、航运作业区和锚地影响区域。

污水排水口不能设置在水源地一级保护区内，设置在水源地二级保护区内的排水口应满足水源地一级保护区水质目标的要求。当饮用水源位于城市上游或饮用水源水位可能高于城市地面时，在规划保护饮用水源的同时应考虑防洪规划。

桥梁建设应符合相应防洪标准和通航航道等级的要求，不应当降低通航等级，桥位应与港口作业区及锚地保持安全距离。

航道以及港口工程设施布局必须满足防洪安全要求。航道的清障与改线、港口的设置和运行等工程或设施可能对堤防安全造成不利影响，需要进行专门的分析，在确保堤防安全及行洪要求的前提下确定改造方案。

码头、作业区和锚地不应位于水源一级保护区和桥梁保护范围内，并应和城市集中排水口保持安全距离。

在历史文物保护区范围内布置工程设施时，应满足历史文物保护的要求。

第六章

# 水利工程治理的技术手段

## 第一节 水利工程治理技术概述

### 一、现代理念为引领

现代理念，概括为用现代化设备装备工程，用现代化技术监控工程和用现代化管理方法管理工程。加快水利管理现代化步伐，是适应由传统型水利向现代化水利及持续发展水利转变的重要环节。我国经济社会的快速发展，一方面，对水利工程管理技术有着极大促进作用；另一方面，对于水利工程管理技术的现代化有着迫切的需要。今后水利工程管理技术将在现代化理念引领下，有一个新的更大的飞跃。今后一段时期的工程管理技术将会加强水利工程管理信息化建设工作，工程的监测手段会更加完善和先进，工程管理技术将基本实现自动化、信息化、高效化。

### 二、现代知识为支撑

现代水利工程管理的技术手段，必须以现代知识为支撑。随着现代科学技术的发展，现代水利工程管理的技术手段得到长足发展，主要表现在工程安全监测、评估与维护技术手段得到加强和完善，建立开发相应的工程安全监测、评估软件系统，并对各监测资料建立统计模型和灰色系统预测模型，对工程安全状态进行实时的监测和预警，实现工程维修养护的智能化处理，为了工程维护决策提供信息支持，提高工程维护决策水平，实现资源的最优化配置。水利工程维修养护实用技术被进一步广泛应用，比如工程隐患探测技术、维修养护机械设备的引进开发和除险加固新材料与新技术的应用，将使工程管理的科技含量逐步增加。

### 三、经验提升为依托

我国有着几千年的水利工程管理历史，我们应该充分借鉴古人的智慧和经验，对传统水利工程管理技术进行继承和发扬。新中国成立后，我国的水利工程管理模式也一直采用传统的人工管理模式，依靠长期的工程管理实践经验，主要通过以人工观测、操作，进行调度运用。近年来，随现代技术的飞速发展，水利工程的现代化建设进程不断加快，为满足当代水利工程管理的需要，我们要对传统工程管理工作中所积累的经验进行提炼，并结合现代先进科学技术的应用，形成一个技术先进、性能稳定实用的现代化管理平台，这将成为现代水利工程管理的基本发展方向。

# 第二节　水工建筑物安全监测技术

## 一、概述

### （一）监测及监测工作的意义

监测即检查观测，是指直接或借专设的仪器对基础及其上的水工建筑物从施工开始到水库第一次蓄水整个过程中以及在运行期间所进行的监测量测和分析。

工程安全监测在中国水电事业中发挥着重要作用，已成为工程设计、施工、运行管理中不可缺少的组成部分。概括起来，工程监测具有如下几个方面的作用：

（1）了解建筑物在荷载和各类因素作用下的工作状态和变化情况，据以对建筑物质量和安全程度做出正确判断和评价，为施工控制和安全运行提供依据；

（2）及时发现不正常的现象，分析原因，以便进行有效的处理，确保工程安全；

（3）检查设计和施工水平，发展工程技术的重要手段。

### （二）工作内容

工程安全监测一般有两种方式，包括现场检查和仪器监（观）测。

现场检查是指对水工建筑物及周边环境的外表现象进行巡视检查的工作，可分为巡视检查和现场检测两项工作。巡视检查一般是靠人的感觉直觉并采用简单的量具进行定期和不定期的现场检查；现场检测主要是用临时安装的仪器设备在建筑物及其周边进行定期或不定期的一种检查工作。现场检查有定性的也有定量的，从而了解建筑物有无缺陷、隐患或异常现象。现场检查的项目一般多为凭人的直观或辅以必要的工具可直接的发现或测量的物理因素，如水文要素侵蚀、淤积；变形要素的开裂、塌坑、滑坡、隆起；渗流方面的渗漏、排水、管涌；应力方面的风化、剥落、松动；水流方面的冲刷、振动等。

仪器监（观）测是借助固定安装在建筑物相关位置上的各类仪器，对水工建筑物的运行状态及其变化进行的观察测量工作。包括仪器观测和资料分析两项工作。

仪器观测的项目主要有变形观测、渗流观测、应力应变观测等，是对作用建筑物的某些物理量进行长期、连续、系统定量的测量，水工建筑物的观测应按有关技术标准进行。

现场检查和仪器监测属于同一个目的两种不同技术表现，两者密切联系，互为补充，不可分割。世界各国在努力提高观测技术的同时，仍然十分重视检查工作。

## 二、巡视检查

### （一）一般规定

巡视检查是对工程设施进行定期检查，方便及早发现设施缺陷或故障，及时进行修复或更换，保障设施的正常运行。根据不同的需求，巡视检查可以分为以下三类：

① 日常巡视检查：日常巡视检查是指对工程设施进行常规的、定期的巡视检查。其目的在于及早发现和处理设施缺陷，以确保设施的安全性和稳定性，日常巡视检查一般由设施运行管理人员或维修人员进行。

② 年度巡视检查：年度巡视检查是指对工程设施进行一年一度的综合性检查。其目的在于对设施进行全面、系统地检查，及早发现和处理设施缺陷，保障设施的安全性和稳定性。年度巡视检查一般由设施管理单位或专业的巡视检查团队进行。

③ 特别巡视检查：特别巡视检查是指对工程设施进行非定期的、针对性的巡视检查。其目的在于解决特定问题或应急情况下的检查需求。特别巡视检查一般由设施管理单位或专业的巡视检查团队进行。

（二）检查项目和内容

1. 坝体

坝体通常指的是水坝中负责阻拦水流并承担水压的主体结构。坝体的形式和材料多种多样，可以是混凝土坝、土坝、石坝、重力坝、拱坝等。其主要作用是承受来自水压的水平和垂直力，通过固结土体的强度和稳定性保证坝体不发生破坏。坝体设计需要综合考虑水文地质条件、水坝高度、坝型、坝底宽度、坝顶宽度、坝面坡度以及坝体材料等因素。同时，需要进行复杂的计算和模拟分析，以确保坝体的结构和材料能够承受水压和其他外力的作用，确保水坝的安全稳定。

2. 坝基和坝区

坝基是指水利工程中大坝的基础部分，是承受大坝重量和水压力的重要部分。坝基的稳定性和坝区的安全性是大坝工程成功的关键因素。

坝基一般由岩石或土壤组成，为了增强坝基的承载能力，会进行加固处理。加固方式包括挖除坝基内松软土层、注浆、灌浆、钻孔加固、爆破加固等。在坝基上铺设防渗材料，可以防止坝基内渗水，进一步地增强坝基的稳定性。

坝区则是指坝上和坝下的地区，包括水库水面、堤岸、河道、沿岸村庄、交通设施等，是一个生态系统和社会经济系统的综合体。坝区的规划和建设需要考虑坝区的环境、生态、农业、旅游、交通等多个方面，以实现坝区的可持续发展。同时，为保障坝区的安全性，需要进行灾害风险评估和监测预警等工作。

3. 输、泄水洞（管）

输、泄水洞（管）是大坝工程中的一种重要的工程构筑物，用于调节水库水位，保障水库的安全运行。输水洞是指从水库的上游引水至水电站的洞道，主要用于输送水流，其长度一般比较长；泄水洞是指从水库的下游引出水流的洞道，主要用于泄洪、调节水位等，长度较短。这些洞（管）通常都是通过坝体穿过而设置的，需要考虑其对坝体的影响和坝体对其稳定性的影响，因此在设计、施工和运行中都需要特别注意。

输、泄水洞（管）的设计需要考虑水力学和结构力学等方面的因素。其中，输水洞的设计需要考虑水头、流量、速度等参数，以保证输水的安全性和经济性；泄水洞的设计则需要考虑泄洪流量、泄洪能力、泄洪时的水流特性等因素，以保证泄洪的安全和有效性。在施工中，需要根据地质条件和洞体位置等因素，选择合适的施工方法和技术。在运行中，需要进行定期检查和维护，确保输、泄水洞（管）的稳定性和安全性。

### 4. 溢洪闸（道）

溢洪闸（道）是水坝上设置的水闸，主要用调节水位和洪水排放。在水位超过一定高度时，水流就会从溢洪道中流出，以防止坝体溃决。溢洪道的形式有溢流堰、溢洪坝、溢洪管等，设计时需要考虑水流速度、洪峰流量等因素，以确保安全可靠。

### 5. 闸门及启闭机

闸门是水工建筑中的重要组成部分，用于调节水位、控制洪水、分洪等。闸门根据形式和功能的不同，可分为很多种类，如平板闸门、滑动闸门、旋转闸门、引水闸门、溢流闸门等。而启闭机则是驱动闸门实现开闭的装置，常见的有电动启闭机、液压启闭机、手动启闭机等。

闸门和启闭机的选择和设计应根据具体工程要求和条件进行，包括水位变化范围、水流流速、工作压力、启闭频率、可靠性等因素。同时，还需要考虑闸门材料、密封性、耐腐蚀性、抗风、抗震等方面的性能要求。

### 6. 库区

库区是水利水电工程中存储水资源的区域。它通常是在坝体下游的河谷或低洼地带，通过堵塞河流或河谷而形成的人工水域。库区的大小和形状因地制宜，取决于设计的需求和周边地形条件。库区可以用于灌溉、发电、航运、水文监测、旅游、娱乐等用途，是综合利用水资源的重要手段。同时，库区的建设也会对当地生态环境产生了一定的影响，因此需要进行科学规划和环境评估。

### （三）检查方法和要求

#### 1. 检查方法

① 目视检查：通过肉眼观察水工建筑物表面和周围环境，发现可能存在的问题，如渗漏、龟裂、碎裂、变形等。

② 测量检查：通过测量水工建筑物的尺寸、形态、位置、变形等参数来判断其状态，如使用水准仪、全站仪、倾斜仪等设备进行测量。

③ 声波检测：通过声波传导原理，检测水工建筑物内部的裂缝、空洞、损伤等缺陷，如使用超声波探伤仪等设备进行检测。

④ 水文测验：通过对水工建筑物所在水域水位、流量、水质等参数进行监测和分析，判断水工建筑物对水流的影响以及其状态，如使用水文测验仪器进行监测。

⑤ 环境监测：通过对水工建筑物周边环境的监测，如土壤、植被、气象等参数，来判断水工建筑物的周边环境是否对其造成影响，如使用环境监测仪器进行监测。

以上是常用的水工建筑物检查方法，不同的检查方法适用于不同的水工建筑物和问题。在实际检查中，需要根据具体情况选择合适的检查方法，并且进行综合分析和判断。

2. 检查要求

① 安全检查：对于水工建筑物的安全问题进行全面的检查，包括坝体、坝基、闸门、泄水洞、溢洪道、引水系统等部分，确保其稳定、可靠。

② 设备检查：对于各种设备如启闭机、升降机、管道等进行全面检查，检查其正常运行状态和设备损坏情况，确保各设备可靠运行。

③ 水文检查：对于水文情况进行检查，包括水位、流量等数据的测量和分析，确保水工建筑物的正常运行和安全。

④ 环境检查：对于水工建筑物周围环境进行检查，包括水质、水生态、周边建筑物和居民等情况，确保不会对周围环境产生负面影响。

⑤ 日常巡查：对于水工建筑物进行日常巡查，包括外观检查、设备运行状态检查等，发现问题及时处理。

⑥ 定期检查：对水工建筑物进行定期检查，确保其安全稳定运行，一般情况下每年进行一次大型检查。

### （四）检查记录和报告

1. 记录和整理

记录和整理是检查工作的重要环节。在检查结束后，必须认真整理检查所得的资料和记录，制定检查报告，并且及时反馈给相关部门和责任人。检查报告应包括以下内容：

① 检查的时间、地点和对象；

② 检查的目的和依据；

③ 检查的方法和过程；

④ 检查发现的问题和存在的风险；

⑤ 对问题和风险的评估；

⑥ 提出的整改措施和建议；

⑦ 检查报告的签发人和审核人；

⑧ 其他需要说明的事项。

整理和记录过程中应尽可能详细和准确，避免遗漏和错误，确保检查结果的客观真实性和可靠性。同时，应及时将检查结果反馈给相关人员和单位，方便及时采取措施加以改善和解决问题。

2. 报告和存档

水工建筑物的巡视检查工作完成后，需要将检查记录进行整理和分析，形成巡视检查报告。报告内容应包括巡视检查的时间、地点、检查人员、检查内容、发现问题及处理情况等，并对发现的问题进行分类整理，确定处理措施和责任人，并对下一次检查提出建议。

巡视检查报告应及时存档，作为日后巡视检查和管理的依据。对发现的问题和处理情况，还需要做好相关记录和归档工作，以备查阅和追溯。同时，也可以根据巡视检查报告，及时更新水工建筑物管理档案，保持档案的完整性和准确性。

### 三、水工建筑物变形观测

变形观测项目主要有表面变形、裂缝及伸缩缝观测。

#### （一）表面变形观测

表面变形观测是指对水利水电工程中的各种大型水工建筑物、水利工程和地质灾害等进行观测，监测其变形情况，及时发现问题并采取相应的措施进行处理的一种工作方法。通常通过设置变形控制网和使用高精度的测量仪器，对于水工建筑物的表面进行监测，以获取其变形数据，并通过对数据的分析和处理，判断其是否存在变形超限的情况。该工作是保障水利工程安全和正常运行的重要环节之一。

1. 基本要求

表面变形观测的基本要求包括：

① 观测控制点应设置在具有代表性的地质体上，应当考虑地质构造、地下水流动及水文地质条件等因素；

② 观测控制点的数量应足够，以保证测量数据的准确性和可靠性；

③ 观测控制点的布设应合理，控制点应均匀分布，间距应根据具体情况合理确定；

④ 观测控制点的标志应醒目，标志应稳固、耐久，并应做好保护措施；

⑤ 观测数据应及时、准确地记录，并进行分析、处理和整理，以便后续分析和评估；

⑥ 观测设备和测量方法应先进、可靠、精密，能够满足实际观测需求；

⑦ 观测过程应进行有效的监控和质量控制，确保观测数据的准确性和可靠性。

2. 观测断面选择和测点布置

表面变形观测中，观测断面的选择和测点的布置至关重要，应遵循以下原则：

① 根据工程的特点和需要，选择有代表性、典型的观测断面，如拱坝的坝顶、坝面和坝基等位置，水闸的闸孔、厂房的结构等；

② 观测断面应满足能够反映结构变形的主要方向，同时考虑观测难度和经济性；

③ 在断面上设置测点时，应考虑观测目的、结构形态和受力情况等因素，布置足够的测点，以便获取足够的数据，同时不宜设置过多的测点，避免造成不必要的观测工作和测量数据的混淆；

④ 测点的布置应均匀分布，间距应根据结构的变形特点和观测的要求合理确定，一般间距不应大于观测断面的1/5；

⑤ 在测点周围应清除干扰因素，如草丛、杂物、积水等；

⑥ 观测断面和测点布置的方案应经过论证和批准，并在观测过程中加以监督和检查。

### 3. 基点布设

基点是表面变形观测中的一个重要元素，它可以提供参考坐标系，用于确定观测点的位置。基点应该在场地内选择一个坚固、稳定、不易移动的建筑物或构筑物上，如混凝土桩、砖墙等，同时应该保证其高程稳定，并通过精确测量确定其坐标。在选定基点后，需要在基点上设置至少两个相互独立的控制点，用确定基点的坐标和高程，并检查基点的水平和垂直稳定性。同时，在选择观测断面时，需要保证其跨越需要观测的变形区域，并考虑到变形的特点、变形速率等因素，合理布置观测点。

### 4. 观测设施及安装

在进行表面变形观测时，需要合理选择观测设施，并确保其正确安装。观测设施可以选择测距仪、全站仪、水准仪、倾斜计等设备，并根据具体情况选择合适的设施。

观测设施的安装需要考虑以下要素：

① 稳固性：设施应安装在稳固的地面上，避免受到外力的影响而导致数据误差。

② 安装位置：观测设施的安装位置应考虑到变形特征和观测目的，选择了合适的位置进行安装。

③ 安装方向：观测设施应保持水平或垂直安装，避免安装倾斜导致数据失真。

④ 测点标识：安装完观测设施后，应在测点处进行标识，以便日后进行定位和数据分析。

⑤ 数据记录：观测数据应及时记录，准确保存，避免数据丢失或误差积累。

⑥ 维护保养：观测设施应定期检查和维护保养，确保了其正常工作和数据准确性。

### 5. 观测方法及要求

表面变形观测的方法通常包括：

① 测角法：通过在相邻两个测点上设置一组角度测量仪器，测量两个测点之间的夹角变化，从而得到变形量。

② 水准测量法：通过在不同高程的基准点上设置水准仪，测量相邻两个测点之间的高差变化，从而得到变形量。

③ 位移传感器法：通过在建筑物或其他结构物的表面安装位移传感器，实时测量结构物表面的位移变化，从而得到变形量。

观测方法应符合以下要求：

① 观测设备要求准确可靠，应在进行观测前进行校验和调试。

② 观测数据应按照规定的时间间隔进行采集，并且应记录相关的气象条件、地质条件等影响观测数据的因素。

③ 观测数据的处理应按照国家标准或行业标准进行，确保数据的准确性和可比性。

④ 观测数据应定期进行分析和评估，及时发现变形趋势和异常情况，并采取相应的措施进行处理。

### （二）裂缝及伸缩缝监测

裂缝及伸缩缝监测是结构变形监测的一种，主要针对建筑物、桥梁、隧道等工程中出现的裂缝和伸缩缝进行监测，以及对其变形进行定量测量。其目的在于及时发现裂缝变化情况，以便及时采取补救措施，保障了工程安全性。

裂缝监测的基本要求如下：

① 监测设备应满足国家标准和监测技术规范要求；

② 监测仪器的安装和使用应符合相关标准，且应定期校验和维护；

③ 监测数据应及时、准确、全面、连续、稳定；

④ 监测数据应进行及时处理和分析，发现问题要及时报告和处理。

伸缩缝监测的基本要求如下：

① 监测应覆盖全部伸缩缝，布设密度应符合监测要求；

② 监测设备应满足国家标准和监测技术规范要求，应能够准确测量伸缩缝的变形情况；

③ 监测数据应及时、准确、全面、连续、稳定；

④ 监测数据应进行及时处理和分析，发现问题要及时报告和处理。

在实际监测中，应按照监测规范要求进行裂缝及伸缩缝监测，并且定期对监测数据进行分析和处理，及时发现问题并采取措施加以解决。

### 四、水工建筑物渗流观测

渗流监测项目主要有坝体渗流压力、坝基渗流压力、绕坝渗流及渗流量等观测。凡不宜在工程竣工后补设的仪器、设施，均应在工程施工期适时安排。当运用期补设测压管或开挖集渗沟时，应确保渗流安全。

#### （一）坝体渗流压力观测

坝体渗流压力观测，包括了观测断面上的压力分布和浸润线位置的确定。

##### 1. 观测横断面的选择与测点布置

选择观测横断面和测点布置是地下水位观测的重要环节。选择观测横断面应考虑地下水流的流向和流量、地下水位变化规律、区域地质构造、岩性、地下水水文地质条件等因素。一般来说，应选择具有代表性的地段，覆盖面积尽量广，且能够反映不同水文地质条件下的地下水位变化规律。测点布置应均匀分布于横断面上，并且考虑到地下水位变化规律、渗透性差异等因素，避免因单一测点或局部观测点数据的误差而影响整个地下水位变化的判断。同时，应根据观测目的合理设置监测频率，从而保证数据的准确性和实用性。

##### 2. 观测仪器的选用

选择观测仪器需要考虑多种因素，包括观测项目、观测精度要求、环境条件、设备质量和价格等。常见的水工建筑物观测仪器包括倾斜仪、水准仪、全站仪、测斜仪、应变计、静力水准计、压力传感器等。

在选择仪器时，应根据实际需要进行综合考虑，根据观测项目确定测量方式和精度要求，选择适合的仪器型号和品牌。同时，应注意检查仪器的质量，保证其精度和可靠性，并选择符合预算的价格。另外，对于特殊环境条件，如高温、高海拔等，还需要考虑仪器的耐用性和适应性。

### 3. 观测方法和要求

水电站变形观测中，观测方法和要求如下：

观测方法：

① 传统观测法：包括测量、尺寸测量和水准测量等。

② 电子观测法：包括全站仪、GNSS 和激光测距仪等现代化的观测设备。

观测要求：

① 观测的时间要充足，包括工程建设期、运行期和后期巡检等阶段。

② 观测的测点要足够，覆盖所有可能发生变形的区域。

③ 观测的精度要求高，应根据工程特点和要求制定相应的精度标准。

④ 观测数据要实时处理和分析，及时发现异常情况并进行处理。

⑤ 观测数据要做好记录和整理，形成了完整的观测报告和档案，以备后续参考。

## （二）坝基渗流压力观测

### 1. 观测横断面的选择与测点布置

在进行横断面观测前，应根据工程的实际情况，结合地形地貌、水文地质等因素，合理选择观测断面，确保观测结果的可靠性和代表性。同时，还需要进行测点的布置，以获取更全面、准确的数据。

观测断面的选择应考虑以下因素：

① 工程的性质和特点：包括工程类型、规模、用途等，及所处地理环境的自然条件。

② 水流特性：包括流速、流量、水位、水质等因素。

③ 地质地貌条件：包括地形、地层、岩性、断裂、裂隙等。

④ 水工建筑物的位置：包括闸、坝、泵站等，需要在这些位置设置观测断面。

在确定观测断面后，需要进行测点的布置。测点应均匀分布于断面上，确保能够覆盖整个断面，且测点之间不能存在死角。同时，还需要考虑测点的数量和位置，以及观测仪器的选用和安装方式。

通常情况下，测点数量应根据观测断面的长度和宽度、流速、流量等因素进行合理的估算。在具体布置测点时，可以采用网格状布点或者距离均匀布点等方式，以确保数据的代表性和可靠性。

在测点布置完毕后，需要进行观测仪器的选用和安装方式的确定。观测仪器的选用应根据观测项目的要求，包括精度、测量范围、稳定性等因素进行评估，以选择合适的仪器。观测仪器的安装方式应考虑稳定性、精度和易于维护等因素，以确保观测数据的准确性和可靠性。

## 2. 观测仪器的选用

选择观测仪器时应根据具体的监测对象和监测目的，选择具有合适精度、灵敏度、稳定性和可靠性的仪器。常用的观测仪器包括：水准仪、全站仪、倾角仪、变形仪、振动仪、压力传感器、温度传感器以及流量计等。在选用仪器时还应考虑其安装、使用和维护的便捷性，以及是否符合相关的技术标准和规范要求。

### （三）绕坝渗流观测

#### 1. 观测断面的选择与测点布置

在进行渗流观测时，观测断面的选择和测点布置至关重要。一般来说，观测断面应当选在渗流较为集中或者渗流路径变化较为明显的地方，以便能够全面观测到渗流的情况。

具体的观测断面选择和测点布置要根据具体情况而定，需要综合考虑以下几个因素：

① 工程性质和渗流特点：不同工程的性质和渗流特点不同，需要根据实际情况进行选择和布置。

② 目的和要求：观测的目的和要求不同，选取的断面和测点位置也不同。比如，如果是为了监测渗流压力变化，可以在压力较大的地方设置测点。

③ 观测精度和经济性：观测精度和经济性之间有时会存在矛盾，需要在两者之间寻求平衡。一般来说，观测点数量越多，观测精度越高，但成本也越高。

④ 环境条件：观测点的设置需要考虑周围的环境条件，比如地形、地质条件、建筑物等因素。

总之，选择和布置观测断面和测点时需要全面考虑各种因素，以便能够全面、准确地观测到渗流的情况。

#### 2. 观测仪器的选用及观测方法和要求同坝体渗流压力观测。

### （四）渗流量观测

#### 1. 观测系统的布置

观测断面的选择和测点布置需要根据渗流方向和特点，以及坝体结构特点进行分析和确定。在确定断面位置和布置测点时，应考虑坝体渗流的主要通道，如有多个渗流通道应选取代表性的位置进行观测。同时，应在坝体的上游、中游和下游等不同位置进行观测，以全面了解坝体的渗流情况。

在选用观测仪器时，需根据渗流压力的大小、变化和观测周期等因素进行综合考虑。常用的观测仪器包括渗压计、测孔、测井管等。在进行渗流压力观测时，应严格按照操作规程进行观测，保证数据的准确性和可靠性。同时，观测记录要详细、完整，及时进行数据处理和分析，发现异常情况应及时采取措施进行处理。

## 2. 渗流量的测量方法

① 测量坝体渗流和坝基渗流的流量，主要采用测流孔流量计、压力传感器流量计等方法进行测量。

② 绕坝渗流量的测量，通常采用对绕坝流量进行测量，通过对计算排除入口、出口处的影响得到绕坝流量，再计算绕坝渗流量。

③ 直接测量集水井中的渗流量，通常采用流量计进行测量，根据集水井中的水位变化，通过流量计算得到渗流量。

无论采用哪种方法进行测量，都需要注意测量仪器的准确性和稳定性，并在测量前做好相关的准备工作，例如确定测点位置和布置方式、检查测量设备的工作状态和精度、保证测量数据的准确性和可靠性等等。

## 3. 观测方法及要求

渗流观测方法包括手动观测和自动观测两种。

手动观测方法：

① 水头法：根据公式 $Q = KIA$ 计算流量，其中 K 为渗透系数；I 为水头损失；A 为渗流面积。

② 容积法：通过对渗透体积和渗透时间的测定，计算渗透系数，进而计算流量。

③ 瞬时降水法：在岩土渗透性较大的情况下，采用了瞬时降水法进行测量，即在渗流量较小时，通过测量渗透水的下降速度，计算渗流量。

自动观测方法：

① 渗流计观测：采用渗流计，通过连续测量渗透水位、水温、电导率等参数，并利用计算机进行数据处理，计算渗流量。

② 压力观测法：通过安装在渗流管道上的压力变送器、压力传感器等仪器，连续测量管道内部压力，从而计算渗流量。

观测要求：

① 渗流量观测点的选取应尽量分布均匀，覆盖整个坝体渗透区域；

② 渗流计等自动观测仪器应具有自动报警和自动数据记录功能；

③ 定期对渗流观测设备进行维护和保养，确保仪器工作正常；

④ 观测记录要准确、完整，并及时进行数据处理和分析。

# 五、水文、气象监测

水文、气象监测项目有水位、降水量、气温以及流量观测。

## （一）水位观测

水位观测是水利工程中常见的一种观测方法，用于记录水位变化情况。水位观测可以帮助工程师掌握水体的变化情况，对于水利工程的设计、建设和管理具有重要意义。水位观测的方法和要求如下：

① 观测方法：水位观测可分为定时观测和实时观测。定时观测一般采用人工测量和自动记录相结合的方法，实时观测则采用水位计或遥测系统进行实时监测。

② 观测要求：水位观测应按照国家有关标准和规范进行，观测点应设置在水利工程的重要位置和关键部位，比如坝体、闸门、泄洪道等处。观测设备应保持清洁、无损坏，并定期进行校准和维护。

③ 观测数据处理：观测数据应及时准确地记录和处理，包括水位、水流速度、水位变化率等参数。观测数据应保存完整，并及时上传到水文监测中心或相关部门进行分析和应用。

总之，水位观测是水利工程建设和管理中必不可少的一项工作，要求观测方法准确可靠，观测设备和数据处理应规范科学，从而保障水利工程的安全和稳定运行。

(二) 降水量观测

降水量观测是指对降水量进行的实时或定期的监测和记录。其主要目的是了解降水情况，为水资源管理、气象预报、灾害预警等提供依据。

降水量观测可以采用自动和手动两种方法。自动观测主要是利用降水计和数据采集系统实现，能够实现实时、连续和自动化观测，适用于对高时间分辨率要求较高的场合；手动观测主要是由观测员利用降水量计或容器进行测量，适用对精度要求不高、时间分辨率较低的场合。

观测要求包括：

① 观测仪器应选择准确可靠的降水量计；

② 观测仪器应定期校准，确保测量准确；

③ 观测点的选取应遵循科学原则，具有代表性；

④ 观测记录应规范，记录完整准确，应保证数据的真实性和可靠性；

⑤ 观测数据应及时上传和共享，以便于气象预报和水资源管理等方面的应用。

(三) 气温观测

气温观测是指对气象参数中的温度进行监测和记录的过程。在水工建筑物的监测中，气温观测主要用于分析气温对工程建设和运行的影响，以及对预测天气和水文情况提供参考。常见的气温观测参数包括日最高温度、日最低温度、日平均温度等。在实际监测中，可以使用各种气温计或温度传感器进行气温观测，同时要注意测量时间、观测位置和数据记录等方面的要求。

(四) 出、入库流量观测

出、入库流量观测是对水库调度、洪水预警等方面至关重要的数据来源，下面是观测方法及要求的相关内容：

观测方法：

① 流量计法：使用流量计（如悬挂式浮子流量计、电磁流量计、超声波流量计等）对流量进行实时监测。

② 水位流速法：通过测定水位变化和流速，利用公式计算出流量。其中，水位变化可以通过液压水位计、浮子式水位计等进行测量；流速可以通过测流仪等设备进行测量。

③ 贮量法：通过对水库库容、入库出库水量等数据进行计算，推算出库、入库流量。

观测要求：

① 流量观测应选用精度高、稳定可靠的流量计进行实时监测，并定期对流量计进行校验和维护；

② 水位观测应选用精度高、抗干扰能力强的水位计进行实时监测，并定期对水位计进行校验和维护；

③ 流速观测应选用精度高、稳定可靠的测流仪进行测量，并在测量前后对测流仪进行校验和维护；

④ 贮量法计算出、入库流量时，应保证库容计算准确，尽可能减少数据误差，确保计算结果的可靠性；

⑤ 观测数据应按规定频次进行上报和存档，确保了数据的及时性和完整性。

### 六、监测资料的整编与分析

监测资料的整编与分析是水利工程管理中至关重要的一步，它直接关系到工程的安全运行和后续的管理决策。整编与分析工作应遵循以下步骤：

① 资料整理：将监测获得的各类数据，按照时间、空间、类型等因素进行分类整理。建立合理的数据库，并且根据需要制作各种图表和曲线。

② 资料质量检查：对监测数据的质量进行检查和评估，发现数据的不合理和异常，及时进行数据修正和处理。

③ 资料分析：通过对监测数据的统计和分析，了解水文、水情的变化规律，掌握水利工程的运行情况和特征，为管理决策提供科学依据。

④ 建立预测模型：根据历史数据的分析，建立相应的模型，预测未来的水文、水情变化情况，为了后续管理工作提供预测依据。

⑤ 制定管理决策：根据分析结果和预测模型，结合实际情况，制定出相应的管理决策，以保证水利工程的安全运行和可持续发展。

# 第三节  水利工程养护与修理技术

## 一、工程养护技术

### （一）概述

工程养护技术是指对工程设施进行保养和维修，使其达到设计寿命或更长的一系列技术措施。它包括对工程设施进行定期巡视、检查和评估，及时发现和处理设施的缺陷和问题，以延长其使用寿命，保证其正常运行和安全可靠性。工程养护技术具有预防性、维修性和改进性特点，旨在降低设施运行成本，提高了设施运行效率，保证设施长期稳定运行。

（二）大坝养护

大坝养护是指对已建成大坝进行定期检查、维修、加固等一系列工作，以保证大坝的安全运行和延长其使用寿命的一项重要技术工作。大坝养护的主要目的是预防和消除大坝因自然因素和人为因素引起的各种病害和缺陷，保证大坝的稳定性和安全性，同时保证其正常的水利和发电功能。

（三）排水设施养护

排水设施是城市基础设施的重要组成部分，对城市的排水系统稳定运行具有重要作用。排水设施养护是指对排水设施进行维修、保养、更新、加固等一系列措施，以保障排水设施的正常运行和延长使用寿命。

排水设施养护的主要内容包括：

① 清淤清污：对于下水管道、污水收集井、雨水篦子、雨水口等设施进行定期清淤清污，以保证排水畅通，避免积水和阻塞。

② 维护排水设施设备：比如泵站、水闸、阀门等设施的维修保养，以确保设备正常运行。

③ 检查管道漏损：通过对排水管道的巡视、检测和测量，及时发现并处理管道漏损问题，避免水损。

④ 防止水质恶化：加强污水处理设施的管理和运行，防止水质恶化。

⑤ 应急处理：对突发事件进行紧急处置，保障城市排水系统的正常运行。

排水设施养护的实施需要有专业的养护队伍，对养护人员进行培训，建立健全的管理制度和工作流程，定期对排水设施进行巡视和检查，及时处理问题，确保排水设施的安全稳定运行。

（四）输、泄水建筑物养护

输、泄水建筑物是水利工程中用于控制水位、水流和水质的关键性设施，包括进、出水口、泄水洞、泄水管道、溢流堰、溢洪道等。为了确保这些设施的正常运行，需要进行定期的养护。

输、泄水建筑物养护的主要内容包括：

① 设施清洗：清除设施内部的淤泥、垃圾等杂物，以保证设施的畅通。

② 设施检查：检查设施的运行状况、水流情况、水位变化等，及时发现和排除隐患。

③ 设施维护：定期对设施进行维护保养，如更换损坏的闸门、溢洪道钢板、防水板等。

④ 设施更新：及时更新老化、损坏的设施，提高设施的可靠性和运行效率。

⑤ 环境保护：在进行输、泄水建筑物养护时，应注意环境保护，避免污染环境。

输、泄水建筑物养护的频率应根据设施类型、使用条件、水质情况等因素进行合理的确定，以保证设施的正常运行和延长使用寿命。

（五）观测设施养护

观测设施是水工建筑物养护中非常重要的一项内容，其养护目的是保证观测设施的正常工作，准确获取观测数据。观测设施的养护内容包括以下几个方面：

① 定期清洁观测设施，保证仪器表面的清洁度，避免附着物对观测数据的影响；
② 定期检查仪器的工作状况，发现问题及时处理，避免设备损坏或数据不准确；
③ 定期校准仪器，确保仪器测量数据的准确性和可靠性；
④ 定期更换仪器的易损部件，比如电池、传感器等，保证仪器的正常工作；
⑤ 定期检查仪器的连接线路和接头，确保其正常连接和信号传输；
⑥ 定期备份和存档观测数据，防止数据丢失或损坏。

在观测设施养护工作中，应按照规定的养护周期进行养护，确保养护的全面性和及时性。同时，应建立完善的记录和档案管理制度，对养护情况进行记录和归档，以便后续参考和查询。

（六）自动监控设施养护

1. 自动监控设施的养护应符合下列要求：

① 定期巡视，保证设备的正常运行；
② 定期清洁，防止设备出现故障；
③ 定期维护，及时修复设备的损坏或老化问题；
④ 定期校准，保证设备的准确性和可靠性；
⑤ 做好备份，防止设备数据的丢失和损坏；
⑥ 制定完善的维护保养计划和记录，方便设备管理与使用；
⑦ 设备更新升级，及时更新和升级设备，保证设备的可靠性和先进性。

2. 自动监控系统软件系统的养护应遵守下列规定：

① 定期更新软件版本，及时修补漏洞，确保系统的稳定性和安全性；
② 定期备份数据，以防数据丢失或损坏，同时备份数据应妥善保管；
③ 定期进行系统巡检，及时发现和解决问题；
④ 对系统中的各个模块进行定期测试，从而保证系统功能的完整性和可靠性；
⑤ 对系统的硬件设备进行维护和更换，确保系统的正常运行；
⑥ 进行系统日志的监控和分析，及时发现异常情况并进行处理；
⑦ 建立完善的系统安全策略和措施，确保系统安全可靠；
⑧ 建立养护记录和档案，对于养护过程进行记录和归档。

3. 自动监控系统发生故障或显示警告信息

应立即采取措施进行排查和修复。具体措施包括：
① 根据警告信息或故障代码快速定位故障部位和原因；

② 对可能存在问题的设备或部件进行检查，确认问题后进行修复或更换；

③ 对受影响的监测数据进行验证，确保数据准确性；

④ 对系统进行全面检查，以确保系统的完整性和稳定性；

⑤ 定期对系统进行维护和升级，更新软件和硬件，提高了系统的性能和可靠性。

在修复和维护过程中，应按照相关标准和规范进行操作，确保工作的安全和有效性。同时，还应建立完善的记录和报告机制，记录故障信息和修复过程，以便日后参考和分析。

4. 自动监控系统及防雷设施

自动监控系统的养护需要确保其硬件设备的正常运行和软件系统的更新维护，以保障监控数据的准确性和系统的稳定性。常见的养护措施包括：

① 定期对监控仪器设备进行检测、维修和校准；

② 定期对监控软件系统进行升级、更新和备份；

③ 定期对数据进行清洗、备份和归档，确保数据的完整性和可靠性；

④ 建立相应的故障诊断和维修机制，及时处理监控设备的故障和问题。

防雷设施的养护则需要确保其系统的完整性和有效性，以避免雷击对设备的损坏和对系统的影响。

常见的养护措施包括：

① 定期对防雷装置进行检查、维修和更新；

② 确保防雷接地系统的良好接地和连接；

③ 定期对设备周围的环境进行巡视和维护，清理树木和杂草等；

④ 建立防雷故障预警机制，及时处理防雷设备的故障和问题。

### （七）管理设施养护

管理设施养护是指对工程管理设施（如坝顶和坝址的门禁、通讯、信号灯等设施）进行维护、检修和更新，保障其正常运行的一系列活动。

管理设施养护应该注重以下几点：

① 定期检查：对管理设施进行定期检查，发现问题及时进行维修。

② 预防性维护：对易损件、易受磨损的设施，应提前进行预防性维护，防止故障的发生。

③ 更新升级：对于老化或无法满足需要的设施，应及时更新或升级，以确保其符合管理要求。

④ 安全防范：对管理设施应做好防雷、防盗、防火等安全措施。

⑤ 记录和管理：对于管理设施的维修、检修和更新情况应做好记录和管理，以便追踪管理设施的状态和运行情况。

## 二、工程修理技术

### （一）概述

工程修理技术是指对建筑、土木工程、水利工程等各类工程进行检查、评估和维修的技术方法。它主要包括以下内容：

① 检查和评估：对工程设施进行全面、系统的检查和评估，确定其存在的问题和损伤程度，为后续的维修提供依据。

② 维修方案设计：根据工程设施的实际情况，设计出适合的维修方案，包括维修方法、施工工艺和材料等。

③ 维修施工：按照维修方案进行施工，对于设施进行必要的加固、修补或更换，确保其安全性和正常使用。

④ 质量检验：对维修工程进行质量检验，确保维修质量符合规范和标准要求。

⑤ 养护保养：定期对维修后的设施进行养护保养，延长其使用寿命，保证其长期稳定运行。

工程修理技术的实施应符合相关的技术规范和标准，如《混凝土结构工程施工及验收规范》《建筑结构检测与评定规范》等。同时还应考虑到当地的气候、环境等自然条件因素，以及现有的施工设备和技术水平等因素，制定合理的修理方案，保证修理质量和安全。在实施修理工程时，还应按照相关法律法规和安全标准进行施工，遵守施工现场管理规定，保障施工现场的安全和环境保护。

（二）护坡修理

1. 砌石护坡修理应符合下列要求：

① 对于有破损、脱落、位移等现象的石块，应及时进行更换或固定，确保护坡的完整性和稳定性；

② 对于砌体开裂、空鼓、松动等情况，应进行修补或者更换受损的部位，并加固整个护坡结构；

③ 石块表面出现生锈、脱落等情况时，应进行清洗、防腐、补漆等处理，以保证石材的质量和美观；

④ 对护坡底部的排水系统，应及时清理、疏通，防止积水或渗水对石块的损害；

⑤ 在修理护坡时，应根据具体情况选择适当的修补材料和技术，确保修补效果和护坡的安全稳定。

2. 混凝土护坡（包括现浇和预制混凝土）修理应符合下列要求：

① 清理修复面：首先要清理修复面，包括清除表面污垢、破损的混凝土、钢筋锈蚀等。

② 混凝土修补：对于局部破损的混凝土护坡，可以使用混凝土修补材料进行修复。修补材料应与原材料相似，具有相似的物理和化学性质，以确保修复部位与周围混凝土具有相似的性质。

③ 补强：对于混凝土护坡的局部补强，可以使用钢筋、碳纤维等材料进行加固。

④ 表面防护：修理后的混凝土护坡应做好表面防护，从而保证修复部位与周围混凝土具有相似的防水、防冻、防腐等性能。

⑤ 施工技术：修理混凝土护坡时应按照规范要求施工，包括清理、处理、填补、压实、养护等工艺流程，以确保修复后的混凝土护坡符合要求。

3. 草皮护坡修理应符合下列要求：

① 修复草皮应选用与原草皮相同的草种，确保生长良好；

② 对于局部损坏的草皮，应挖出受损部分，重新加土培育，并且按原有草皮的密度重新种植；

③ 对于大面积损坏的草皮，应先将病虫害和杂草清除干净，然后在土壤表层铺设一层保护网格，再进行培土、撒种等修复措施；

④ 对于草皮破损处，应采用掘土、填土的方法进行修复，并在表层进行覆盖，保证草皮的整体性；

⑤ 修复期间应加强对草皮的管理和养护，保证草皮尽快恢复原有的功能。

（三）坝体裂缝修理

坝体裂缝是指大坝结构中出现的裂缝。由于坝体裂缝的存在会对大坝的安全稳定产生影响，因此需要进行修复。修复坝体裂缝的目的是减小裂缝对大坝稳定性的影响，保证了大坝的安全性和稳定性。

坝体裂缝修复的具体方法包括：

① 填缝法：通过在裂缝处注入高强度的填缝材料，填充裂缝，从而减少水流的渗透和渗漏，填缝材料可以选择特殊的聚合物材料或水泥浆料等。

② 补强法：针对严重的裂缝，需要进行补强处理，以增加结构的强度和稳定性。补强方法可以采用加固筋、钢板抵挡等方式。

③ 砌石法：对于较大的裂缝，可以采用砌石的方式进行修复，以增加坝体的稳定性和承载能力。

④ 装配法：利用特殊的装配材料将裂缝处的结构件进行加固，以提高结构的承载能力和稳定性。

在进行坝体裂缝修复时，需要进行详细的裂缝检测和评估，以确定修复的具体方法和工艺。同时，需要对修复后的结构进行严格的验收和监测，以保证其稳定性和安全性。

（四）坝体渗漏修理

坝体渗漏是指坝体结构中存在的渗漏现象，可能导致坝体稳定性下降或洪水调节能力降低，需要进行修理。坝体渗漏修理的主要方法包括以下几种：

① 堵漏法：通过填充漏水口或破裂缝隙，使用不同的材料，比如灰浆、聚合物、橡胶等来封闭渗漏点。

② 补漏法：对渗漏部位进行补强，以防止渗漏继续扩大。补漏方法主要包括预应力加固、钢板加固、混凝土喷涂加固等。

③ 渗流压力减缓法：通过减缓坝体内的渗流压力来达到减少渗漏的目的。主要方法包括增设渗流缓冲带、减小坝体高度等。

④ 渗流拦截法：在坝体内设置渗流拦截带，拦截渗流水分，通过引流或排放方式将渗流水分排放到外部。

坝体渗漏修理应根据实际情况进行选择，同时要注意修理过程中的安全问题，确保修理效果达到预期目标。

（五）坝基渗漏和绕坝渗漏修理

坝基渗漏和绕坝渗漏修理主要涉及以下步骤：

① 清理：清理坝基和绕坝区域的杂物和污物，并且清理渗漏部位表面的混凝土、油漆等杂质。

② 封堵：对于小面积、低渗透性的渗漏，可以采用环氧树脂封堵、胶黏剂封堵等方法进行修复；对于较大面积、高渗透性的渗漏，则需采用注浆封堵方法，如压浆注浆、低压注浆等。注浆封堵的材料应根据具体情况选用，如聚氨酯、环氧树脂、水泥浆等。

③ 防护：对于修复后的渗漏部位，应进行防水材料的覆盖或涂覆，如聚合物涂料、沥青涂料、聚氨酯涂料等。

修理过程中，应注意安全措施的落实，避免人员和设备损伤，确保修理质量和安全性。

（六）坝体滑坡修理

坝体滑坡是指大坝体发生的在大坝表面发生的滑动现象。坝体滑坡的发生会严重威胁到大坝的安全，需要及时采取修复措施。修复坝体滑坡的方法主要包括以下几种：

① 大坝表面覆盖防护层：将大坝表面进行加固，采用了覆盖防护层的方式，防止滑坡继续扩大。

② 加固坝基：对坝基进行加固，采用加厚坝基、加固坝基、加大坝基面积等方式，提高坝基的稳定性，防止滑坡扩大。

③ 地下水位管理：通过管理地下水位，控制坝体周边地下水位的上升，降低地下水对坝体的渗透压力，从而减轻坝体的受力情况。

④ 设施加固：对大坝的水利设施进行加固，比如加固溢洪道、加固泄水洞等，提高设施的稳定性，减轻大坝的受力情况。

⑤ 局部加固：对滑坡部位进行局部加固，例如采用灌浆、加固钢筋等方式，提高滑坡部位的稳定性，防止滑坡扩大。

在进行坝体滑坡修复时，需要充分考虑地质条件、工程条件和环境条件等因素，采用科学的方法和技术，保障大坝的安全和稳定。

（七）排水设施修理

排水设施包括泄水洞（管）、输水洞（管）、溢洪道（闸）等。排水设施修理的主要目的是防止渗漏、堵塞以及裂缝等问题的发生，确保排水设施的正常运行。

具体的排水设施修理措施包括：

① 清除堵塞物：对于堵塞的泄水洞（管）、输水洞（管）等设施，需要进行清理，恢复其正常通行。

②处理渗漏问题：针对泄水洞（管）和输水洞（管）的渗漏问题，可以采用修补漏点、注浆、灌浆等方法进行修复。对于溢洪道（闸）的渗漏问题，则需要对闸门进行检查和调整。

③处理裂缝问题：若排水设施出现裂缝，需要进行修复，具体修复方法包括钢筋加固、注浆、灌浆等。

④更换老化设施：排水设施使用时间过长，设施老化导致损坏，需要进行更换。更换时需要考虑设施的质量、使用寿命等因素，选择适合的材料和设备进行更换。

排水设施修理需要结合实际情况进行，对不同设施的修理方法和措施有所差异。在进行修理前，需要进行全面检查和评估，制定合理的修理方案，确保修理效果和安全性。

（八）输、泄水建筑物修理

输、泄水建筑物是指大坝、堤防、闸坝、输水、泄水管道、隧洞、排水道、溢洪道等输、泄水建筑物。对于输、泄水建筑物的修理，主要应遵循以下要求：

①确定修理的原因和程度，制定详细的修理方案，并根据具体情况确定施工时间和方法；

②修复设备和工具必须符合安全、质量和环保要求，确保修复施工过程的安全性、质量和环保性；

③对有严重病害的输、泄水建筑物，修复前必须进行可靠性评估，确定修复方案是否合理，以及修复后的使用寿命是否符合要求；

④修复过程中应注意保护输、泄水建筑物周围的环境和生态，避免对周边环境和生态造成不利影响；

⑤修复后应进行验收，并且建立档案记录，以便对修复效果进行跟踪和评估。

（九）观测、监控设施修理

观测、监控设施的修理主要包括以下内容：

①检查设施：定期检查观测、监控设施的各个部分是否完好，如传感器、测量仪器、通讯设备等。

②更换设施：发现设施故障或损坏时，及时更换或维修，以保证观测、监控设施的正常工作。

③校准设施：定期对观测、监控设施进行校准，确保数据的准确性和可靠性。

④更新设施：随着科技的发展和设备更新换代，需要定期更新观测、监控设施，以提高监测能力和效率。

⑤保养设施：对观测、监控设施进行定期保养，保持设施的清洁、干燥和防潮，确保设施的长期稳定工作。

修理观测、监控设施需要按照相关标准和规范进行，如需要更换部件或进行维修，必须严格按照设备说明书或者操作手册进行操作，确保修理的安全性和有效性。

（十）管理设施修理

管理设施包括灌溉设施、绿化设施、道路设施、通讯设施、照明设施、防洪设施、安全设施等，其修理主要包括以下几个方面：

① 设备和设施维护：定期检查、维护和更换设备和设施，保证其正常运行和使用。

② 绿化修剪：对树木、草坪、花坛等进行修剪和养护，保证其景观效果和生态功能。

③ 道路维修：对路面、桥梁、隧道、道路标志等进行维修和更换，保证其通行安全。

④ 防洪设施维修：对于堤防、护岸、防洪闸、泵站等进行巡查和维修，保证其防洪安全性能。

⑤ 安全设施维修：对警示标志、护栏、安全门等进行维修和更换，保证人员和设备的安全。

# 第四节　水利工程的调度运用技术

## 一、水库调度运用

水库调度运用是指针对水库所在区域的水资源供需情况和生态环境保护要求，对水库水位、流量、出库流量等进行调度管理和利用。其目的是合理利用水资源，保障水资源的安全供应，维护生态环境，防止洪涝灾害，支持经济社会发展。

水库调度运用的具体内容包括：

① 定期制定水库调度方案，根据不同的季节、降雨量等情况进行相应的调整；

② 实时监测水库水位、流量、入库流量、出库流量等信息，及时进行调度；

③ 根据不同的用水需求，合理分配水库的供水计划，保障城市、农业以及工业等用水需求；

④ 保障水库的蓄水、发电、灌溉等多种功能的充分发挥；

⑤ 对于特殊情况，如降雨量突然增大、洪水等，及时采取调度措施，防止洪水灾害。

水库调度运用需要根据当地的实际情况制定相应的调度方案和措施，同时需要不断进行监测和调整，以保证水资源的合理利用和生态环境的保护。

### （一）一般规定

水库调度运用需要遵循以下一般规定：

① 水库调度应以国家水资源综合规划和地方水资源规划为依据，按照流域综合利用的原则，统筹水库和河流的调度；

② 水库调度应当根据不同的季节、气象、降水、径流和用水情况，科学合理地安排出库、蓄水和泄洪，保证水库的安全和有效利用；

③ 水库调度应当充分考虑河道生态环境的保护，合理保障了下游河道生态系统的水生态需求，促进河道健康发展；

④ 水库调度应当注重社会公众和相关利益相关方的参与和意见，建立健全信息公开和社会监督机制，保障公众知情权、参与权和监督权；

⑤ 水库调度应当根据水库性质、用途和周边环境等因素，制定相应的调度管理制度和

应急预案，保障水库安全和防灾减灾工作。

（二）防汛工作

防汛工作指的是在降雨量大或山洪暴发等自然灾害来临时，通过各种手段和措施，尽可能减少因水灾造成的人员伤亡和财产损失。防汛工作涉及到各个领域，包括水文监测、气象预报、堤防加固、疏浚清淤、移民搬迁、应急救援等方面。防汛工作的重点是加强预警监测、完善应急响应机制、加强堤防巡查和加固、落实移民搬迁等措施。防汛工作的目的是保障人民生命安全和财产安全，保障了国家安全和社会稳定。

（三）防洪调度

防洪调度是指为了避免水灾和减轻水灾损失，对水库、河道、堤防等防洪工程进行调度和管理。其目的是通过科学的调度，使水库蓄水、泄洪和河道流量控制在一定范围内，保证防洪安全和水资源的合理利用。

防洪调度应该根据降雨、河道水位和堤防状态等情况及时做出调度决策。在发生洪水时，要及时采取应对措施，调整水库蓄水位、泄洪流量和河道防护措施等，最大限度地减轻洪水对人民群众和社会经济的影响。同时，在平时要加强水库、河道等防洪工程的日常管理，保障了设施的正常运行和安全可靠。

（四）兴利调度

兴利调度是指为了满足下游水文要求或水利工程兴利需要，通过调节水库的蓄水、放水和引水等措施，调节水库内外水文关系的工作。其主要目的是实现对水资源的最大化利用和实现灌溉、发电、供水等水利工程的正常运行。在实践中，兴利调度需要根据不同的水利工程特点、水文环境和用水需求等情况制定具体的调度方案，并且适时进行调整和优化。同时，兴利调度也需要考虑水库周边生态环境保护和水资源可持续利用等因素。

（五）控制运用

控制运用是指根据水库库容、水情和水位变化等情况，对水库进行调度，控制水库出水流量、进水流量和水位，以达到调节水库蓄水、发电、灌溉、供水等用水目的的目的。控制运用是水库管理的重要内容，必须根据水库特点和用途进行科学的运用。

（六）冰冻期间运用

在水库的冰冻期间，由于河道冰冻，洪水发生的可能性较小，因此水库通常会对调度策略进行相应的调整，主要目的是保障下游的供水和调节河道流量，同时避免水库坝体因冰冻造成的损坏。典型的冬季调度策略是在充分考虑下游供水的情况下，尽可能将水库蓄水位控制在较低水平，减少坝体受冰冻影响的可能性，并确保下游河道的水流畅通。此外，在水库的进出水口等关键部位，需采取防冰措施，避免冰塞等情况的发生。

（七）洪水调度考评

洪水调度考评是对水库在发生洪水时的调度方案和效果进行评估和总结的过程。通过对洪水调度方案和效果进行分析和评价，不断完善和提高水库调度管理水平，提高防洪能力和水资源利用效益，保障人民群众生命财产安全。

洪水调度考评的主要内容包括以下几个方面：

① 调度方案评价：对洪水调度方案的合理性、科学性、安全性、可行性等方面进行评价，分析调度方案的优缺点及不足之处。

② 调度效果评价：对洪水调度实施后的洪峰消减、洪水过程控制、减轻洪害等方面进行评价，分析调度效果的优劣及不足之处。

③ 调度措施改进：对调度方案和调度效果中存在的问题和不足之处，提出了相应的改进措施，以提高调度管理水平和防洪能力。

④ 调度经验总结：对调度管理中的好的经验和做法进行总结和归纳，为今后的调度工作提供借鉴和参考。

通过洪水调度考评，可以及时发现调度管理中的问题和不足，总结和推广好的调度经验和做法，不断提高水库调度管理水平和防洪能力，更好地保障人民群众生命财产安全。

## 二、河道调度运用

河道调度是指对河流水量进行控制和管理，以实现灌溉、发电、水运等多种目的的过程。河道调度运用的目的是确保水资源的有效利用，同时保护生态环境和人民生命财产安全。

河道调度运用的基本原则是保证安全、优先满足水生态需求、提高水资源利用效益。在具体的实践中，需要综合考虑水资源量、水文气象条件、生态环境以及社会经济等因素，制定科学合理的调度方案。

河道调度运用包括水量调度、水质调度、泥沙调度和生态调度。其中，水量调度是最为重要的调度内容之一，主要考虑水资源的供需平衡、保障灌溉、防洪等方面的要求。水质调度则是针对水体污染情况制定的调度方案，主要考虑污染物的排放和水质的恢复要求。泥沙调度则是针对河床淤积和冲刷情况制定的调度方案，主要考虑河床稳定和水资源利用效益。生态调度则是为维护河流生态平衡和生物多样性而制定的调度方案，主要考虑河流生态环境和人类福祉。

### （一）一般规定

河道调度是指根据河道水情、水资源、工程建设等情况，按照统一的调度方案和计划，对河道的水量、水位、水质等进行控制和运用的过程。其目的是合理利用水资源，防止水灾，保障供水、发电、航运等各种水利需求，实现水资源的综合利用和经济社会可持续发展。河道调度需要考虑河道的自然条件、水文特征、气象条件等因素，制定出合理的调度方案，并进行实时调整和优化，以达到预期的调度目标。

### （二）各类水闸的控制运用

各类水闸的控制运用主要包括水位调节、洪水调节、引水、船闸等，需要根据实际情况进行调度控制。

① 水位调节：水闸的最基本功能是调节水位，可以通过开启或关闭水闸门控制河流的水位。在旱季，为了保证水源供应，可以适当提高水位；在雨季，为避免水位过高引发洪水，可以适当降低水位。

② 洪水调节：水闸在洪水期间发挥着至关重要的作用。在洪水来临前及时启闭水闸门，调整水位，降低洪峰流量和洪峰水位，以保护沿岸居民和设施的安全。

③ 引水：水闸可以用来引水，将一条河流的水引入到另一条河流或水渠中。这种方式可以用来增加灌溉面积、解决干旱地区的用水问题等。

④ 船闸：船闸是为了方便船只通过河道而设立的一种闸门。通过控制船闸的开合来调整河道水位，以便船只通过。

在控制水闸运用时，需要考虑各种因素，如水流速度、水深、洪水流量、水闸结构、河道断面等，制定合理的调度计划，保证水闸的安全运行。

（三）闸门操作运用

闸门操作运用是指根据不同的需要，对水利工程中的闸门进行打开、关闭、升降、调节等操作，以实现灌溉、防洪、航运、发电、生态保护等目的的过程。在进行闸门操作运用时，需要根据实际情况进行规划和预测，制定出合理的闸门运用方案，并且进行操作控制和监测评估，以确保工程的安全和有效运行。

在闸门操作运用中，需要注意以下几个方面：

① 操作规程：根据不同的工程特点和功能需求，制定出详细的操作规程，明确闸门的开启和关闭时机、顺序和方式，以及操作时需要注意的事项和安全措施。

② 监测评估：通过安装监测设备，对于闸门运用过程中的水位、流量、压力等参数进行实时监测和评估，及时发现异常情况并采取措施进行调整和处理。

③ 调度管理：制定合理的闸门调度计划，根据不同的用水需求和流量情况进行灵活调整，确保水资源的合理利用和保护。

④ 维护保养：对闸门设备进行定期维护和保养，及时发现和处理设备故障和磨损等问题，确保设备的安全可靠运行。

综上所述，闸门操作运用是水利工程中至关重要的一环，需要根据实际情况进行规划和预测，并采取有效的操作控制和监测评估措施，以确保工程的安全和有效运行。

（四）防汛工作

防汛工作是指为了避免或减轻汛期洪涝、山洪、滑坡、泥石流等自然灾害所采取的各种措施和行动。防汛工作的目的是保护人民的生命财产安全，维护社会的稳定和经济的发展。

防汛工作包括以下几个方面：

① 预测预报：根据气象、水文等数据，进行洪水、山洪等自然灾害的预测和预报，及时发布预警信息，提醒相关部门和群众做好防范的措施。

② 工程防护：包括加固堤防、清淤疏浚、修建拦洪堰、防洪闸、涵洞、排水设施等，以减少洪水的侵害和危害。

③ 组织疏散：在洪水来临时，组织有关部门和群众撤离至安全地点，以保障人民的生命安全。

④ 现场救援：在灾害发生后，组织力量及时赶赴现场进行救援和抢险，减少灾害的损失和危害。

⑤ 持续监测：洪水期间要加强监测，及时掌握水情和防洪工程的情况，以便及时调整防汛措施。

### （五）冰冻期间运用

河道调度在冰冻期间的运用主要是为了防止冰凌对河道、河岸和水闸等设施的损坏，保障河流畅通。常见的冰凌防御措施包括水位调节、水流控制、闸门运用、引导冰凌等。

具体地说，为防止冰凌对河道造成损害，可以通过水位调节控制河水的流速，防止冰凌停滞，减少河道堆积的冰凌量。此外，可以适当开启水闸，通过水流的引导来减少冰凌的堆积。对于一些容易出现冰凌问题的河段，还可以采取引导冰凌的措施，如通过安装挡冰缆绳或设置冰刺来引导冰凌流动，减少冰凌对河道和河岸的破坏。

需要注意的是，在进行冰凌防御措施时，要充分考虑水文、水资源和生态等因素，同时也需要做好应急预案，保障河道安全。

## 三、现代水网调度

现代化水网的诞生是人类社会进步的产物，也是水利事业发展的结果。我国古代，为了军事或交通运输的目的，封建王朝的统治者不惜耗费巨资修建人工运河，从战国时期的邗沟开始，到元朝时期的京杭大运河，古代劳动人民沟通了海河、黄河、淮河、长江和钱塘江五大水系。人工河道的开凿是古代水网建设的雏形。新中国成立以后，为解决部分区域供水紧张的问题，诸多跨流域调水工程相继建设，如我省胶东调水工程，天津市的引滦入津、甘肃省的引大入秦等工程。进入 21 世纪，我国北方水资源短缺阻碍了国民经济的发展，令世人瞩目的南水北调东线、中线工程相继完工，这一壮举不但改变了我国水利工程格局，而且使水资源网络思想显现出来。更多具有网状结构的水利工程被规划出来，使大小河流、湖泊、水库、调水工程、输水渠道、供水管道等交错连接，预示着水资源系统已经步入现代化的网络时代，也奠定现代化水网系统的工程基础。

现代化水网系统，即采用现代化工程技术、现代化信息技术和现代化管理技术，以联成网状的水利工程为基础，以水资源优化配置方案为约束，以法律法规为保障，建立起来的现代水资源开发利用体系，它可以实现水资源在时间、空间以及部门间的重新分配，进而按照社会发展的需求达到水资源的高效和可持续利用。洪水作为一种特殊的水资源，不具有长期利用的特性，供水保证率低，具有水害、兴利的双重属性，而且开发利用洪水资源的难度、风险比常规水资源要大，采用了单一的工程调度难以有效实现洪水资源化，而通过水网调度则可以扬长避短，使这种特殊的水资源在短时间内融入水资源调配体系，得到有效利用。可见，现代化水网调度是最大限度实现洪水资源化最根本、最重要的途径之一。

一个完整的现代化水网体系包括水源、工程、水传输系统、用户、水资源优化配置方案和法律法规六大要素，其中水源、工程、水传输系统和用户是"外在形体"，水资源优化配置方案和法律法规是"内在精神"，尤其是水资源优化配置方案是现代化水网效益发挥的关键所在。该系统所依托的工程涉及为实现水资源引、提、输、蓄、供、排等环节所建设的所有单项工程，包括饮水工程（闸、坝等）、提水工程（泵站、机井、大口井等）、输水工程（河道、渠道、隧洞、渡槽等）、蓄水工程（水库、塘坝、拦河闸坝、湖泊等）、供水工程、排水工程等所有工程网络架构，具实现水资源最优化配置的优势。水资源优化配置方案，即所有调水规则的总和，没有它，水网就犹如一盘散沙，水资源无从实现优化配置和调度，水网的综合效益也就无法发挥。

现代化水网调度，是指现代化水网系统中水资源的优化配置，就是在全社会范围内通过水资源在不同时间、不同地域、不同部门间的科学、合理、实时调度，以尽可能小的代价获得尽可能大的利益。对于洪水资源化而言，现代化水网正好提供了一个解决水多与水少矛盾的最佳平台。针对一次洪水，在确保防洪安全的前提下，改变以往将洪水尽快排走、入海为安的做法，将其纳入整个现代化水网体系中，运用既定的水资源优化配置方案进行科学调度，逐级调配、吸纳、消化，既将洪水进行削峰、错时和阻滞，又将洪水资源进行调配、利用，一举两得。

现代水网是一个立体的系统工程，从地域角度来看，可归属不同的流域和行政区域。若与水行政管理统一起来，可分为省级水网、市级水网和县级水网。省级现代化水网，通过大型河流、输水干道、渠道输水，利用大中型水库、平原水库、闸坝等对水量进行调蓄，实现外调水资源及省内水资源在各市间的优化配置和调度。市级现代化水网，主要是实现县区间的水资源配置，根据市级自身特点，推行多样化网络构建形式，一方面合理分配省级网络确定的外调水资源；另一方面科学调度本市自身的各类水资源。县级现代化水网，主要是实现县域范围内各部门间的水资源优化配置和调度，在工程上可不拘于形式和规模，调水干线、河流、渠道、水库、塘坝等均可用水资源的调度，一切以水资源的优化利用为导向。水资源调度需要从整体和局部两个层面考虑，不同级别的水网都需要有各自的功能、目标和定位，并需要在执行上一级水网水资源优化配置方案的基础上，采取进一步优化配置措施，实现由整体到局部、由粗放到精细、由面到点的水量优化调度过程。在水库河道联合调度中，需要根据不同的来水情况实施不同的水库河道防洪调度原则，制定统一的调度方案，在保障防洪安全的前提下，尽量做到雨洪资源的最大利用。

# 第七章

## 水利工程治理的环境保护原则

## 第一节　水利工程治理环境保护概述

现代水利工程的建设，尤其是大型水利工程建设一般具有工期长、对环境影响广等特征。很多大型水利工程对当地环境的影响甚至要在几年、十几年后才会显现。因此，做好水利工程的环境保护工作，实现人水和谐是一项长期而艰巨的任务。

### 一、环境保护的概念

环境保护是指通过各种措施和手段，保护和改善自然环境，预防和控制污染物排放和环境破坏，保障人类的健康和生存环境，促进可持续发展。环境保护的核心是保护生态环境，维护生物多样性，减少环境污染和生态破坏，保护和改善生态环境。同时，环境保护也包括资源保护和能源保护，以减少资源的浪费和污染，保障了未来人类的发展和生存环境。环境保护需要依靠全社会的力量和共同努力，包括政府、企业和个人，通过法律法规、技术手段、环境教育等方式来实现。

保护环境是我国长期稳定发展的根本利益和基本目标之一，实现可持续发展依然是中国面临的严峻挑战。政府在人类社会发展进程中扮演保护环境的重要角色，负有不可推卸的环境责任。

### 二、水利工程治理环境保护概念

水利工程实现了防洪、发电、灌溉、航运等巨大的社会经济效益的同时，在施工建设和运行过程中破坏了生态环境的平衡：导致水土流失、植被破坏；产生大气和噪声污染；造成大量机械污水和生活污水排放；导致水库工程库区水流速度减缓，降低了河流自净化能力；导致污染物沉降，影响到了水生生物种群的生存繁衍；库区水位抬升，导致景观文物淹没，珍稀动植物灭绝；等。

有些不利影响是暂时的，有些则是长期的；有些是明显的，有些是隐性的；有些是直接的，有些是间接的；有些是可逆的，有些是不可逆的。在环境影响方面，水利工程具有突出的特点：影响地域范围广阔，影响人口众多，对生态环境影响巨大。

水利工程在建设施工期间可能对环境与生态产生诸多影响，应在工程的规划、设计、施工、运行及管理的各个环节中注意保护生态环境。

### 三、现代水利工程治理环境保护的意义

自然也是一个生命体，人类所期望建设的现代化应是人与自然和谐共生的现代化。长期以来，人类把自然作为征服、索取的对象，既破坏了生态，也伤害了人类自身。人从自然中走出来，也在自然中生活，与自然是血脉相连的生命共同体。

当前，中国水利工程建设已经突破了技术制约和资金制约，但面临着移民制约和环境保护制约的巨大压力。协调处理好水利工程建设与环境保护的关系，真正实现"在开发中保护，在保护中开发"是推动我国水利事业发展的必然选择。从"十一五"提出的"在保护生态基础上有序开发水电"到"十二五"提出的"在做好生态保护和移民安置的前提下积极发展水电"，国家都将水利工程建设中的环境保护放在了极其重要的位置。

因此，解决水利工程建设中存在的环境保护问题，以大气、水、土壤污染等突出问题为重点，推动环境质量持续改善，满足人民日益增长的优美生态环境需要，是现代水利工程治理环境保护的关键。

# 第二节　水利工程治理环境保护总体要求

## 一、党的十九大对生态文明建设的总体要求

### （一）树立尊重句熟、顺应自然、保护有熟的生态文明理念

树立尊重自然、顺应自然、保护生态的生态文明理念是当前环境保护工作的基本出发点和宗旨。尊重自然意味着在人类社会活动中，应当充分考虑自然的规律性和生态环境的复杂性，合理利用自然资源，保持了生态平衡，尽可能减少对自然环境的破坏。顺应自然则要求人类生产生活的发展与自然环境协调，建立人类与自然的和谐共生关系。保护生态则是指保护自然资源和生态环境，维护生态平衡和生态系统的稳定性，提高环境质量和生态效益，促进可持续发展。这种生态文明理念的树立和贯彻，对实现可持续发展和人类社会的长远发展具有重要的现实和历史意义。

### （二）把生态文明建设放在突出地住，融入经济建设、政治建设、文化建设

把生态文明建设放在突出位置，是指在国家发展战略和各项政策中，给予生态文明建设足够的重视和优先考虑，将其置于经济建设、政治建设和文化建设之上，成为国家全面发展的重要内容。生态文明建设的目的不仅仅是为了环保和资源保护，更要考虑到其对人类社会的可持续发展和长期利益的影响。因此，在发展经济、建设政治、弘扬文化等方面，都要充分考虑生态文明的因素，实现经济发展、社会进步和环境保护的协调统一。

### （三）着力推进绿色发展、循环发展、低碳发展

推进绿色发展、循环发展、低碳发展是保护环境、促进可持续发展的重要举措。其

中，绿色发展是指以生态为中心，优先考虑生态系统的健康与稳定，实现经济增长和生态保护的良性互动；循环发展是指最大限度地利用资源，减少资源消耗和环境污染，实现资源的可持续利用；低碳发展则是指在节能减排的基础上，实现低碳经济的转型升级，推动经济社会的可持续发展。

在实践中，推进绿色发展、循环发展、低碳发展需采取一系列措施，例如加强生态环境保护，推动资源的高效利用，发展清洁能源，推广低碳生活方式等。这些措施的实施不仅有利于保护环境，还可以促进经济的可持续发展，提高人民的生活水平。

## 二、党的十九大对生态环境保护的新要求

党的十九大在十八大的基础上再一次吹响了加快生态文明体制改革、建设美丽中国的号角。在决胜全面建成小康社会，开启全面建设社会主义现代化国家的新征程中，我们要打好污染防治这场攻坚战，尽快补上生态环境这块最大短板，提供更多的优质生态产品，满足人民群众日益增长的优美生态环境需要，使天更蓝、水更清、山更绿，真正实现人与自然的和谐共生。

党的十九大提出了新时代的奋斗目标，将2020年到21世纪中叶中国的发展分为两个阶段来安排。这些宏伟目标中就包括"生态环境根本好转，美丽中国目标基本实现""生态文明将全面提升"等内容。实现强国梦必须坚定不移地把发展作为第一要务，但发展必须是科学发展，要正确处理经济发展与环境保护的关系，转变发展方式，优化经济结构，建立健全绿色低碳循环发展的经济体系，坚定走生产发展、生活富裕和生态良好的文明发展道路。

在党中央、国务院的领导下，各级水利部门深入学习、贯彻习近平新时代中国特色社会主义思想和党的十九大精神，紧紧围绕国家水安全主线，全面加快水利发展改革步伐，水利建设成效显著，水利支撑社会经济发展、促进生态环境保护的能力进一步地提高。

## 三、技术规范和管理标准现状

近年来，国家审批的水利工程项目环境影响评价报告大多要求建设单位在可行性研究阶段之后开展环境保护总体设计，但目前还没有配套的编制要求和原则。

现有的与环境保护相关的技术规范和管理标准主要集中在项目前期的可行性研究阶段及之前。在之后的环境保护总体设计、环境保护设施专项设计和管理、环境监理等工作的内容和深度上，相关部门尚未制定相应的技术标准和管理标准，导致不同建设主体存在把握尺度不一、水平参差不齐等问题，影响了水利工程治理环境保护工作的成效。

## 四、对环境保护和水土保持工作的要求

近年来，环境保护部门明确要求开展环境保护总体设计、招标设计以及环境监理等工作，水利部也明确要求开展水土保持监理等工作，要求严格落实环境影响评价和水土保持方案审批制度，要求在项目开工前报批环境影响报告书和水土保持方案报告书。相关部门出台一系列规范性文件和技术标准对环境影响评价和水土保持的报批工作进行规范和指导。建设单位应在项目建设过程中落实环境影响评价、水土保持的相关要求，确保环境保

护和水土保持设施与主体工程"同时设计、同时施工、同时投运"。

### 五、对水利工程治理环境保护的总体要求

结合水利工程实际情况，相关部门在系统内部规范了设计要求，以达到对水利工程治理环境保护标准化的目的。为满足环境保护"三同时"要求，相关建设主体在工程建设中要明确项目在工程开工前必须编制环境保护"三同时"实施方案。该标准对环境保护总体设计报告编制原则、适用范围、成果确认方式、设计深度提出了要求，对于水环境保护、大气环境保护、声环境保护、固体废物处置、陆生生物保护、水生生物保护、水土保持、人群健康保护以及环境监测、水土保持监测方案、环境保护专项工程分标规划、环境保护措施"三同时"实施方案的主要内容和技术要求进行规范。该标准对保障落实环境保护总体设计工作，并保障环境保护措施与主体工程同步推进具有重要意义。

## 第三节　水利工程治理存在的环境问题

### 一、水利工程对环境的影响

#### （一）水利工程对水质的影响

水利工程主要通过降水、渗水完成基坑排水，废水中有较多悬浮物，浓度可达每升2000毫克，如果直接排放，就会对周围水质造成严重影响。由于水利工程基坑排水量大，可能会达到数千万立方米，难免会对周围水质造成影响。砂石加工废水也将影响水质。在加工后的废水中，固体颗粒物较多，同样会对水质造成污染。此外，施工、运行期间产生的生活、生产污水一旦任意排放，也会影响到水质。

#### （二）水利工程对会气质量的影响

水利工程在建设中会大规模应用砂石、水泥等固体建筑材料，其中的固体颗粒物往往会随着施工的过程向周围扩散漂浮，进而对周边环境的空气质量产生极大影响。这些建筑粉尘不但会对周围空气环境造成污染，还会对施工人员和周边人群的身体健康构成威胁。

#### （三）水利工程对土地植被的影响

水利工程施工时会破坏部分林地、草地以及农田。施工占地包括了临时性占地和永久性占地两大类。临时性占地包括土石料场、弃渣场、施工生活区等；永久性占地包括枢纽建筑物、淹没区、移民安置区、公路建设等。一般来说，临时性占地对当地植被的破坏都是暂时的，在水利工程施工结束后可通过采取复原措施对地面植被进行恢复或者重建；永久性占地对植被的破坏是毁灭性的，不可复原。

水利工程建设必然会占用一定规模的土地，取土、放置材料和设备、放置建筑废料等行为必然会对土地利用造成影响。在施工过程中，机械、施工人员对地表植物造成的践踏

碾压会破坏植被，容易引发水土流失。此外，施工中产生的废料和排放的废水往往含有大量重金属等有毒物，如处理不当，会对当地土壤造成污染，破坏土方酸碱平衡，不利于植物生长。

### （四）水利工程施工对声环境的影响

水利工程施工产生的噪声主要包括以下类型：固定、连续式的钻孔和施工机械设备产生的噪声，定时爆破产生的噪声，车辆运输产生的流动噪声。

根据施工组织设计，按最不利情况考虑，选取施工噪声声源强、持续时间长的多个主要施工机械噪声源为多点混合声源同时运行，在声能叠加后得出在无任何自然声障的不利情况下每个施工区域施工机械声能叠加值，分别预测施工噪声对声环境敏感点的影响程度和范围。

### （五）水利工程施工对地质环境的影响

水利工程尤其是大型水利工程因大坝、电厂、引水隧道、道路、料场、弃渣场等在内的工程系统的修建，在施工过程中会造成地表、地形和地貌发生巨大改变。而对山体的大规模开挖往往使山坡的自然休止角发生改变，山坡前缘出现高陡临空面，造成边坡失稳。另外，大坝的构筑以及大量弃渣的堆放也会因人工加载引起地基变形。这些都极易诱发崩塌、滑坡、泥石流等灾害。

## 二、水利工程环境保护管理的问题

### （一）环保措施不足

一些水利工程环境保护管理部门在发现环境问题后，并没有第一时间处理，而是在出现严重生态危机后才去采取措施，导致环境保护管理工作严重滞后。少数环保管理部门人员在工作中偷工减料，因为环保材料准备不足，难以对环境问题进行及时处理，从而加剧了环境问题。

### （二）环保意识不足

在水利工程的设计施工中，施工人员和设计人员缺乏环境保护意识，对水利工程给环境造成的影响没有形成足够的重视。有些单位在施工结束后才发现存在环境破坏问题，这时已经很难根治。另外，很多工程建设人员环保意识淡薄，在施工中忽视了周围环境的生态效益，大肆破坏土壤和森林，极易造成严重的生态危机。

### （三）券金投入不足

在水利工程施工建设中，一些水利工程的管理层片面追求经济效益，缺乏对环境保护的意识，环境保护资金投入不足，导致水利工程从一开始的设计就缺乏对环境问题的考虑。同时，水利工程业主单位与水利工程施工单位之间签订的合同对环保工作的规定条款较少，导致水利工程施工时对环境的保护只停留在口头上，无法有效实施。

（四）法规不健全

现有的环境保护法律一般为通用性法律，缺乏对水利工程施工环境保护工作的具体规定，在水利工程施工中执行难度较大，不利于环境保护管理工作的开展。一些水利工程只重视对工程质量的监督管理，忽视对水利工程环境保护管理工作的监督，造成了在环保管理上监管机制的缺失。

### 三、实行严格的监管制度

建立完善的制度体系是保护水利工程周边环境的关键。应建立涉及水利工程环境保护的法律法规和规章制度，包括环境影响评价、水土保持、水环境保护等方面的制度，确保环保要求在工程设计、建设、运营和维护等全过程得到充分落实。同时，应建立健全督查检查机制，加强对各级水利工程环保工作的监管，确保环境保护制度的有效实施。此外，应根据实际情况，针对不同水利工程类型和区域，制定了相应的环境保护措施和管理办法，保护周边生态环境的健康和可持续发展。

（一）建立追责制度

对于那些不顾环境保护导致严重后果的各级责任人，应追究其责任。对违反环境保护条例的，视情节严重程度，应给予行政处罚或党纪政纪处分；构成犯罪的，应移送司法机关处理；造成损失的，应追究相关责任人的赔偿责任。

（二）建立健全环境保护管理制度

建立健全环境保护管理制度是环境保护的重要手段。这包括：

① 制定和完善环境保护法律法规体系，包括对环境影响评价、污染物排放标准、环保设施审批等制度；

② 建立环境监测、监察、执法、纠纷调解等环境保护管理机制，加强环保部门和相关行业的监管和执法；

③ 建立环境污染和生态破坏的应急预案和处置机制，确保在突发环境事件中能够迅速有效地应对；

④ 加强环保信息公开和公众参与，促进社会监督和参与，提高环保治理的透明度和公正性；

⑤ 加强环保技术创新和应用，推广环保技术和装备，提高环保治理效率和质量；

⑥ 加强环保人才培养和队伍建设，提高环保从业人员的素质和专业水平。

通过建立健全环境保护管理制度，能够有效地提高环境保护工作的科学性、规范性和可持续性，保障人民群众的健康和生命财产安全，促进了经济可持续发展和社会和谐稳定。

## 第四节　水利工程环境保护措施

水利工程施工期间大量毁林开荒，毁坏了陆生动物的栖息地；施工产生的大量工程废水以及生活污水、废弃物的排放改变了河道水域水质的浑浊度和理化性质，恶化了河道岸边爬行类动物的生存环境；施工产生的废气、噪声等驱散了原本长期在当地生活的动物。在地形复杂的山区，植物多样性丰富，水库工程运行期间会淹没大片区域，使植物丧失生活环境，造成植物种群减少，甚至使有些珍稀植物灭绝。水库蓄水导致栖息于低海拔草木灌丛中的鸟、兽的生活范围遭受破坏，被迫向高海拔或其他地区迁徙；天然河道岸边、河谷地带陆生动物的生活范围被淹没后，陆生动物的栖息地相对缩小。建库前，枯水季节许多支流常常断流，一些动物穿行于两岸取食，而水库蓄水后，动物的通道被切断，这大大影响了这些动物的生活习性。

因为各环境因子的特性及其所造成的影响不尽相同，其环境保护措施的技术要求也不同。按照水利工程对环境影响的特点，环境保护措施可以分为自然环境、社会环境和工程施工区环境的保护措施。

## 一、自然环境保护措施

### （一）陆生植物保护

水库对陆生植物的影响主要是由水库淹没地表、移民以及施工活动等因素引起的。保护库区陆生植物是为了服务于工程地区的生态环境建设和社会经济发展，保护生物物种多样性。保护的重点是库区的地带性植被、原生于库区并被列为国家重点保护的珍稀濒危物种、库区特有物种及名木古树。

选用的措施主要包括以下几个方面：

（1）对重要陆生植物物种原产地和地带性植被和珍稀特有植物规划建立自然保护区和保护点。其选择原则如下。

①典型性：在具有代表性的植被类型中，重点保护原生地带性植被的地区。

②多样性：利用工程所在地区不同的小气候、地形、坡向、坡位、母岩以及土壤等组合类型，建立类型多样的自然保护区。

③稀有性：以稀有种、地方特有种、特有群落、独特生境，特别是所谓的植物避难所作为重点保护对象。

④自然性：选择植被或土地条件受人为干扰尽可能少的区域。

⑤脆弱性：脆弱的生态系统具有很高的保护价值，而与脆弱生境相联系的生物物种保护比较困难，要求特殊的保护管理。

⑥科研或经济价值：保护对象要有一定的科学研究价值或特殊的经济价值。

（2）运用多种宣传方式，加强对保护名木古树的教育工作，培养库区人民热爱自然、保护自然的风尚。加强执法，使名木古树资源处于法律保护之内。

### （二）陆生动物保护

为加强陆生动物的保护，我们可以采取以下措施：

（1）保护现有自然植被。加强植树造林，提高森林的覆盖率，制止库区陆生脊椎动物群落从森林群落向草原群落、农田群落的逆向演替，使其维持森林群落发展。

（2）宣传贯彻《中华人民共和国森林保护法》和《中华人民共和国野生动物保护法》。一般地区执行部分禁猎，在安置区附近以及野生动物迁徙路线实行强制禁猎，禁止收购受国家保护的野生动物毛皮。

（3）建立自然保护区，结合地形、地貌、植被以及水源条件，开辟人工放养场地，使一些珍稀动物得到了保护发展。

### （三）鱼类保护

为减轻水利工程对鱼类的不利影响，我们可采取以下措施：

（1）工程在规划阶段需在库尾上游合适的江段建设珍稀特有鱼类保护区，以保护受影响的上游特有鱼类。

（2）在坝段建筑过鱼工程，如鱼道、鱼梯、鱼闸、升鱼机等。

（3）在坝下江段规划保护区，主要保护珍稀鱼类的产卵场，同时拟开展"水库调度对鱼类繁殖条件保障"的研究。

（4）适当调整水库调度方案，符合当地生态需要，保障鱼类产卵条件。

（5）当兴建水利工程影响洄游性鱼类通道时，应根据生物资源特点、生物学特性以及具体水环境条件，选择合适的过鱼设施或其他补救措施。

（6）在工程影响河段中不能依靠自然繁殖保持种群数量的鱼类或其他水生生物，可以建立增殖基地和养护场，实行人工放流的措施。

（7）当因兴建工程改变河流水文条件而影响鱼类产卵孵化繁殖时，可以采取工程运行控制措施。例如，在四大家鱼繁殖季节进行水库优化调度，使坝下江段产生显著涨水过程，刺激产卵，但应避免水位变幅过大、过频，以保证鱼类正常孵化；当工程泄放低温水影响鱼类产卵和育肥时，在保证满足工程主要开发目标的前提下，应提出改善泄水水温的优化调度方案和设置分层取水装置。

（8）当因泄水使坝下水中气体过饱和，严重影响鱼苗和幼鱼生存时，应提出改变泄流方式或必要的消能形式。

（9）对受到工程影响的珍稀水生动物，应该选定有较大群体栖息地的水域，划定保护栖息地或者自然保护区，实行重点保护。

### （四）土壤环境保护

水利工程改变了地表水和地下水的分配，引起地表变化，可能导致土壤盐渍化。土壤盐渍化的治理方法是采取水利和农业土壤改良措施，包括洗盐排水系统、合理轮作、间套轮作、施有机肥料和石膏、合理灌溉、选种耐盐作物、种植绿肥等等。

要保护工程影响地区的土壤资源和土壤生产力，必须采取环境保护措施。根据受影响地区的影响性质和程度，提出相应的防治标准和保护措施方案，包括合理利用土地资源方案、水土保持规划及工程措施、生物措施、耕作措施等综合性防治措施。

### （五）下游河段调节措施

水库上游蓄水运用后，在某些时间和季节里，下游河道用水得不到满足。进行补偿性放水是针对受到大坝影响的下游河道的调节措施，也是各相关部门的普遍要求。即使小的补偿水流也可能使常驻鱼类存活和生长下去。下游水用户也可以通过及时的放水补偿得到满足。预测补偿放水对水流产生的水力和水文特性，提供鱼类偏爱或者物理安排要求的速度、深度、底层状况等是一件困难的事情。这种预测要求进行彻底的环境调查，并且进行相关的水力学和水文学研究。

### （六）水库泥沙淤积的措施

在多泥沙河流上修建水库会给上、下游带来复杂的生态影响，我们可以采取以下改善措施。

（1）加强流域中、上游的水土保持工作，从根本上控制水土流失。

（2）采取引洪淤灌、打坝淤地等工程措施，拦截入库泥沙并起到肥田的效果。

（3）掌握水库及河道的冲淤规律，合理调度水库，既调水又调沙，发挥综合利用效益。

### （七）改善水库水质的措施

库区蓄水会因为流速减缓和水体交换滞后降低河流水质自净化能力。改善水质的方法如下：保护水源地，防止水污染；向水库深层增加氧气，用空压机向深层水体输送空气，破坏分层水温，改善缺氧状态，加速沉积物的氧化和分解；对成层型水库进行合理调度；加强水库水质的预测、预报工作，为了改善水质提供科学依据。

## 二、社会环境保护措施

### （一）对人群健康的保护

因水利工程导致生物性和非生物性病原体的分布、密度变化影响人群健康时，应采取必要的环保措施。

（1）工程影响地区人群健康以及疫情的抽检、卫生清理、疫源地治理以以及病媒防治。

（2）对于介水传染病的防治，应采用水源管理保护措施。

（3）对于虫媒传染病的防治，应通过灭蚊、防蚊等措施，切断感染途径。

（4）对于地方病的防治，应加强实时监控，控制发病率。

（5）对于自然疫源性疾病防治，应控制传染源，切断传播途径，以保护易感人群，避免他们感染。

（6）对影响地区的疫源，比如厕所、牲畜粪便、垃圾场等，应进行卫生清理。

### （二）对风景名胜及文物古迹的保护

凡处于水利工程建设影响范围内的风景名胜及文物古迹，应区别情况进行保护。在工程施工前，需调拨专门经费，加强文物古迹调查，考古勘探，进行古文化遗址的发掘工作。

（1）对位于水库周围及工程建筑物附近的风景名胜，应配合相关管理部门做好风景名胜的规划,使工程建设与之协调。

(2)对位于水库淹没和工程占地范围内的风景名胜及有保存价值的文物古迹应视其与工程运行水位的关系,分别采取异地仿建、工程防护或录像留存等措施。

(3)对位于水库淹没和工程占地范围内的文物古迹,经过调查鉴定,有保存价值的,应采取搬迁、发掘、防护或者复制等措施。

### 三、工程施工区环境保护措施

#### (一)水环境污染防治

水利工程施工期间,无论施工废水还是施工生活区的生活污水,都是暂时性的。随着工程的完成,其污染源也会消失。通常情况下,施工期的污水对水环境不会造成太大的影响。

办公区、生活区及施工区安装分水表,对现场人员进行节水教育。现场要加强对基坑降水产生的地下水和非传统水源的利用,用于施工期间除饮用水以外的消防、降尘、车辆冲洗、厕所冲洗、结构施工中的混凝土养护及二次装修中的建筑用水。

#### (二)空气污染防治

空气污染来源于工程施工开挖产生的粉尘与扬尘、水泥等建筑材料运输途中的泄露、生产混凝土产生的扬尘、燃烧造成的烟尘以及各种机械设备在运行中产生的污染物等。

水利工程空气污染的防治措施具体如下:

(1)加强施工作业车辆、船舶的清洗、维修和保养。采用了新燃料或者对现有燃料进行改进,在发动机外安装废气净化装置,控制油料蒸发排放。在施工现场安置冲洗设备,及时对外出车辆进行清洗,确保泥沙不被带出。

(2)为使施工现场临时道路不泥泞、不扬尘,应采取覆盖、绿化、固化等有效措施。在施工场地临时道路上行驶的车辆应减速慢行,防止扬尘;在靠近生活区、办公区的临时道路上配备相应的洒水设备,及时洒水,减少扬尘污染;在运输易扬尘的物料时,应该保持良好的密封,并和持有消纳证的运输单位签订防止遗撒、扬尘的协议书;不得凌空抛洒建筑物内的施工垃圾,应采用封闭式容器吊运,妥善清除;施工现场的材料存放区、大模板存放区等场地必须平整夯实。

(3)无雨天时,在较密集区域的施工现场进行人工洒水降尘,调整工作区与生活区之间的卫生防护距离;工地上的搅拌机工作区域必须封闭,并安装防尘设备。混凝土浇筑采用预拌进场的方式对无机料和灰土进行拌和,必要时采取洒水降尘措施;在拆除临时建筑时,要随时洒水降尘,防止扬尘污染空气;建筑垃圾应在拆除施工完成之日起三日内清运完毕,妥善进行处理;工作区、生活区使用的燃料必须是清洁燃料;使用汽油或柴油的运输车辆和施工机械的尾气排放应达到了环保要求。

#### (三)土壤植被污染防治

施工车辆出场必须清洗,这对周围土地植被的污染能降到最低程度。施工废水不得直接排放，应进行沉淀处理，降低有害物质排放量，尽量减少污染。施工人员应进行必要的环境保护常识教育，避免施工人员对周边土地植被造成不可逆转的损毁。施工现场必须设置垃圾分拣站，并及时分拣回收，先利用后处理。

## （二）噪声污染防治

水利工程施工区的主要噪声包括砂石料系统和混凝土搅拌系统所产生的噪声，大吨位汽车运输系统所产生的噪声，挖掘机、推土机、装载机以及大量的钻孔、焊接、振捣等工序所产生的噪声。

噪声污染的防治措施如下：实现爆破信息化施工；采用噪声低、振动小的施工方法以及机械设备；采用声学控制措施，比如针对声源进行消声、隔振或减振措施，在传播途径上采取消声措施；缩短振动的时间，采取措施限制冲击式作业；对各种机械和车辆进行定期维护保养，减少因机械故障而产生的额外噪声；通过动力机械设计降低机械和车辆的动力噪声；通过改善轮胎的样式，降低轮胎与地面之间的摩擦噪声；在生活区夜间禁止鸣喇叭。

## 四、水土流失预防

水土流失是指在水文循环和土地利用过程中，因水分和土壤被风雨侵蚀而形成的水土流失现象。水土流失会造成土壤质量下降、土壤腐蚀、植被减少、水质污染、水资源减少等问题，严重影响到农业生产和生态环境的稳定和可持续发展。

水土流失预防是水土保持工作中的关键一环。在我国一些地区，新增水土流失面积与同期的水土保持治理面积基本持平，在这些地区进行水土流失预防，效果也会明显大于治理。

将水土流失预防工作落到实处需要做到以下几点：

### （一）法治落实

在水土流失预防工作中，法治落实是非常重要的一环。具体来说，要落实法律法规的规定，建立健全水土保持管理制度和执法体系，加强对于水土流失预防工作的监督和检查力度，对违反法律法规的行为严格追责。同时，也需要加强对农民的法律宣传教育，提高农民的法律意识和法律素养，让他们自觉遵守法律法规，积极参与水土保持工作。在水土流失预防中，法治落实是保障预防工作有效开展的重要保障。

### （二）组织落实

组织落实是指在水土流失预防工作中，建立健全组织体系，明确各级部门和责任人的职责和任务，制定科学合理的工作方案和计划，落实工作措施和经费保障，确保了水土流失预防工作的顺利开展。

具体来说，组织落实包括以下几个方面：

① 建立健全水土流失预防组织机构：建立科学合理的组织机构，明确各级部门和责任人的职责和任务，形成协同合作的工作机制。

② 制定水土流失预防规划和方案：按照"全面规划、因地制宜"的原则，制定水土流

失预防规划和方案，科学合理地布局水土流失预防工程，提高防治的效益。

③ 落实经费保障：根据工作需要，制定经费预算和管理办法，确保水土流失预防工作的经费保障。

④ 加强宣传和教育：通过宣传和教育，增强广大群众的水土保持意识和环保意识，推动形成全民参与的水土保持工作氛围。

⑤ 加强监督和考核：建立健全水土流失预防工作考核机制，定期开展考核和评估工作，发现问题及时纠正，促进水土流失预防工作的持续推进。

### （三）措施落实

建立、健全和完善水土流失预防监督和检测体系，扩大水土保持工作的覆盖范围，从严监管。认真执行水土保持方案的报批制度，强化对于建设项目的管理、检查以及监督，从源头上杜绝水土流失现象的发生。

### （四）思想落实

各级地方政府应树立预防为主的指导思想，强化水土流失预防意识，自觉保护我国的水土资源，实现水土资源的可持续利用。对于人为因素造成的水土流失，一定要控制在最低限度。

## 五、水土流失治理措施

现代水利工程建设中的水土保持工作既要从根本上改善流域水文环境，又要保证在短期内减少流域土壤侵蚀和入库泥沙量，实现了水库流域生态系统的可持续发展。

我国在水土流失治理方面投入巨大，2017 年水土保持及生态工程在建投资规模 727.1亿元，累计完成投资 422.1 亿元。全国新增水土流失综合治理面积 5.90 万平方千米，其中国家水土保持重点工程新增水土流失治理面积 0.79 万平方千米。此外，对 433 座黄土高原淤地坝进行了除险加固。

水利工程建设中的水土流失主要是来自于护岸工程施工、清基、削坡产生的弃土、弃渣以及施工场地平整、道路修建、临时占地等方面。工程破坏原地貌会新增水土流失，主要集中在护岸工程区、施工附企业及管理区、施工道路、弃渣场、占地拆迁安置区等。

### （一）造成水利工程工地水土流失的因素

造成水利工程工地水土流失的因素主要包括地表形态变化，地表植被破坏，地表组成物质改变，降雨、径流及地下水变化。这些因素改变了地表水土状况，破坏了地表植被，加重了水土流失。

### （二）工区水土保持

按照《开发建设项目水土保持技术规范》（GB 50433—2008）的规定，工程建设水土流失防治责任范围包括项目建设区和直接影响区。项目建设区包括护岸工程区（包括护岸工程区和护脚工程区）、施工附企业及管理区、施工道路、弃渣场等，直接影响区包括了临时码头施工区、道路影响区以及其他影响区。

水土保持工作应遵照《中华人民共和国水土保持法》，按照"预防为主、防治并重、因需制宜、因害设防、水土保持与生产建设安全相结合"的原则，开展水土保持工作。

具体要求如下：尽量减少施工中对周边植被的破坏；施工产生的弃土弃渣等建筑垃圾必须在规定的存放地堆放，同时采取拦挡措施，禁止随意倾倒；开挖面必须采取措施恢复表土层和植被，防止了水土流失加剧，保证复原土地，恢复其使用价值。这类项目在开发建设前应制定水土保持方案，经相关水行政主管部门批准后实施，保障工区土工保持工作的顺利进行。

### （三）水利工程道路绿化

水利工程道路防护林包括水利工程建设所涉及的公路防护林和乡村道路防护林。在公路、乡村道路等道路两侧造林，可以防止道路及周围的水土流失。道路防护林的组成一般为一行或多行树木，配置形式多样，结构各异。

公路防护林可根据当地情况进行科学合理的安排，一般在道路两侧各栽一行或两行乔木、灌木。大型公路、高速公路两侧一般都设置有较宽阔的绿化带，与路边的防护林带一同组成道路防护林。在分上、下行车道的公路上，分车带一般用灌木、草皮进行绿化；在小型公路上，一般只设置单行防护林带；在乡镇道路和田间道路上，通常将树木栽在路肩下或沟外侧的地埂上。

### （四）施工附企业及管理区水土保持

施工附企业及管理区由于施工人员活动频繁，机械进出较多，基本丧失了耕作能力。因此，根据全面防护的要求，在施工前，施工单位应将原有的地表有肥力土壤推至一旁堆放，完工后进行回填，恢复土壤原貌，同时结合堤防防浪林建设进行植被恢复。

### （五）直接影响区水土保持

直接影响区主要是指局部工程影响段，包括施工临时道路两侧一定范围及施工区周围影响区域。其中，施工临时道路两侧主要考虑施工运输过程中弃渣的洒落、在弃渣场外围未征用的范围内运输过程中弃渣的洒落，对于这些影响重点地段要做好施工期间的环境保护和水土保持管理，做到文明施工。

### （六）库区滑坡防治

滑坡是一种对人们的生命和财产安全造成严重威胁的地质灾害，滑坡的产生是一个综合效应，受内因和外因的共同影响，其中内因包括地层、地貌和构造等地质环境要素；外因包括暴雨、地震、库水作用等可变自然因素和人为因素。

1. 滑坡

（1）滑坡的定义

滑坡广义上是指斜坡上的部分岩（土）体脱离母体，以各种方式顺坡向下运动的现象；狭义上是指斜坡上的部分岩（土）体在重力作用下沿着一定的软弱面（带）产生剪切破坏，整体向下滑移的现象。

（2）滑坡的分类

国际上有关滑坡的分类方法有很多种，大多按照滑坡产生机制的不同进行分类。国际工程地质协会滑坡委员会根据斜坡的物质组成和运动方式，建议采用瓦勒斯的分类为标准分类。

从科学实用的角度出发，我国的工程地质工作者根据自身的实践，也提出许多滑坡的分类方法。

（3）库区滑坡的危害

滑坡是常见的地质灾害之一，往往给人类的生命和财产造成重大损失。滑坡对水利工程建设危害极大。例如，意大利瓦伊昂滑坡不但使水库毁于一旦，而且由滑坡引起的涌浪翻过坝顶，导致下游约 2000 人丧生。我国三峡库区千将坪曾发生过约 2400 万立方米的特大型滑坡，造成 14 人死亡、10 人失踪，直接经济损失超过 8000 万元，1300 多人被迫搬迁避险。这些灾难事故不但造成了巨大的经济损失，而且造成了严重的人员伤亡和环境破坏。

**2. 库区滑坡治理措施**

（1）排水工程

排水工程包括地表水排水工程和地下水排水工程。地表水排水工程既可以拦截斜坡病害地段以外的地表水，又可防止斜坡病害地段内的地表水大量渗入。地下水是产生滑坡的主要原因之一，地下水位与滑坡的移动量之间具有高度的相关性，该特性也在许多实践中被证实。地下水排水工程排除和截断渗透水，包括了暗渠工程、凿孔排水工程、隧洞排水工程、集水井工程、地下水截断工程（渗沟、明沟、暗沟、排水孔、排水洞、截水墙等）。

（2）打桩工程

防止滑坡工程之一的打桩工程就是将桩柱穿过滑坡体使其固定在滑床上的工程。打桩工程应用十分广泛，桩柱可选用木桩、钢桩、普通混凝土桩以及钢筋混凝土桩等。

（3）防沙坝工程

对于溪岸、山脚与山腹发生的滑坡，我们可以采取在滑坡地临近下游筑坝阻滑的措施，也就是在坝的上游堆沙，使其发挥推动堆土的作用，抑制在滑坡末端部分的崩溃或流动。防沙坝工程是有效的工程方法之一，但坝的位置原则上应设在不受滑坡影响的稳定场所，当不得不建筑在滑坡地内时，有必要采用安装钢制自由框等支挡措施。

根据坝的平面形状，防沙坝有直线坝、拱坝、混合坝之分；按建筑材料划分，防沙坝有混凝土坝、卵石混凝土坝、堆石坝、混凝土框坝、钢坝、木坝以及石笼坝等。

（4）挡土墙工程

挡土墙可防止崩塌、小规模滑坡及大规模滑坡前缘的再次滑动，其构造有重力式、半重力式、倒 T 形或 L 形、扶壁式、支垛式、棚架扶壁式和框架式等。在滑坡地区，地盘的变动巨大，并且涌水多，所以一般使用即使稍有变形也保持有良好的排水机能的框架工程。框架工程使用木材、混凝土、角材等制作框架，在其中装入粗石，可起到挡土墙作用。按照《建筑边坡工程技术规范》（GB 50330—2002）的规定，一般对岩质边坡和挖方形成的土质边坡宜采用仰斜式挡土墙，高度较大的土质边坡也宜采用仰斜式挡土墙。

### （七）库区水土保持

在库区流域开展的水土流失预防和治理，目的是保证水库设计寿命，防止水库泥沙淤积，改善和调节水库来水的季节动态和入库水质，提高水库电站的水能利用效率。库区水土保持应根据水库的利用功能，开展有针对性的水土流失综合治理。在饮用水源地库区进行的水土保持，要十分注意水质的保护；对以灌溉和防洪为主要功能的水库以及以防洪与发电为主要功能的水库，防止了水库泥沙淤积是水土流失治理的重要目标。库岸周边由于受到水库水位变化的影响，有可能导致库岸土体失稳、坍塌，土石体堆积在库区。

#### 1. 库区水土保持的主要措施

（1）库区流域水土保持林草措施主要是营建水源保护林体系。在对水源保护区生态经济分区、水源保护林分类和水源保护林环境容量进行分析的基础上，根据流域地质、地貌、土壤、气候条件配置高效稳定的水源保护林体系，充分发挥森林植被的水文调节、侵蚀控制和水质改善功能。

（2）库区流域水土保持农业技术措施包括等高耕作、免耕法、间作套种等，辅以合理施肥和采用生物农药等管理措施，减少养分流失及有机农药污染，保护水质。此外，建立植物过滤带来吸收、净化地表径流中的氮、磷及有机农药污染，可以起到了良好的水质净化作用。植物过滤带带宽一般为 8～15 米，植物种类随不同地理气候和当地条件而异。

（3）库区流域水土保持工程措施包括坡面治理工程、沟道治理工程以及库岸防护工程等。坡面治理通过改造坡耕地、改变小地形的方法防止坡地水土流失，使降雨或融雪径流就地入渗，同时将未能拦截的径流引入小型蓄水贮水工程。沟道治理（如沟头防护工程、拦沙坝、谷坊、淤地坝以及沟道护岸工程等）可防止沟头前进、沟岸扩张、沟床下切，减缓沟床纵坡，并将山洪或泥石流的固体物质分段沉降，避免进入水库。库岸防护工程包括护岸和护基（或护脚）两种。

#### 2. 植被措施

库区库岸防护林由靠近水边的防浪林、防浪林上侧的防风林和最外侧的防蚀林三部分组成。

#### 3. 护岸工程措施

护岸工程采取修建基脚、枯水平台、埋设倒滤沟、浆砌石排水沟、浆砌石截流沟、砌石（混凝土预制块）护坡等措施。

# 第五节　水利工程对环境的改善作用

## 一、减轻水灾旱灾，保障生产生活

### （一）中国洪涝灾害的成因

中国洪涝灾害的成因是多方面的，主要包括以下几个方面：

① 天气变化：中国地处亚洲季风带，季节性气候变化明显，洪涝灾害常常与强降雨、台风、气旋等气象条件密切相关。

② 地形地貌：中国地形地貌多样，山区、平原以及丘陵等地形地貌均可能成为洪涝灾害的发生区域。

③ 水文条件：中国大部分地区地下水、地表水资源丰富，但同时也使得洪涝灾害风险增加。

④ 不合理的人类活动：不合理的城市规划、土地利用和工业化进程等人类活动会加剧洪涝灾害的发生和扩大，如过度砍伐森林、垦荒开垦、大规模水库建设等。

⑤ 灾害防控不足：洪涝灾害的发生和扩大也与灾害防控不足有关，包括预警能力不足、应急处置不及时、防灾减灾措施不足等问题。

综上所述，中国洪涝灾害的成因是多方面的，需要从多个角度加强防范和治理。

### （二）洪灾的危害

洪灾是一种极具破坏性的自然灾害，它会对人类社会和生态环境造成严重的危害，主要包括以下几个方面：

① 人员伤亡：洪水来势汹涌，常常造成人员伤亡，甚至失踪或者死亡。

② 财产损失：洪灾对房屋、桥梁、道路、农田、林木等基础设施和财产造成严重的损失。

③ 破坏生态环境：洪灾会冲刷土地和破坏河流、湖泊等水体的生态环境，造成生态平衡的破坏和生物多样性的丧失。

④ 疾病传播：洪水容易带来污染和病菌，容易导致水源受污染，引发各种疾病的传播。

⑤ 影响农业生产：洪灾会造成农田水浸，农作物受灾，导致农业生产减产甚至失败，对农民生计带来很大影响。

总之，洪灾对社会、经济和生态环境都会造成极大的危害，因此预防和减轻洪灾的发生和危害对人们的生命安全和财产安全具有非常重要的意义。

### （三）防洪措施

防洪措施是指为了减轻、避免洪灾所采取的一系列措施，包括工程防洪和非工程防洪两种。工程防洪主要采用人工修建防洪工程，如堤防、闸门、水库等；非工程防洪主要是指采取保护性种植、改善土地利用、制定防洪预案等不需要修建工程的措施。防洪措施是预防洪灾、减轻洪灾损失、保障人民生命财产安全的重要手段，具有重要的社会、经济和生态效益。

第一，修筑堤防，约束水流。修筑堤防是防洪的一种基本措施，其主要作用是约束水流，防止水流超出河道范围，减少了洪水灾害的危害。堤防的修筑应该考虑到河流的自然条件和历史洪水的经验，根据实际情况采取不同的堤防形式和高度。在堤防修筑的过程中，需要严格按照工程设计和质量标准进行施工，确保堤防的稳定和安全性。同时，还应采取加固措施，如加固堤坝的基础、采用防渗材料等，以增强堤防的抗洪能力。

第二，兴建水库，调蓄洪水。兴建水库是一种防洪措施，可以通过储水调节河流水位，达到调蓄洪水的目的。在洪水来临时，通过控制水库出水流量和释放洪水储存的水量，减轻下游洪水的影响。此外，水库的蓄水还能够提供灌溉、发电、供水等多种用途。不过，兴建水库也会对生态环境和周边居民的生活带来影响，因此需要在设计和建设过程中充分考虑这些问题，并采取相应的环保和社会保障措施。

第三，建造水闸，控制洪水。水闸是一种用于控制水流的建筑物，通常设置在河流、运河、水库、湖泊等水域上，通过开启或关闭闸门来调节水流量。在防洪方面，水闸可以在洪水到来时关闭闸门，限制洪水流量，防止洪水侵袭城市和农田，减轻洪灾损失。同时，水闸也可用于调节水位、控制水质、增加水资源等方面。按其防洪排涝作用可分为：

（1）分洪闸。分洪闸是一种用于分流洪水的水闸，通常建在河道交汇处或洪水容易发生的地段。它的作用是在洪水来临时，将一部分洪水引向侧渠或旁支河道，减轻主河道的洪水压力和冲击力，保护周边的居民和农田。分洪闸通常由多个闸门组成，闸门可开启或关闭，根据需要可以调节闸门的开度来控制洪水的流向。分洪闸还可以在非洪水期间调节河流的水位和流量，对维护河道生态环境和保障农业灌溉具有重要作用。

（2）挡潮闸。挡潮闸是指用于防止潮水侵入内陆地区的一种水利工程设施，通常设置在河口、海岸线或与海水相连的港口、水道等地方。挡潮闸可防止潮水倒灌引发的涝灾，也可防止潮水侵蚀、淤塞河道和港口，保护沿海地区的安全和发展。通常采用可移动式或可升降式闸门控制潮水进出。

（3）节制闸。节制闸是一种用于调节河流流量的水利工程设施，通常建在河流干流或支流上，可以对河流水位进行调节、调度。它的作用是在旱季增加水位，保证了下游灌溉和生活用水；在雨季限制水位，减少洪水灾害。节制闸一般分为定额节制闸和非定额节制闸两种类型，其具体形式和作用因地制宜，根据需要进行设计和建设。

（4）排水闸。排水闸是一种水利工程建筑物，通常设置在河道、湖泊、水库等水体的出口，用于排放水体中的多余水量，防止水体发生泛滥和涨水。排水闸可以控制水位，保护农田、城市和工矿企业等。排水闸的建设和维护对于水资源的合理利用和防洪减灾具有重要的作用。排水闸的类型包括溢流闸、引水闸、渡槽闸等，常见的排水闸有分水闸、泄洪闸、引水闸等。

（四）利用蓄滞、分洪区，减轻河道行洪压力

蓄滞洪区是指在河道下游河段，河道两岸各有一定的土地面积可用于长时间储存洪

水，通过合理规划和建设水库、水利工程，将洪水调派到蓄滞洪区储存，达到防洪调蓄的目的。

分洪区是指在河道下游，将河道的水流按一定比例引入一个或多个平原、丘陵、低山等区域内，使其沿自然方向流动，减轻河道行洪压力，达到防洪目的。

利用蓄滞、分洪区是一种防洪措施，通过建设水库、堤防等工程，调派洪水到蓄滞、分洪区，达到减轻河道行洪压力的目的，降低洪灾的危害。同时，合理规划和建设蓄滞、分洪区，还可充分利用其农业、生态等综合效益，提高了土地利用率，增加农民收入，促进区域经济发展。

（五）建立排水系统，排除洪涝积水排涝工程有自排工程和机电排水工程两类

排除洪涝积水的排涝工程主要包括自排工程和机电排水工程两类。其中自排工程是指利用自然坡度或建造简易排水渠道等方式，将洪涝积水引向较低的地方自然排除，常见的自排工程包括挖掘排涝沟、清淤清障、加设泄水口等。机电排水工程则是通过建立泵站、引水渠、输水管道等设施，利用机电设备进行排水的方法，能够有效地提高排涝效率，适用于排涝难度大、排水面积广的地区。

（六）农业水利工程的建设是促进农业生产发展、提高农业综合生产能力的基本条件

农业水利工程的建设对于农业生产的发展和提高农业综合生产能力非常重要。农业水利工程主要包括灌溉工程、排水工程、水土保持工程、水利林业工程等。通过农业水利工程的建设，可以提高土地的利用率，改善农田的生产环境，增加农田的生产力，提高农作物的产量和品质。另外，农业水利工程还可以降低灾害风险，保护农田和农作物，提高灾后抗旱、抗涝、抗风等能力，为农业生产提供可靠的保障。所以，在农业现代化的进程中，农业水利工程建设必将起到越来越重要的作用。

## 二、提供清洁能源，减轻环境污染

随着人类社会的不断发展和经济的快速增长，水利工程建设的重要性越来越突出。但是，水利工程的建设和运行也对自然环境和生态平衡带来了潜在威胁，如水土流失、生物灭绝、水质污染等问题，因此，必须采取措施保护生态环境。

要做到生态环境保护与水利工程建设的协调发展，需要在以下方面努力：

① 严格环境评估和监测。在工程建设之前，应进行详细的环境评估，了解建设工程可能对周围环境产生的影响，并制定相应的环境保护措施。同时，在施工期间和运行期间要进行持续的环境监测，及时发现并解决环境问题；

② 优化工程设计和建设技术。在工程设计和建设中，应采用符合环保要求的新技术、新材料和新设备，减少对自然环境的损害。同时，还应优化水利工程的设计方案，尽量减少工程对环境的影响；

③ 加强环境管理。在施工和运行期间，应严格执行环保法规，建立健全的环境管理体系，加强环境监管，及时发现和解决环境问题；

④ 推进生态修复。对已经破坏的生态环境，应及时采取措施进行修复和恢复，恢复生

态功能。

总之，水利工程建设不应只注重经济效益和社会效益，还要注意生态环境保护和可持续发展，实现经济、社会和环境的协调发展。

## （一）水力发电是获得自然再生的清洁能源的工程

水力发电是指利用水的能量将水流转化为电能的过程，是一种环保、清洁的能源。水力发电不会排放有害气体，不会产生垃圾，对于环境污染较少，具有可再生、稳定性高、寿命长等优点，因此被广泛应用于各个领域，成为获得清洁能源的重要途径之一。

## （二）水力发电清洁能源与环境防污保护的一致性

水力发电作为一种清洁能源，确实对环境防污保护具有一定的优势。其主要原因包括：

① 水力发电不会产生二氧化碳等温室气体，因此不会对气候变化造成负面影响；

② 水力发电不需要燃烧石油、煤炭等化石燃料，因此不会产生大量的污染物，如二氧化硫、氮氧化物、颗粒物等；

③ 水力发电工程建设和运行对土地和水资源的使用相对较少，对于土地和水资源的破坏较小，对环境的影响也相对较小。

然而，需要注意的是，在水力发电的建设和运行过程中，仍然可能对环境产生一定的影响，例如水库的蓄水会导致局部地区的土地沉降和生态失衡，大坝的修建会阻断鱼类迁徙等。所以，在水力发电的建设和运行过程中，需要采取科学的环境保护措施，保护生态环境，实现可持续发展。

# 第八章

## 农田水利的治理

## 第一节　灌区末级渠系的治理模式

如上文所述，在我国农田水利的治理或者说灌溉管理中，早就形成了骨干工程与非骨干工程的模块区分，灌区骨干工程早已形成了一个基本的治理结构。所谓灌区末级渠系的治理模式指的是灌区骨干工程以外的末端工程形成的灌溉管理的模块结构，这个模块结构需要与灌区骨干工程的治理对接。灌区骨干工程的治理结构与灌区末级渠系的治理结构共同构成灌区治理的结构，或者说是灌区治理模式。本节将以上文对农田水利性质、特征的梳理为基础，探讨我国灌区末级渠系可能的治理模式，以及这些治理模式在不同的灌溉系统中的适用性。

### 一、三种治理模式

在灌区末级渠系治理模式的探索上，除了参考农田水利一般的性质、特征以外，主要还需要参考灌区末级渠系层次化的公共性和末端公共性的特征，它们对灌区末级渠系的治理模式产生直接影响。灌区末级渠系的末端公共性表明，在灌溉系统末端必须要成立基本灌溉单元，这个基本灌溉单元虽然也涵盖若干农田水利工程，但是不能再度细分治理单位；灌区末级渠系层次化的公共性表明，在灌区末级渠系范围内可以用大的公共治理单元涵盖小的治理单元，进而形成了一个整体的治理结构。结合灌区末级渠系的性质特征，本书认为我国的灌区末级渠系可以形成三种治理模式，即总体治理模式、分层治理模式和复合治理模式，下面将分别阐述。

#### （一）总体治理模式

农田灌区总体治理模式是指通过对一定区域内农田灌溉设施和管理机构的整合和优化，实现水资源高效利用、农业生产增效、水环境保护等目标的综合治理模式，其主要包括以下几个方面：

① 以灌溉系统为主要对象的水资源整合和管理：通过整合和升级灌溉系统，提高水利设施的效益，减少水的损失和浪费，优化水资源配置，提高水资源的利用效率。

② 强化水资源管理与保护：加强对于水资源的监测、管理和保护，严格控制水资源的

开发和利用，加强对水污染的防治，实现水资源的可持续利用。

③ 农业生产的优化：通过改进种植结构、农业生产技术和管理方法，提高农业生产效益和质量，推动农业生产向现代化、高效化和可持续化方向发展。

④ 政策保障和管理机制的完善：建立健全相关管理机构和政策体系，完善农田灌溉和水资源管理的法律法规和制度，推动总体治理模式的实施和运行。

农田灌溉区总体治理模式是一种多学科、多部门协作的治理模式，需要政府、农业、水利以及环保等多个部门协同配合，实现治理目标的全面推进。

## （二）分层治理模式

分层治理模式是指将治理对象按照空间层次划分成不同的层次，每个层次针对不同的问题采用相应的治理措施，形成一种层层递进的治理模式。在农田灌溉管理中，可以将治理对象划分为水源地、输水渠道、田间灌溉等不同的层次，针对每个层次的问题采取相应的治理措施，从而实现整体上的高效治理。

例如，在水源地层次可以采取保护水源地的措施，如植树造林、控制开采等；在输水渠道层次可以采取加强渠道维护、定期清淤等措施；在田间灌溉层次可以采取推广节水灌溉技术、加强管理监督等措施。通过分层治理模式，可以使农田灌溉管理更加精细化、科学化，提高水资源的利用效率，促进了农业可持续发展。

## （三）复合治理模式

复合治理模式是一种结合了多种治理方式和措施的综合治理模式，具有系统性、综合性和协同性的特点。它强调了政府、企业、市场、公众等各种治理主体之间的合作与协调，注重整合各种资源和力量，综合运用政策、法律、科技、经济等手段，实现治理效果的最大化。复合治理模式适用于治理复杂的环境和社会问题，比如水污染、空气污染、垃圾处理、交通拥堵等问题。它需要各种治理主体形成协同合作机制，形成共识，明确各自的职责和角色，加强信息共享和沟通，形成治理合力，最终实现环境保护和社会发展的双赢。

在复合治理模式下，灌区末级渠系管理的具体内容如下。

### 1. 斗渠管理

斗渠是指一种用于灌溉农田的水利设施，由沟渠、堰坝、水闸等组成。斗渠管理是指对这些设施进行科学合理的规划、建设、运行、维护和管理，以保障农田灌溉用水的需求，提高农田产量和水资源利用效率。

斗渠管理需要注意以下几个方面：

① 规划建设：斗渠建设应根据灌溉农田的需要，科学规划、合理布局，选取适宜的渠道类型和水利设施。在斗渠建设过程中，要保证工程质量，防止漏水和水土流失。

② 运行维护：斗渠的运行维护包括巡查、清淤和修缮等。巡查要及时发现斗渠问题，防止出现漏洞、塌陷等情况。清淤要定期进行，保证水流畅通。修缮要及时处理斗渠中的漏洞、渗漏和破损等问题，确保斗渠的安全运行。

③ 节约用水：斗渠管理要注意节约用水，减少浪费。采用科学的灌溉方法，如滴灌、喷灌等，可以节约用水，提高灌溉效率。同时，要加强监测，掌握用水情况，及时调整灌溉方案，确保用水合理、科学。

④ 环保治理：斗渠管理要注重环保治理，防止水污染和土壤流失。采取防渗措施、加固护坡、种植防护林等措施，可以有效地防止水土流失和水污染，保护生态环境。

⑤ 改善农民收益：斗渠管理要关注农民的利益，确保农民的灌溉用水需求得到满足，提高农田产量，改善农民收益。同时，要加强和农民的沟通，听取农民的意见和建议，不断改进斗渠管理，提高服务水平。

2. 基本灌溉单元的管理

基本灌溉单元是指灌溉系统中具有相对独立灌溉功能的最小灌溉区域，一般由一条主渠、干渠或支渠及其辖下的灌区组成。基本灌溉单元的管理是确保农田得到充分灌溉，提高农田水分利用率和农业生产水平的重要环节。

基本灌溉单元的管理内容主要包括以下几个方面：

① 灌溉计划的制定：根据灌区的实际情况，制定科学合理的灌溉计划，确保每个农田都能得到足够的灌溉水量。

② 灌溉设施的维护：对灌溉设施进行定期维护，保证其正常运行。对损坏的灌溉设施及时修复，避免因灌溉设施故障造成灌溉水浪费和农田灌溉不足的情况。

③ 水质管理：监测灌溉水质，确保灌溉水质量达标，避免因水质问题对农田产生不良影响。

④ 水量管理：对灌溉水量进行合理管理，避免过度灌溉和浪费水资源。

⑤ 农田管理：对灌溉后的农田进行管理，保证农作物正常生长发育，提高农业生产效益。

总之，基本灌溉单元的管理要实现科学、合理、高效、节约的目标，达到了保证灌溉水资源的有效利用，提高农业生产效益和农民收入的目的。

## 二、灌区构成与治理模式适用

灌区的构成和治理模式的适用通常取决于地理环境、水资源条件、农作物类型和农民组织等因素。下面是一些常见的灌区构成和治理模式：

① 大型灌区：由几个小型灌区组成的较大灌溉系统，主要采用中央集权的管理模式，由政府或公共机构负责管理和运营。

② 小型灌区：灌溉面积较小的灌区，通常由农民自组织管理，具一定的自治和自我监管能力。

③ 精细灌溉区：主要采用滴灌、微喷等高效节水灌溉技术，具有高水利效益和高经济效益，通常由政府、农民合作社或企业等机构进行管理。

④ 混合灌区：结合了中央集权和分权管理模式的优点，既有政府或公共机构的统筹协调，又有农民自组织的自治和参与，通常适用规模较大、地理条件复杂的灌区。

⑤ 集体灌区：由农民合作社或集体经济组织组成的灌区，由农民自行管理和运营，具

有一定的自治和自我监管能力，适用于规模较小、水资源较为紧缺的地区。

总之，不同类型的灌区需要采用不同的管理模式，以实现高效、节水、环保的灌溉管理。

## 第二节　灌区末级渠系的治理主体

如上文所述，我国存在多种形态的灌溉系统，并且实际上我国也存在不同的农业经营形态。虽然小规模家庭经营农业依然是我国农业经营的主导形式，但是不可否认的是，一些地区已经形成了规模经营的农业经营形态。以上这些因素决定了我国灌溉系统末端的治理主体必然是多元的，但农田水利的发展政策应当明确倡导一种具体的治理主体形式，这一主体形式应当成为灌溉系统末端主导的主体形式，并以之为基础构建我国灌区末级渠系的治理主体形式。

### 一、基本灌溉单元的治理主体

#### （一）多元主体

由于我国农业经营形态的多样性，我国灌区末端的治理主体不可能只具备唯一形式；又由于目前小农经营依然是我国农业经营的主要形态，本书有必要探讨灌区末端治理主体的主导形式，这种主导形式可以通过向政策、制度转化的方式，实现对小农经济格局下的农田水利治理秩序的塑造。

我国农业经营形态的多样性，或者说是农业经营主体的多样性，决定了我国灌区末端的治理主体可能有多种主体形式，比如个体用户、农户合作（合伙）组织、村社集体组织、农民用水户协会等。实际上在灌溉系统的末端是难以用纯粹的行政主体来进行灌溉治理的，灌区末端的治理主体一般所指的就是一定灌溉面积内的受益主体，或若干受益主体相结合形成的主体形态。

具体来说，如果农户耕种的土地面积较大，基本灌溉单元的土地为单个农户耕种，在这种情形下农户是灌区末端治理主体。如果基本灌溉单元的土地为数个农户耕种，但是涉及的农户数量规模并不算大，这些农户达成了合作（合伙）组织的形态，那些合作（合伙）组织即是灌区末端治理主体。如基本灌溉单元的土地为数个农户耕种，但是涉及的农户数量规模较大，农户通过组建协会的方式开展灌溉管理，则农民用水户协会即是灌区末端治理主体，而依据我国农业、农村的发展传统，这种情形下也可以由村社组织开展灌溉管理，则村社组织即是灌区末端治理主体。由于农业经营主体类型的多样化，灌区末端治理主体当然还可能是其他类型的农业经营主体及其合作或组织形态，如家庭农场，甚至农业公司等。

#### （二）主导形式

我国的灌溉系统末端完全可能出现多种类型的治理主体，所以我国的灌溉管理、农田水利的相关制度应当确立这些治理主体的合法性。但与此同时，我国的灌溉发展政策有必要确立灌区末端治理主体的主导形式，这种主导形式是最主要的灌区末级渠系治理主体类型，换句话说，在大多数灌区，灌区末级渠系的治理都是采纳这一主体形式，只有在特殊情况下才会采纳农户、合作组织等主体形式。我国目前的灌溉发展政策倡导农民用水户协会作为灌区末端治理主体的主导形式，但农民用水户协会的实践效果却并不理想。本书则主张以村社组织作为灌区末级渠系治理主体的主导形式。

（三）政策实践逻辑

对农田水利治理制度的梳理表明，自 20 世纪 90 年代中期开始，我国即在灌溉系统末端试验农民用水户协会这一治理主体形式，进入 21 世纪以来，农民用水户协会成为了我国灌溉发展政策所倡导的主要的灌区末端治理主体类型。水利部、国家发改委和民政部联合出台《关于加强农民用水户协会建设的意见》对农民用水户协会的组建进行了具体的规范和指导，外加一些农田水利发展政策与农民用水户协会建设的捆绑关系，各地纷纷组建农民用水户协会，我国农民用水户协会的数量迅速攀升。然而正如本书所开展的调查研究所示，灌区末端组建农民用水户协会的初衷是为替代原先开展灌溉管理的村社组织，但是大量的农民用水户协会难以发挥效用，防汛、抗旱事务仍然需要通过行政体制动员村社组织来进行。探索灌区末端的主体形式需要先理解清楚这一吊诡的改革现象。

首先我们需要理解灌区末端实施治理（管理）主体改革的基本思路。在灌区末端实施治理主体改革，也就是鼓励组建农民用水户协会，是灌溉管理中"国退民进"的改革思路。这一改革思路是将"治理理论"引入灌溉管理领域的结果，表明在公共灌溉管理中，社会主体可以替代行政主体（国家）成立有效的公共事物治理主体。农民用水户协会是被主张的在灌溉系统末端实施公共灌溉管理的社会主体，农户是灌溉系统末端公共管理的直接受益主体，农民用水户协会是这些受益主体基于民主和自治的原则成立的合作组织。村社组织是在"国退民进"的改革思路中需要被替代的主体，因为村社组织被理解为是国家权力的代表，村社组织开展的灌溉管理被认为参与性不足，即使有农民参与也被认为是被动参与，农民在灌溉管理中的主动性没有被调动起来。总的来说，灌区末端实施的治理主体改革就是要通过组建农民用水户协会来替代原先开展灌溉管理的村社组织，将受益主体参与不足的灌溉管理变为参与式灌溉管理。

虽然大量的农民用水户协会难以发挥效用，有些协会甚至是名存实亡，但是农田灌溉却需要继续，灌区末端依然需要形成基本的取水秩序。在农业型地区，每年的防汛、抗旱时节，地方政府都要动员起相关的机关单位、灌溉管理组织等主体来共同开展灌溉、排水工作，村社组织是被动员起来的灌区末端治理主体。一方面是因为一些农民用水户协会自身已经难以运转下去，所以它难以成为地方防汛、抗旱事务中灌区末端治理主体；另一方面防汛、抗旱工作作为一种应急性的灌排解决方案，它既难以促进灌区末端治理主体治理能力的提升，还可能为其带来经济负担，如果农民用水户协会自身的治理能力欠缺，它是没有积极性来介入的；对行政主体来说，动员村社组织显然比动员纯社会性的农民用水户协会要相对容易。所以，灌区末级渠系的治理从改革村社组织这一治理主体开始，但是在防汛、抗旱事务中又再次需要利用该主体开展灌溉及排水管理。

在防汛、抗旱事务中，行政体制依然需要动员村社组织来开展灌溉、排水管理，但是依然需要明确的是，村社组织开展灌溉管理本是农田水利发展制度改革的内容，所以被动员起来的村社组织开展灌溉（灌排）管理的内容、机制已经与早前其作为常规化的灌区末端治理主体形成了差异。在现阶段村社组织开展灌溉管理的传统机制已经被打破，虽然被动员起来参与灌溉管理，但是其积极性是欠缺的。进一步讲，由于灌区末端欠缺有效的治理主体，农户必然开始争夺灌区末端有限的公共灌溉资源，灌区末端的公共性由此遭到破坏，灌区末端的公共治理会更加难以进行。所以，虽然村社组织在防汛、抗旱时节被动员起来开展灌溉管理，但这并不意味着灌区末端有效治理的达成。

（四）农民用水户协会与村社组织的比较

虽然农民用水户协会是当前的农田水利发展政策所主张的灌区末端的治理主体形式，但是本研究却表明村社组织不仅曾经是灌区末端重要的治理主体，并且它现在依然是灌溉管理中不可缺少的主体，并依然发挥着积极的作用。所以，与当前制度改革的取向不同，本书主张将村社组织，或者说是农村集体经济组织作为灌区末端治理主导的主体形式，并以此为基础来构建灌区末端的治理主体。虽然在实务中，农民用水户协会的推广遭遇了"层级推动—策略响应"的状况，村社组织依然是防汛、抗旱中行政主体动员的开展灌区末端治理的主体，但是本书提出以农村集体经济组织作为灌区末端治理最主要的主体形式的主张，依然有必要对农民用水户协会和农村集体经济组织进行适度的比较研究。

本书首先要对这两类主体开展公共事物治理的原理进行比较。农民用水户协会的本质是开展公共灌溉管理的社会化组织。如果参考我国农民用水户协会的相关制度规定，可以看到农民用水户协会主要通过少数服从多数的民主表达机制来达成公共意志，并且将这一公共意志执行下去。如果主要参看农民用水户协会的理论应用，则农民用水户协会开展公共事物治理的原理是，协会利用其社会基础达成灌溉管理的公共意志并执行之。总而言之，它没有行政权力的介入，仅仅是社会组织依据自身的社会基础，通过对少数服从多数的民主机制或者其他机制，达成公共灌溉管理的决议并执行的灌溉治理主体。

由农村集体经济组织开展灌区末端治理，是依托已经存在的村社组织的组织结构来开展公共灌溉管理的。具体来说，它是依托村庄的社区结构来表达灌溉用水户的诉求，并在社区范围内达成相应的公共决议并执行。与农民用水户协会类似，村社组织要达成灌溉管理的公共意志，在很多时候也会应用到少数服从多数的民主机制，它当然也可以（可能）利用村庄社区社会基础层面的因素来开展公共灌溉管理。当然，在这里也需要明确农村集体经济组织的特殊性，即农村集体经济组织具有两个层次的组织内涵：其一它是村庄社区组织，村庄社区是农民生活、交往的公共空间范畴；其二它是农村土地所有权的主体。所以农村集体经济组织与其成员之间既是社区组织及其成员的关系，也是经济组织及其成员关系，二者之间的关系既具有社会性的一面，亦具有经济性的一面，虽然这两个层面是可以进行区分的，但在我国绝大多数村庄，这两个层面都是统一的，并且组织机构上共用一套成员班子。

从开展公共事物治理的原理来看，农民用水户协会与农村集体经济组织本身具有很大程度的相似性，虽然农村集体经济组织与其成员之间有着土地所有权与承包经营权层面的经济关系，但是这并不必然转化成为开展公共事物治理的积极要素或消极要素。公共事物治理原理层面的比较，并不能证明农民用水户协会相较于农村集体经济组织的优越性，当然，相反的结论亦不能得到证明。但是，上述分析实际上也表明了农村集体经济组织开展公共灌溉管理的可能。不仅如此，农村集体经济组织实质上也是社会化组织的一种类型，所以，灌区末级渠系的治理对"治理理论"的采纳并不排斥对农村集体经济组织这一治理主体的采用。

在这里还有必要对农村集体经济组织开展灌溉管理的几种常见的观点进行重新审视。第一种观点是我国的"三农"政策对基层政权报以高度警惕，农村税费改革以后，基层政权不再被允许向农民收取任何费用，所以基础政权往往也不敢随意赋权给村社组织，比如赋权其征收灌溉管理费可能也会被认为是加重农民负担的表现。在农业税费时期，村级组织虽然被调动起来与乡镇形成"乡村利益共同体"，导致一些地区由此出现了农民负担加重的情形，但是农村税费改革以后，基层政权的运转机制已经发生了改变，原先的乡村利益共同体的局面也已经发生了改变，基层政权可以也应该被利用起来进行村庄治理，与此同时村社组织这一主体形式也不应当为灌溉发展所排斥。第二种观点是将村社组织开展灌溉管理视作行政权力主体开展的灌溉管理，虽然在农业税费时期，由于灌溉水费常常与农业税费一同收缴，而农业税费的收缴有的时候利用到了行政权力，但是农村改革以后，国家权力已经退出了村庄一级，村社组织总体上来说是社会化的组织，虽然不可否认其在开展管理的过程中有对行政权力的利用。所以，在农业税费时期村社组织开展灌溉管理从根本上讲还应当算作是农田水利的社会化治理。

农村集体经济组织在大多数时候都能够满足农田水利共同体的单位条件，这就正如上文所述，在我国，基本灌溉单元基本上也就是一个村民小组的灌溉面积，因为在农田水利工程建设之初即考虑了"行政区划"的要素，在灌溉系统的末端也相当对社区基础条件有所考虑。换句话说，农村集体经济组织在大多数时候都能够成立灌区末端的水利共同体，所以由具备生产和生活共同体形态的农村集体经济组织开展灌溉管理是可能的。

灌区末端要进行社会化的治理改革，建立社会化的治理组织，当然需要充分考虑社会基础条件，对已有的社会结构可以进行适当的利用。那么，基于上文的阐述，本书认为在灌溉系统末端，或者说在基本灌溉单元，可以直接采用农村集体经济组织作为治理主体。事实上，在实践中也有不少农民用水户协会与村社组织是完全重合的，在这种情形下如果说农民用水户协会是一种全新的灌溉治理主体，会引起一定的政策误导。既然本身可以利用村社组织这样已有的社会结构，灌区末端的治理主体改革也没有必要完全另辟蹊径，否则的话仅仅只是徒增改革的成本，新的治理主体可能也会缺少必要的社会关联而难以拥有治理能力。

总的来说，本书主张在灌溉系统末端以农村集体经济组织作为主导的治理主体形式。除了这种主导的治理主体形式以外，灌区末端当然也可以形成了其他的治理主体形态。灌区末级渠系是一个以灌区末端公共单位为基础展开的治理结构，下面将以农村集体经济组织作为灌区末端主导的治理主体形式为基础，讨论在不同的治理模式下灌区末级渠系的治理主体。

## 二、治理模式与灌区末级渠系治理主体

### （一）总体治理模式下的治理主体

① 政府：政府是整个治理体系的主导者，应当制定相关政策和规划，加强协调和监管，促进资源优化配置和生态环境保护。

② 企业：企业在总体治理模式下承担着重要的责任，应当积极开展环保和节能工作，采用先进的清洁生产技术和管理模式，减少对环境的污染和破坏。

③ 社会组织：社会组织是社会治理的重要参与者，应当发挥其在环保宣传、监督和参与等方面的作用，促进社会各界的共同参与和协作。

④ 居民和公众：居民和公众应当认识到自己在环境保护中的重要作用，积极参与环境保护工作，提高环保意识，减少了对环境的污染和破坏。

总之，总体治理模式下的治理主体需要形成合力，通过各自的努力和协同作用，共同推进环境保护和可持续发展。

### （二）分层治理模式下的治理主体

在分层治理模式下，治理主体应该包括：

① 中央政府：负责制定国家的水资源管理政策、法律法规等；

② 地方政府：负责本地区的水资源管理工作，包括水资源开发、水环境保护、水灾防治等；

③ 行业主管部门：负责指导和管理相关行业的水资源管理工作，比如农业部门负责农业用水管理，水利部门负责水利工程建设和管理等；

④ 社会组织：包括行业协会、学术研究机构、非政府组织等，可以为政府提供专业的技术支持和建议，同时也可以监督政府的管理工作；

⑤ 企业和公众：作为水资源的利用者和消费者，应履行好自己的社会责任，积极参与水资源的管理和保护工作。

### （三）复合治理模式下的治理主体

复合治理模式下的治理主体包括政府、农民、农业企业、科研机构、非政府组织等多个参与主体。其中，政府扮演着协调和管理的角色，负责制定治理政策和标准，协调各方利益，提供技术和资金支持等；农民和农业企业是主要的经营主体，负责具体的灌溉和农业生产活动，需要积极参与决策和管理；科研机构则提供了技术支持和科学研究成果，促进灌溉管理的科学化和精细化；非政府组织则通过社会监督和公众参与，促进治理过程的透明化和公正性，保障灌区治理的可持续性。这些参与主体通过合作与协商，共同推进灌区治理工作的开展，实现治理效果的最大化。

# 第三节 农田水利治理的制度建设

2015 年 2 月发布的《中共中央国务院关于加大改革创新力度加快农业现代化建设的若干意见》（2015 年中央一号文件）专门提出了"围绕做好'三农'工作，加强农村法治建设"的要求，并具体指出了要"依法保障农村改革发展"，进一步还从立法、执法和司法的层面提出了农村改革法治化的操作步骤。这是对我国农村改革推进的新要求，依法实施的农村改革也必将营造出良好的农村发展新局面。

灌区末级渠系的治理只是我国农田水利改革发展的重要组成部分，所以其法治化并不需要进行专门的部门立法，可以在农田水利的相关法律制度中进行规范。不但如此，灌区末级渠系的治理还与水资源管理和农业治理的相关领域密切关联，所以部分内容也可以在这些相关法律制度中进行规范。基于前面几个章节的讨论，本书认为明确灌区末级渠系的治理主体并加强其治理能力是当前治理农田水利"最后一公里"困境的根本出路，从这个意义上讲，我国灌区末级渠系治理的制度建设应当包含三个方面的主要内容：一是灌区末级渠系治理主体制度建设，二是我国农业水权配置制度建设，三是灌区末级渠系水利工程产权制度建设。

## 一、灌区末级渠系治理主体制度建设

第四章的讨论已经明确了我国灌区末级渠系治理有三种主体类型，即农村集体经济组织、农民用水户协会及灌溉用水户协会，下面将分别阐述这三类主体法律制度建设的基本内容。

### （一）农村集体经济组织灌溉管理制度建设

需要说明的是，因为农村集体经济组织并不是开展灌区末级渠系治理的专门组织，所以本部分并未使用"农村集体经济组织法律制度建设"的概念，而是将法律制度建设的内容限定在与其灌溉管理职能相关的范围内。

1. 农村集体经济组织的灌溉管理职能

农村集体经济组织在灌溉管理中拥有重要的职能，包括以下方面：
① 灌溉设施建设和维护：农村集体经济组织可以通过自筹资金、政府扶持与合作社等途径，开展灌溉设施的建设和维护工作，保证农田的灌溉用水需求。
② 灌溉用水计划和分配：农村集体经济组织可以根据当地水资源情况和农田用水需求，制定灌溉用水计划，并负责对灌溉用水进行分配，合理利用水资源。
③ 灌溉用水收费管理：农村集体经济组织可以依据灌溉用水的实际情况和相关政策规定，对于灌溉用水进行收费管理，维持灌溉设施的正常运行和维护。
④ 灌溉技术指导和培训：农村集体经济组织可以通过开展灌溉技术培训和指导，提高农民的灌溉技能和水资源利用效率，推广科学的灌溉技术和管理方法。

⑤ 灌溉用水监督和管理：农村集体经济组织可以对灌溉用水进行监督和管理，防止非法采水和过度抽水等行为，保护水资源和生态环境的健康发展。

### 2. 相关法律制度建设的内容

农村集体经济组织作为农业生产性公共事物治理的主体，其法律制度建设主要包括以下几个方面的内容。

首先，对农村集体经济组织作为农业生产性公共事物管理权主体的法定赋权，这一赋权应当在我国的《中华人民共和国农业法》和相关的法律制度中进行规定。就本书讨论的灌溉发展事务来说，应当在《中华人民共和国农业法》中表明农村集体经济组织是农业生产性公共服务的供给主体，其中包括供了灌溉服务。

其次，加强农村集体经济组织供给公共服务的能力可以帮助提高农村灌溉管理水平和效率。具体来说，农村集体经济组织可以承担以下职能：

① 建立和完善农村灌溉设施的管理体系，制定灌溉管理制度和规章制度，监督灌溉设施的维修和更新。

② 开展农村灌溉设施的管理工作，包括灌溉计划的编制、灌溉用水的监测、灌溉效果的评估等等。

③ 组织农村灌溉设施的维修和更新工作，及时解决设施损坏和故障，确保设施的正常运行。

④ 加强农民的灌溉管理知识和技能的培训，提高农民的管理水平和技术水平。

⑤ 组织农民参与农村灌溉设施管理和维修工作，落实"农民管理、政府支持"的管理模式。

通过加强农村集体经济组织的供给公共服务的能力，可以提高农村灌溉管理的科学性、规范性和民主性，有效地提高农村灌溉的效率和水平。

### （二）农民用水户协会制度建设

下面将从农民用水户协会的灌溉管理职能、法律属性和相关法律制度建设内容三个方面展开论述。

#### 1. 农民用水户协会的灌溉管理职能

农民用水户协会是存在于总体治理模式中的一类灌区末级渠系治理（管理）主体。与总体治理模式还可以形成的另一类治理主体农村集体经济组织相同，农民用水户协会开展的灌溉管理工作主要由两部分内容构成：一部分是农民用水户协会作为取水单位向灌区水管单位取水，另一部分是农民用水户协会将取得的定量水配置下去，为用水户提供灌溉服务。虽然灌溉管理的内容相同，但农民用水户协会开展灌溉管理的基础原理与农村集体经济组织却完全不同。

在总体治理模式下，如果由农村集体经济组织承担灌溉管理工作，灌溉管理的总成本由集体经济支出；如果农村集体经济组织的经营性收入上不足以承担这部分支出，则农村集体经济组织会向农村土地的承包经营主体收取一定的费用。所以，由农村集体经济组织开展灌溉管理，在表现形式上是农村集体经济组织向用水户提供灌溉服务，用水户也向集体经济组织交纳一定的费用。由农民用水户协会开展灌溉管理也具有上述表现形式：用水户协会向用水户提供灌溉服务，用水户向协会交纳灌溉服务费。虽然表现形式类似，但农村集体经济组织向用水户收取费用的原理却与农民用水户协会的截然不同：前者是基于土地所有权与承包经营权的关系收取费用，并进一步将这些费用用于提供灌溉服务；后者是协会在民主议事的基础上形成灌溉管理的公共规则，协会参照这一规则向用水户提供服务并收取费用。

### 2. 农民用水户协会的法律属性

农民用水户协会是开展灌区末级渠系治理的社会化自治组织。

大陆法系将法人分为公法人和私法人的分类方法，是根据法人的设立目的和权利义务等方面的不同而进行的。公法人是由国家或政府为了公共利益而设立的法人，其具有行政管理和公共服务等权力和职责；而私法人则是由私人或组织为了实现经济、文化、社会等目的而设立的法人，其主要具有经济活动、合同交易、产权保护等权利和义务。在私法人中，社团法人和财团法人是主要的分类，社团法人是指由个人或组织在法律上设立的非营利性团体，如协会、社会团体等；财团法人是指由个人或者组织设立的以管理和运用财产为目的的法人，如基金会、信托等。

在公法人与私法人的划分标准方面，不同的主张都有其合理性和适用性。以法律为标准的主张较为客观和明确，但在不同国家或地区法律体系的差异性方面会存在一定的局限性；以设立者为标准的主张侧重于法人的实际情况，但也存在定义模糊等问题；以是否行使国家权力为标准的主张则较为实用，但在具体操作中需要进行细致的判断和衡量。无论采用哪种划分标准，都应考虑到法人的实际情况和社会需求，以实现法人的合法权益和社会公共利益的统一。

《中华人民共和国民法通则》规定了四类法人，即企业法人、机关法人、事业法人和社会团体法人。这表明我国只在私法领域使用了"法人"这一概念，即使机关法人、事业法人依公法而组建形成，但是民法只是从规范民事法律关系的角度对它们进行了制度设计，这些制度设计关注的重点是这些法人的民事行为能力。而在公法领域，我国实际上并未采纳"公法人"的概念，而是使用了"行政主体"这一概念，我国的行政主体包括行政机关和法律法规授权的组织两类。行政机关包括国务院、国务院的组成部门、国务院直属机构、国务院部委管理的国家局、地方各级人民政府、地方各级人民政府的职能部门，法律法规授权的组织主要包括经法律法规授权的国务院办事机构、派出机关和派出机构、行政机关内部机构和其他组织。判断是否具有行政主体资格的要件主要有须为依法享有行政职权的组织、须能以自己的名义实施行政活动、须能够独立承担行政责任。

农民用水户协会是开展灌区末级渠系这一公共事物治理的社会团体，这一公共事物领域原则上应当由行政主体治理，但治理理论的提出表明社会主体亦具有开展高效的公共事物治理的可能。采纳公法人与私法人分类理论体系的国家，将这类新的公共管理主体确立为"公法人"，中国台湾地区对农田水利会的规范即是如此。但是大陆地区的法律制度设计并未采纳公法人与私法人分类的理论体系，在我国的行政主体制度框架下，农民用水户协会应当属于行政主体中法律法规授权的其他组织。

在我国农业经济法律体系中,农民用水户协会属于农业合作经济组织中的协会组织类型。以农业合作经济组织组建和运转的基本内容为依据,我国农业合作经济组织主要有两种类型:一种是协会类型,另一种是合作社类型。协会类型的农业合作经济组织的基本特征是:①它属于社团组织,不是经济实体,协会与成员之间不发生交易关系;②成员入会时缴纳会费而不是股金;③无盈余,因而也不对成员进行二次分配,组织与成员之间的利益关系相对松散。合作社类型的农业合作经济组织的基本特征是:①属于特殊企业,合作社与成员之间发生交易关系;②社员入会时需出资或缴纳股金;③盈余部分,对社员实行按交易额二次返还,合作社和成员之间的利益关系相对紧密;④从农民用水户协会的组建和运转来看,它属于协会型农业经济合作组织类型。

与此同时,农民用水户协会也具有一定的民事行为能力,能够成为民事法律关系的主体,我国民事法律关系主体由自然人、法人和其他组织构成,农民用水户协会属于"其他组织"类型的民事主体。上述三个层面共同构成了农民用水户协会的法律属性。

### 3. 农民用水户协会法律制度建设的基本内容

在明确了农民用水户协会的基本职能和法律属性的基础上,可以从以下几个方面来展开农民用水户协会的法律制度建设。

(1) 在农田水利法律制度中明确农民用水户协会灌溉管理权主体地位

公共事物的管理权一般掌握在行政主体手中,治理理论表明了社会主体自主开展公共事物治理(管理)的可能,农民用水户协会是治理理论在灌区末级渠系这一公共事物治理领域应用的结果。所以,农民用水户协会法律制度建设的基本步骤就是要明确在灌区末级渠系这一公共事物治理领域,可将灌溉管理权确立给或者是转移给农民用水户协会,明确农民用水户协会的灌溉管理权主体地位。

(2) 明确农民用水户协会的法定内涵

可以将农民用水户协会的法定内涵概括为:农民用水户协会是一定灌溉区域内的用水户在民主协商的基础上组建的开展灌区末级渠系治理的社会团体。

(3) 确立农民用水户协会的组建程序

农民用水户协会应当主要以渠系为依据组建,具体来说大多数情况下以斗渠为单位组建,少数情况下以支渠为单位组建。农民用水户协会的组建不需要获取灌溉区域内全体用水户的一致同意,从原则上讲,只需要大多数人同意即可申请组建,并协会建成以后,公共灌溉区域内的所有用水户都自然成为协会成员(会员),即使是在协会建成以前对协会组建持否定态度的用水户。

(4) 明确农民用水户协会组织机构的构成

农民用水户协会的组织机构应当包含权力部门、执行部门和监督部门。农民用水户协会的组织机构是其成员大会或者成员代表会,协会的成员规模数量大,其权力机构应当设置为成员代表会,相反,则可以设置为成员大会。农民用水户协会的权力机构可以进行常设机关的设置,还可以设置理事会作为其执行部门。其还需要有监督机构,规模较大的协会可以设立监事会,规模较小的协会也至少应当设立有监事员。

（5）确立农民用水户协会运转的一般规则

由于农民用水户协会参照具体的协会章程开展灌溉管理，相关的法律制度建设只对协会的运转规则做一般性的规定，主要涉及协会工作的基本内容、原理和原则。

（三）灌溉用水户协会制度建设

下面将从灌溉用水户协会的灌溉管理职能、法律属性和相关法律制度建设的基本内容三个方面展开本小节的论述。

1. 灌溉用水户协会的灌溉管理职能

在复合治理模式下，需要在斗渠（包含部分支渠）渠段组建灌溉用水户协会开展灌溉管理。和农民用水户协会相同的是，灌溉用水户协会也是社会化的灌溉管理组织；与农民用水户协会不同的是，灌溉用水户协会的成员是基本灌溉单元的管理主体，即农村集体经济组织。

灌溉用水户协会的基本职能是维持斗渠（包含部分支渠）渠段上的配水秩序。具体来说，它一方面是向规模水利取水的单位，和灌区水管单位构成供用水合同关系；另一方面它是向各基本灌溉单元配水的主体，与各农村集体经济组织构成社会化公共管理（治理）组织及其成员的关系。灌溉用水户协会需要安排斗渠（包含部分支渠）上的配水秩序，同时要向作为其成员的各农村集体经济组织收取治理成本以维持其持续运转，治理成本的分担既可以用水计量的方式计算，也可以灌溉受益面积计算，还可以综合上述两者进行计算。并且农村集体经济组织需要履行的义务不但是相关费用的承担，也可能包含劳务负担。灌溉用水户协会为基本灌溉单元提供配水服务，基本灌溉单元向灌溉用水户协会提交水费的基础依据都是协会的章程规则。

2. 灌溉用水户协会的法律属性

与对农民用水户协会的法律属性的分析相似，应当从三个方面理解灌溉用水户协会的法律属性。首先，灌溉用水户协会是开展支渠、斗渠治理的社会团体，是依据治理理论开展公共事物治理的社会组织，由于我国的法律制度设计并未采纳公法人与私法人分类理论体系，在我国的行政主体制度框架下，灌溉用水户协会应当属于行政主体中法律法规授权的其他组织。其次，在我国农业经济法律体系中，灌溉用水户协会也应当是属于协会类型的农业经济合作组织。但应当明确的是，灌溉用水户协会的成员并不是个体农户，而是作为基本灌溉单元治理主体的农村集体经济组织。最后，灌溉用水户协会也具有一定的民事行为能力，能够成为民事法律关系的主体，我国民事法律关系主体由自然人、法人和其他组织构成，灌溉用水户协会属于"其他组织"类型的民事主体。

3. 灌溉用水户协会法律制度建设的基本内容

关于灌溉用水户协会的管理职能及其法律属性的基础依据，其法律制度建设应当主要包括以下几个方面的内容。

（1）明确灌溉管理权的归属

灌溉用水户协会是开展斗渠（包含部分支渠）治理的社会团体，由其开展相应的灌溉管理工作的基础就是将相应的灌溉管理权确立给或者是转移给灌溉用水户协会。灌溉管理权的归属可以在灌区（灌溉）管理或者农田水利法律制度体系中予以明确。

（2）明确灌溉用水户协会的法定内涵

灌溉用水户协会可以被界定为在支渠、斗渠上依照民主自治原则组建的，开展渠道配水管理的社会团体，其成员是渠道受益范围内的农村集体经济组织。

（3）明确灌溉用水户协会的组建程序

与农民用水户协会的组建类似，灌溉用水户协会的组建也应当遵循少数服从多数的民主原则，只要多数受益主体同意，即可以提出组建申请，协会组建完成以后，其受益面积内的农村集体经济组织均转为其成员。

（4）确立灌溉用水户协会的组织机构

灌溉用水户协会作为对斗渠（包含部分支渠）进行治理的社会化的自治组织，其组织机构应当包含三个构成部分，即权力机构、执行机构和监督机构。由于灌溉用水户协会的成员是斗渠（包含部分支渠）以下的治理意义上的基本灌溉单元，所以协会的成员规模一般并不会很大，最多可能达到十多个，这意味着权力机构可以直接采用会员大会的形式，权力机构还可以设立会长职位作为其常驻机构。灌溉用水户协会还需要设立执行机构来具体负责灌溉治理事务的执行，但是执行机构应当尽量保持小规模，因为灌溉是季节性事务，一般不需要大量的常规工程人员，且大量的工作还可以通过临时雇佣的方式实施，这也是减少灌溉管理成本的方法。执行机构按照权力机构执行的协会章程等规则行事。监督机构的设置主要是为了对相关财务事项进行监管。

（5）明确灌溉用水户协会运转的一般规则

关于灌溉用水户协会的运转制度，主要是要明确协会的各组织机构之间的关系，以及基本的事务执行原则。灌溉用水户协会开展支渠、斗渠管理的具体规则是协会责任。

## 二、我国农业水权配置制度建设

农业水权与农田水利的发展紧密关联，在目前环境资源可持续利用的要求下，农业水权的获取是农田水利发展的前提，也就是说只有在已经取得农业水权的前提下，才能够实施水利工程建设，对该水权含义下的水资源进行开发利用。对灌区末级渠系的治理来说，农业水权的配置决定了其基础性的治理能力。

### （一）水权与农业水权

当前在我国关于水权问题的研究中，水权的定义并没有一个主导性的观点。在水权的定义上形成了"一权说""二权说""三权说"以及"多权说"等观点。"一权说"以裴丽萍、崔建远为代表，不过二者对于概念的表述并不相同，裴丽萍认为水权具有可交易性，因而提出了可交易水权的概念，其认为可交易水权是"法定的水资源的非所有人对水资源份额所享有的一束财产权，它主要包括比例水权、配水量权和操作水权而崔建远则将水权表达为"取水权"，指的是"权利人依法从地表水或地下水引取定量之水的权利"。"二权说"认为水权是指水资源的所有权和使用权。"三权说"以姜文来为代表，其认为水权指"在水资源稀缺条件下人们有关水资源的权利的综合（包括自己或他人受益或受损的权利），最终可以归结为水资源的所有权、经营权和使用权"。"多权说"的观点相对庞杂，但总的来说，都认为水权是包括了水资源所有权和使用权在内的一组权利。

之所以对水权的定义有着多种理解，本书认为是由水资源自身复杂的属性所决定的，水资源的复杂属性带来了其多种形式、多个层次的利用可能，进而会产生不同的水权内涵诉求。在水资源的自然属性中，其作为人类生产生活必需品和稀缺性的层面决定了水资源管理的必要性，水资源管理是水这类自然资源为我们可持续利用的必要措施。因而本书主张从水资源管理的层面来理解水权的含义。水资源管理需要解决的一个基础性的问题是其利用分配问题，由此所有权与准许利用的"取水权"构成了水资源管理制度体系的基本内容。事实上，在许多国家的立法体例中，在明确水资源国家所有的前提下，水权均采纳了"一权说"的体例，水权即取水权，美国水权制度即是如此。

但是我国的水资源利用系统存在特殊性，以农业用水为例，我国是小规模家庭经营农业，与美国大农场经营农业在用水管理上有着根本的区别。美国的大农场经营农业，农业水权可以直接归属农场主，数个农场主即可形成了一个灌区管理机构，对相应的水资源进行开发利用，当然其中也需要国家对工程建设给予支持。在我国小规模家庭经营农业中，农田水利的发展模式与美国的是完全不同的，农田水利中的渠首工程、骨干渠道都是国家建设并管理的，灌溉用水户从灌区水管单位取水灌溉。而在我国的水资源管理体系中，通过设置取水许可证制度对取水进行控制，取水权实际上被赋予了渠首水利工程的所有权人气而取水权和真正对水资源进行利用的主体并不同一。由此在我国的水资源管理系统中必然存在三个相关权利主体：水资源的所有权人、取水权人和使用权人，其中后两者在有些情况下是同一的。而水权是旨在实现水资源合理配置的概念，它既需要关注水资源的初始分配问题，也需要关注初始分配基础上相关主体在水资源利用上的协调与流转，从这个意义上讲，水权应当指代对水资源的使用权。因而，本书主张将水权定义为权利人依法从地表水或地下水引取定量之水并进行利用的权利。

水权根据其利用领域的不同可以分为工商业水权、农业水权、生活水权、环境水权等类型。本书所讨论的农业水权，指的是权利人依法从地表水或地下水引取定量之水用于农业类生产的权利。虽然农业类生产用水包含灌溉、养殖等多种利用领域，但是灌溉用水在农业用水中占据绝对主导地位。关于农业水权的讨论最核心的话题是其转让问题，考虑到在这个问题上，农业用水中的灌溉、养殖等用途的区分基本不影响转让制度的设计，本书直接采纳农业水权的概念，而不再进一步地进行灌溉水权、养殖类水权的区分。

（二）我国水权制度的一般规定

水资源归国家所有。我国《水法》规定，水资源属于国家所有，任何单位和个人都不得占用、占有、侵占或者损毁水资源。

① 实行水资源有偿使用制度。我国《水法》规定，水资源的利用应当通过水资源有偿使用制度来进行，实行水资源收费制度。水资源使用权的转让应当按照法律、法规的规定办理，确保水资源的合理利用和保护。

② 实行水权分配制度。我国《水法》规定，水权是指水利设施建设、水资源开发利用和水环境保护所需要的水量、水质等权益。水权的分配应当坚持优先保障人民群众的生活用水和农业用水，合理满足生态用水和工业用水需求。

③ 实行流域管理制度。我国《水法》规定，水资源管理应当实行流域管理制度，实现流域内水资源的统一调度、综合开发和综合保护。流域管理机构应当依据流域特点和水资源利用需求，统筹制定流域水资源管理方案和水环境保护方案，加强流域内水资源的监测、预报和管理。

④ 实行水资源保护制度。我国《水法》规定，水资源保护应当实行"预防为主、综合治理、源头控制、综合整治"的原则，采取综合控制、分类管理、定量管理、限额管理等措施，保护水资源的数量和质量。对滥用、浪费和破坏水资源的行为，应当依法追究法律责任。

总之，我国的水权制度建立在国家所有水资源的基础上，通过水资源有偿使用制度、水权分配制度、流域管理制度和水资源保护制度等多种制度安排，实现了水资源的合理利用和保护。

总的来说，我国水资源管理制度体系中水资源配置的层面主要包含三个方面的内容：①水资源所有权为国家所有，国务院代表国家行使水资源所有权；②相关主体在修建相关水利工程前即需要向国务院授权的水行政主管部门申请取水许可证，取水许可证获得批准，并缴纳水资源费以后，该主体获得取水权；③农村集体经济组织地域范围内的水塘、水库，其主要功能之一是蓄积雨水并且进行利用，这种类型的水利工程的建设属于对非常规水资源的开发利用，该类水利工程需要在水行政主管部门水利发展规划下实施，《中华人民共和国水法》第二十五条还规定："农村集体经济组织修建水库应当经县级以上地方人民政府水行政主管部门批准。"因而，关于农村集体经济组织的水塘和农村集体经济组织修建管理的水库的取水权，可以说在水利工程建设审批之时已经赋权给了农村集体经济组织。《中华人民共和国水法》又规定了，"农村集体经济组织的水塘和由农村集体经济组织修建管理的水库中的水，归各该农村集体经济组织使用"，所以在农村集体经济组织的范围内，取水权与水资源使用权的主体同一。但是也可以看到，在我国当前水资源管理的制度规范体系中，针对规模水利工程的取水权是明确的，但是水资源的使用权主体则并不明确。

### （三）我国农业水权主体与初始水权配置

农业水权主体的确立，或说农业水权的初始配置到底应当配置给谁，是农业水权制度中的一个关键问题，初始水权配置不明被认为是水权转让难以展开的基本原因。

关于农业水权的初始配置在不少的研究中都存在误区，即认为取水权是初始水权配置的唯一方式，进一步水权转让也就是取水权的转让。从水资源开发利用的过程和国家对水资源利用进行初步管制的措施来看，上述理解有其合理性，因为国家只需要在取水口确立相关制度就可以实现水资源的利用与分配管理。在我国现行的取水许可制度中，灌区建设的前提是取水许可证的取得，而灌区渠首工程和骨干工程的建设主体都是国家，所以取水口的取水权主要掌握在灌区管理单位手中，在这种情况下由于取水权与水资源的利用主体不同一，再来讨论取水权的转让问题是不合适的，因为这种情况下的水权转让势必造成对用水主体权益的侵害。为了使取水权主体与用水主体达成同一，崔建远的主张是"应主要通过建立用水户协会，把现有灌区改造成为法人，使之成为水权主体。它们作为灌溉用水服务机构与特许经营者向农户供水。针对个别地区的特殊情况，只要有利水资源管理，必要时，拥有较大面积灌溉农田的农户也可以成为水权主体。"

崔建远的研究是基于规则的逻辑演绎，产生水权制度建设对灌区管理改革的要求。但是，灌区管理改革的实践显然并未朝着这个方向发展，取水权主体与用水主体不同一的状态不仅在短期内不可能实现，在我国水权制度体系和灌溉管理体系建成的时候可能也不会实现，原因是我国小农经济的局面还可能维持较长的时间。在小农经济的背景下，用水的组织化与合作化单位很难规模化，在当前村庄范围内的公共灌溉管理都成为问题的时候，灌区管理整体朝着社会化方向发展几乎是不可能的。所以，本书认为我国的农业水权制度建构应当将取水权主体与用水主体不同一的状态作为一个基本前提来考虑。

由于取水权主体与用水主体的不同一，我国水资源管理的制度体系中除了所有权、取水权的概念外，需要设置使用权的概念，正如《水权转让意见》所表述的"水权转让指水资源使用权转让"。而本书对水权概念的利用表达正是权利人依法从地表水或地下水引取定量之水并进行利用的权利。关于农业水权的配置，应当以维持灌溉用水主体的利益为前提，同时也应当与我国的灌区管理制度相匹配。从本书对于灌区末级渠系治理制度的讨论来看，虽然我国灌区末级渠系存在着农村集体经济组织、农民用水户协会和灌溉用水户协会三种治理主体类型，但农村集体经济组织和农民用水户协会才是真正的用水主体，所以农村集体经济组织和农民用水户协会才是我国农业水权的主体。从这个意义上讲，我国农业水权的初始配置应当配置给农村集体经济组织和农民用水户协会，所获得的农业水权也构成了他们基础的治理资源。当然，在农业水权初始配置的过程中还需注意的是，在一个取水口下设立的初始水权，其用水总量应当控制在取水权的规定限额以内。

### 三、灌区末级渠系水利工程产权制度

灌区末级渠系治理的核心问题是相关水利工程的建设、利用和管理问题，所以工程的产权制度显然也是灌区末级渠系治理制度建设的基础内容。

在我国水利工程的相关产权制度中，灌区末级渠系范围内的水利工程一般都被纳入小型农田水利工程的范畴进行规范的制定与实施。在我国，小型农田水利工程与大中型农田水利工程主要是依据工程标准进行区分的，设计灌溉面积1万亩以上的灌溉工程，控制除涝面积3万亩以上的排涝工程，装机功率1000千瓦或者设计流量每秒10立方米以上的单座泵站或者泵站系统属于大中型水利工程，其余的水利工程则属于小型农田水利工程的范畴。具体来说，小型农田水利工程包括小型灌区的渠首工程、输水渠道及本书所讨论的灌区末级渠系工程，在这几个部分的工程中，灌区末级渠系工程在种类上更为多元，占了小型农田水利工程总量的绝大多数。

我国小型农田水利工程产权制度的发展大体上经历了三个阶段。

第一个阶段是农村人民公社体制时期。这一时期的小型农田水利工程建设主要是依托当时的行政动员体制动员农村劳动力投入实施的。依据当时的灌区管理制度，这些通过行

政动员劳动力建成的小型水利工程在所有权上归属各级集体，在管理上由公社和生产大队两级组织分别负责管理，也就是说这一时期水利工程的所有权主体与其利用、管理主体是同一的。并且在这一时期，水利工程供水本身是公益性的，其他的经营功能并未展开，所以这一时期基本上没有小型水利工程的经营制度。

第二个阶段是农村改革以后至农村税费改革以前的时期。这一时期是我国探索小型水利工程产权制度建设的时期。随着行政体制设置的变革，小型农田水利工程在所有权上基本由乡镇集体经济组织和村级集体经济组织分别所有，乡镇集体经济组织所有的水利工程由水利站负责管理，村级集体经济组织的水利工程则由村级集体经济组织自主管理。在这一时期，市场化的要素已经逐步在小型水利工程的产权领域获得应用，主要有两种表现，其一是水利工程开展多种经营，其二是对水利工程的经营管理权进行转让、承包、拍卖，后者是 20 世纪 90 年代末在一些地方开展的，但并未转化成为普遍的政策或者规范化的制度。

第三个阶段是农村税费改革以后至今。农村税费改革以后，我国大力推进了小型农田水利工程领域的市场化改革。这一市场化的改革主要包括两个方面的内容：其一，积极吸引社会资本投资农田水利建设，水利工程的产权遵守"谁投资、谁所有、谁受益、谁负担"的原则；其二，国家全部或部分投资小型农田水利建设按照受益原则确立产权归属。与此同时，在小型农田水利工程经营、管理领域的市场化依然受到政策鼓励，也就是经营权的转让、承包、拍卖成为小型农田水利工程产权制度改革的基本内容之一。

当前的小型农田水利产权制度改革显然并没有带来农田水利的良好发展局面，但是对这一改革过程的梳理可以获得以下几点启示：首先，小型农田水利工程产权制度是整体的农田水利发展思路下的一项具体制度安排。其次，随农田水利朝社会化、市场化方向发展，小型农田水利工程产权制度发展出了工程所有权、使用权和经营权三个核心概念。下面将基于这两点启示，分别讨论在总体治理模式、分层治理模式和复合治理模式下农田水利工程的产权配置问题。

### （一）总体治理模式下的农田水利产权配置

在总体治理模式下，灌区末级渠系的治理（管理）主体是农村集体经济组织或农民用水户协会，所以，农田水利工程的产权配置也主要与这两类主体相关。在灌区末级渠系的治理中，农田水利工程产权配置的总体原则是，有利于灌溉管理主体为用水户提供了灌溉服务。下面将分别从所有权、使用权和经营权三个方面来讨论总体治理模式下，灌区末级渠系范围内的农田水利工程自然的产权配置形态。

在总体治理模式下，灌区末级渠系范围内的农田水利工程的所有权应当配置给受益主体，这里的受益主体指的是灌区末级渠系的全体用水户。在总体治理模式下，灌区末级渠系交由农村集体经济组织或农民用水户协会开展公共管理，相关的农田水利工程是共有产权的性质，可以说它是全体灌溉用水户的共有财产，这种农田水利所有权的代表人是农村集体经济组织或农民用水户协会。需要说明的是，上文的相关论述表明了农田水利工程的建设投入情况对其产权的影响，但应当清楚的是，农田水利工程的建设投入首先受制于其发展模式，所以，在总体治理模式下，也会由于其特有的建设投入模式来塑造农田水利工程共有的产权形态。

在总体治理模式下，灌区末级渠系范围内的农田水利工程的使用权应当归属相应的管理（治理）主体，即归属农村集体经济组织或者农民用水户协会。农田水利工程的使用权是灌区末级渠系的治理主体开展灌溉管理的基础。

在总体治理模式下，灌区末级渠系范围内的农田水利工程的灌排功能是难以设置经营权的，因为灌溉服务本身具有非排他性。值得一提的是，可能出现的一种情形是：灌溉管理主体将一定的水利工程的管理交由一定的市场主体进行，比如，农村集体经济组织将一个小型的泵站交给一个懂点水电技术的农户管理，每年支付给其一定的酬劳，这是水利工程管理职能的市场化，而非为水利工程设置了经营权。但，在另一方面，水利工程的非灌排功能却可能设置经营权，比如小水库的水面就可以设置经营权，获得经营权的人可以利用水面进行养殖。本书认为，灌区末级渠系范围内的农田水利工程不仅可以设置经营权，而且这类经营权的设置应当市场化，也就是说，相关的经营权不应当只是掌握在农村集体经济组织或者农民用水户协会手中，也可以通过转让、承包、拍卖等方式由市场主体实施。不过，在经营权转移时，灌溉管理主体与这些市场化的经营权主体需要就灌溉功能与非灌溉功能可能形成的冲突达成协定。

建设投入情况是影响农田水利工程产权配置的关键要素，而讨论这一问题的起点又应当是治理模式下特有的农田水利建设投入模式，在这里将对总体治理模式下农田水利的建设投入模式进行阐述，并且表明其对农田水利工程所有权、使用权和经营权的影响。

在总体治理模式下，农田水利工程的建设由灌溉管理主体实施，或者是通过灌溉管理主体实施的。具体来说，农田水利工程可以由灌溉管理主体实施，一般情况下它可以通过向用水户筹资的方式实施，且它一般还会获得财政资金的支持，这种获取方式是以灌溉管理主体向相关部门进行项目申请的方式进行的，由此，工程建设完成以后的所有权当然地归属受益用水户，使用权当然地归属灌溉管理主体。农田水利工程还可以通过灌溉管理主体实施，也就是说，相关的农田水利工程主要由财政资金投入实施，但是通过灌溉管理组织反映用水户的需求偏好构成工程建设内容的重要部分，这样的工程建设完成以后，国家既可以将之确立为国家所有，也可以将产权转移给受益主体所有，当然在大多数情况下，国家都愿意将之转移给用水户进行自主管理。实际上，灌区末级渠系的一些水利工程的建设还可以引入市场主体进行，不过正如上文所述，并不是所有的农田水利工程都具有经营可能，仅仅是能够经营的农田水利工程才可能引入市场主体投资建设，但建成以后并不影响所有权的配置，仅是让相关的投入主体获得经营权，并且还应当特别注意这种经营权可能与水利灌溉工程之间的冲突协调。

## （二）分层治理模式下的农田水利产权配置

分层治理模式下，灌区末级渠系的治理主体是农村集体经济组织，受益主体是灌区末级渠系控制灌溉面积内的用水户，这些用水户同时也是集体经济组织的成员。下面也将分别阐述分层治理模式下农田水利所有权、使用权和经营权自然的配置状态。

在分层治理模式下，灌区末级渠系范围内的农田水利工程的所有权应当归属相应的受益主体，即全体用水户，在这里也可以称之为是农民集体，这是因为这里的用水户同时也是集体经济组织的成员。不过与总体治理模式下由农村集体经济组织开展灌溉管理的情形不同，在分层治理模式下，虽然总体上可以将农田水利工程的所有权配置也表述为归属农民集体，但是后者所指的农民集体既包括村一级的农民集体，也包括小组一级的农民集体。在分层治理模式下，灌区末级渠系范围内的农田水利工程的公共性是有层次区分的，因此以受益主体的范围来确定所有权主体也是有区分的。具体来说，在基本灌溉单元以内且受益主体限于本灌溉单元的农田水利工程，其所有权归属村民小组一级的农村集体；基本灌溉单元以外的农田水利工程主要即是支渠、斗渠，这部分农田水利工程的所有权应当归属村一级农民集体。

在分层治理模式下，灌区末级渠系范围内的农田水利工程使用权应当归属农村集体经济组织，并且这里的农村集体经济组织指的是村一级集体经济组织。在分层治理模式下，灌区末级渠系的治理主体是农村集体经济组织，不论是归属哪一级农民集体所有的农田水利工程，都应当交由村一级农村集体经济组织进行统筹利用，这也就是说农田水利工程的使用权应当归属村一级农村集体经济组织。

在分层治理模式下，灌区末级渠系范围内的农田水利工程的经营权的设置与总体治理模式下的情形类似，也就是说，针对于农田水利工程的相关灌排功能本身很难设置经营权，而针对农田水利工程的其他经营可能，是可以设置经营权的。农田水利工程的其他经营可能，在分层治理模式下，依然应当鼓励经营权的市场化，但是同时也应当注意这些经营权与灌排功能之间可能存在的冲突，鼓励灌溉管理主体与经营主体之间做好事前的协商，并且要制定相应的救济制度。

在分层治理模式下，应当由农村集体经济组织作为相关农田水利工程的建设主体，或者纯粹由财政资金投入建设，但是以农村集体经济组织作为公共品需求偏好的表达渠道。在分层治理模式下，也可以鼓励市场主体投入农田水利建设，但是市场主体只能获得相关的经营权，并由于灌区末级渠系范围内的农田水利工程的灌排功能难以设置经营权，这里的经营权是农田水利工程在灌排功能外其他功能领域的经营权。

## （三）复合治理模式下的农田水利产权配置

在复合治理模式下，灌区末级渠系的治理主体是农村集体经济组织和灌溉用水户协会，这两个主体在灌溉管理中的结合构成了完整的灌区末级渠系治理的内容。下面也将分别阐述复合治理模式下灌区末级渠系范围内农田水利工程所有权、使用权和经营权自然的配置状况。

将工程的所有权配置给受益主体，这应是灌区末级渠系范围内农田水利工程产权配置的基本原则之一。在这一基本原则之下，复合治理模式下的农田水利工程所有权配置情况如下。

第一，基本灌溉单元以内且受益主体限于本灌溉单元的农田水利工程，其所有权归属村民小组一级农民集体。

第二，基本灌溉单元以外的灌区面积渠系范围内的农田水利工程，主要指的是斗渠，在少数情况下指的是支渠，根据上述基本原则，这部分渠道的所有权也应该归属于其受益的全体用水户。不过，考虑到这部分用水户并没有形成公共的组织机构，其作为共同体或者说集体的界限非常模糊，所以这部分水利工程总体上还是应当归国家所有。

第三，国家也可以将其享有的斗渠（包含部分支渠）的所有权转移给了这些渠段的管理主体，即转移给灌溉用水户协会。

在复合治理模式下，灌区末级渠系范围内的农田水利工程的使用权应当主要归属两类主体：在上述基本灌溉单元以内，所有权归属村民小组一级农民集体的农田水利工程，其使用权应当归属村民小组一级农村集体经济组织；上述斗渠（包含部分支渠），不论所有权归属国家还是转移给了灌溉用水户协会，其使用权都应当归属灌溉用水户协会。

在复合治理模式下，灌区末级渠系范围内的农田水利工程的经营权的配置应当如下。

第一，在基本灌溉单元范围内，所有权归属村民小组一级农民集体的农田水工程，其灌排功能本身是难以设置经营权的，但其他的功能或可以设置经营权，如此则应当就这些功能准许设置经营权。当然，这种经营权的设置也应当考虑到其与水利工程灌排功能之间可能存在的冲突关系。

第二，斗渠（包含部分支渠），虽然其计量化的水平正在不断提升，但总体来说其配水还是难以设置排他性的，所以这部分渠段实际上很难设置经营权。

在复合治理模式下，也可以通过相应的灌溉管理主体来引导社会主体和市场主体投入农田水利建设，具体来说：村民小组一级的农村集体经济组织本身可以作为基本灌溉单元内水利工程的建设主体，虽然这部分农田水利工程建设的大部分投入还得依靠国家和各级财政，但是通过农村集体经济组织也可能筹措到一部分建设资金。和总体治理模式和分层治理模式下市场主体投入农田水利建设的情况相似，在复合治理模式下，由于斗渠（包含部分支渠）的非排他性，市场主体只可能参与到基本灌溉单元内部部分水利工程的建设，并且它也只能在工程灌排功能以外的其他功能方面获得经营权。斗渠（包含部分支渠）的建设，除了国家投入以外，还可以通过灌溉用水户协会筹措一部分社会资金投入建设。

# 第九章

## 河道生态治理与修复技术

### 第一节 生态河道防护技术

#### 一、城市防洪排涝安全

城市防洪排涝安全是指城市在遭受强降雨、洪水、内涝等自然灾害时，通过各种手段和措施保障城市内部设施、人民生命财产安全以及城市正常运转。在城市防洪排涝安全中，需要采取综合措施，包括完善城市排水系统、加强城市防洪体系建设、规划合理的城市土地利用、强化预警监测机制等，从而提高了城市的防洪排涝能力和安全性。

（一）防洪、排涝、排水三种设计标准的关系

防洪、排涝、排水是城市河道设计中的三个重要方面，它们之间存在着一定的关系。

防洪设计是城市河道设计的首要任务，其目的是要保证城市河道在遭遇洪水时能够顺利地排泄洪水，防止洪水泛滥进入城市区域，造成灾害和损失。在进行防洪设计时，需要根据河道的水力条件，结合洪水特征和历史经验，确定防洪标准，一般包括洪峰流量和洪水位等指标。

排涝设计是城市河道设计中的另一个重要方面，其目的是保证城市河道在日常情况下能够顺畅地排泄雨水和污水，防止城市地区积水、淹涝等问题的发生。在进行排涝设计时，需要考虑城市河道的排水能力和水力条件，根据城市区域的雨洪特征和雨水收集系统的情况，确定排涝标准，一般包括日常流量和涝限水位等指标。

排水设计是城市河道设计的另一个方面，其目的是将城市污水排入河道或其他水体，防止污水对城市环境和公共卫生的危害。在进行排水设计时，需要根据城市污水产生的情况，确定污水排放标准，一般包括排放浓度、排放量等指标。

可以看出，防洪、排涝、排水三种设计标准之间是相互联系的，彼此影响。在进行城市河道设计时，需要根据实际情况综合考虑，确保三者之间的协调和统一，从而满足城市的发展和改善人民生活的需要。

城市防洪，城市排涝及城市排水三种设计标准的区别与联系主要表现在以下几个方面。

### 1. 适用情况不同

防洪、排涝、排水三种设计标准是根据城市的不同需求和特点而制定的，适用情况也不同。

防洪标准是为了保障城市在遭受洪水侵袭时的安全而制定的，通常包括确定不同概率的洪水位和流量，以及相应的安全防护措施。

排涝标准是为解决城市内部雨水和污水的排放问题而制定的，通常包括排水能力和排水管道的规划设计等。

排水标准是为了保障城市内部排水系统的正常运行而制定的，包括确定排水管道的规划设计、水位、流量等。

这三种设计标准在城市防洪排涝安全中各自发挥着重要的作用，但是在实际应用中需要根据城市的实际情况进行综合考虑和协调。例如，防洪措施和排涝措施可以相互补充，同时，排水系统也要考虑防洪因素的影响。因此，在城市防洪排涝安全工作中，需要统筹规划和综合考虑各种因素，以确保城市安全和可持续发展。

### 2. 重现期含义的区别

重现期是指某种自然灾害或其他事件发生的频率，通常用年数来表示，可以被用于衡量某个区域或设施的防御能力。在防洪设计中，重现期指的是某种水位或流量发生的频率，例如100年一遇洪水就指在平均每100年发生一次的洪水事件。

在地震设计中，重现期则指的是某种地震强度发生的频率，比如7级地震100年一遇就指平均每100年发生一次7级地震。

在气象学中，重现期指的是某种天气现象发生的频率，例如100年一遇的暴雨就指平均每100年发生一次的暴雨。

可以看到，重现期的含义在不同领域中有所区别，但都是用衡量某种事件发生的频率。

### 3. 突破后危害程度不同

突破后的危害程度与设计标准密切相关。设计标准一般考虑的是在规定的设计条件下的水文或气象极值发生时的情况，而突破后发生的洪水、暴雨等天气事件可能会超出设计标准所考虑的范围，导致危害程度加剧，造成更严重的影响。因此，需要在设计时充分考虑历史洪水、暴雨等数据和实际情况，综合分析确定合适的设计标准和安全保障措施。同时，还需要加强监测预警和应急管理，及时采取措施减少灾害损失。

### 4. 外洪内涝之间具有一定程度的"因果"关系

外洪内涝之间存在一定程度的因果关系。洪水在流经城市时，由于城市建设、地面覆盖等原因，流量进一步集中，容易造成内涝。另一方面，内涝也可能导致洪水的加剧，如内涝导致道路积水、涝水淤积等情况，会影响排水系统的通畅，导致洪水无法及时排出，从而使洪水发生更严重的影响。因此，对城市防洪排涝工作，应当综合考虑外洪和内涝的影响，采取相应的措施，从源头上预防和控制洪水的发生，同时做好排涝工作，以降低洪涝灾害的风险。

## （二）相关水力设计

### 1. 流量和水位

城市水利工程定量的分析和设计需要进行水文、水力学、泥沙以及结构稳定等方面的计算，推求设计流量和相应水位是所有工作的第一步也是关键的一步。城市河湖流量和水位往往不是单一的，应考虑多个流量和水位条件。

在不同的流量条件下，流速随着流量的加大相应变大，当流量达到出槽（出滩）水位时，河道流速一般情况下会逼近最大值。很多观测资料已经证明，在水位上升阶段，水流溢出到河漫滩，横向的动量损失会导致河道水流流速降低，在这种情况下，可根据平滩水力条件进行河岸防护设计或进行河流内栖息地结构的稳定性分析。如果水流受到地形或植被的影响，随着流量的增加，河道流速继续增加，需采用最大洪水流量条件下的参数进行河道岸坡防护和栖息地结构设计。

在工程规划设计中考虑河岸带的植物和景观设计，应进行有植被区可能淹没水深及流速的评价分析，从而指导植被物种的选取以及节点铺装的选择。为避免滩地景观建设对河道行洪安全的影响，在河岸带种植、景观设施建设中一般应满足以下要求：①滩地景观节点处的铺装广场高程应与附近平均滩面平齐，广场栏杆，路灯、座凳和雕塑的排列方向应与主流方向基本一致；②滩地上禁止种植一定规模的片林，减少了冠木和高秆植物的种植；③滩地禁止建设较大体积的单体建筑或永久性建筑；④施工临时物料堆放场地应尽量安排在近堤处或堤外，禁止在大桥等河道卡口处集中堆放大量的河道疏浚开挖料。

### 2. 设计雨洪流量过程计算

城市防洪、城市排涝是紧密联系的，但也是有区别的两个概念。一般认为，城市防洪是防止外来水影响城市的正常运作，防止外洪破城而入；城市排涝是排除城市本地降雨产生的径流；城市洪涝灾害显著的特点是内涝，即外河洪水位抬升，城区雨洪内水难以有效排除而致涝灾；外洪破城而人并非普遍现象，城市河道设计流量往往是根据暴雨系列资料，按照设计标准推求雨洪的流量。

（1）城市地区设计暴雨过程计算目前排水设计手册应用下式：

$$i = \frac{A_1(L + C\lg T_E)}{(t + B)^n} \tag{9-1}$$

式中：$i$ 为平均暴雨强度，mm/min；$T_E$ 为重现期，年；$t$ 为降水历时，min；$B$，$n$，$A_1$，$C$ 为地方参数。

另一种公式形式为

$$i = \frac{A}{t^n + B} \tag{9-2}$$

重现期 $T_E$ 综合考虑当地经济能力和公众对洪灾的承受能力后选定，亦可进行定量经济分析。地方参数可查设计手册，也可根据历史资料进行计算。

水利部门采用的设计暴雨公式为

$$i = \frac{A}{t^n} \qquad (9-3)$$

水利部门拟订设计暴雨时程分配方法时，一般是采取当地实测雨型，以不同时段的同频率设计雨量控制，分时段放大，要求设计暴雨过程的各种时段的雨量都达到同一设计频率。

参考我国水利部门习惯采用的同频率放大法及城市设计暴雨的特性，可以得到用推求城市设计暴雨过程的同频率法。使用该方法所得设计暴雨过程的最大各时段设计雨量与公式计算结果一致。用 $r$ 表示峰前降水历时时段数（包括最大降水时段），取

$$A = A_1(L + C\lg T_E) \qquad (9-4)$$

设计暴雨强度公式也可写成

$$i = \frac{A}{(t+B)^n} \qquad (9-5)$$

计算时段用 $D_i$ 表示，降水总时段数为 m，降水总历时为 $T = m \times D_t$，取 $t = kD_t$，可计算出各种历时的设计暴雨强度 $i_k$ 以及设计暴雨量 $SP_k$

$$\left.\begin{aligned} i_k &= \frac{A}{(KD_t+B)^n} \\ SP_k &= \frac{AKD_t}{(KD_t+B)^n} \\ k &= 1,2,\cdots,m \end{aligned}\right\} \qquad (9-6)$$

用 $LP_{(k)}$ 表示各时段的设计暴雨量，则有

$$\left.\begin{aligned} LP_1 &= SP_1 \\ LP_{(2)} &= SP_2 - SP_1 \\ &\vdots \\ LP_{(k)} &= SP_{(k)} - SP_{k-1} \\ k &= 2,3,\cdots,m \\ LP_{(1)} &\geqslant LP_{(2)} \geqslant LP_{(3)} \geqslant \cdots \geqslant LP_m \end{aligned}\right\} \qquad (9-7)$$

然后将这样得出的设计暴雨过程再进一步地修正。修正方法将最大时段暴雨放在第 $r$ 时段上，设 $P_{(1)}$，$P_{(2)}$，$P_{(m)}$ 为修正后的设计暴雨时程分配，则有

当 $r \leqslant \frac{m}{2}$ 时

$$P_{(j)} = \begin{cases} LP(2r-2j) & j = 1 \sim r-1 \\ LP(2j-2r+1) & j = r \sim 2r-1 \\ LP_j & j = 2r \sim m \end{cases} \qquad (9-8)$$

当 $r > \frac{m}{2}$ 时

$$P_{(j)} = \begin{cases} LP(m-1-j) & j = 1 \sim m-2(m-r)-1 \\ LP(2r-2j) & j = m-2(m-r) \sim r-1 \\ LP(2j-2r+1) & j = r \sim m \end{cases} \qquad (9-9)$$

（2）设计暴雨频率计算中的选样方法

在设计暴雨频率计算中，选样方法是指从历史观测资料中选取一定数量的极端降雨事件作为分析样本，并将其用于推断一定频率的极端降雨量。目前常用的选样方法有以下几种：

① 固定区间法：将历史观测资料按时间顺序排列，再将时间平均分成若干个时间段，从每个时间段内选取一个最大值和一个次大值作为样本。

② 等水平概率法：根据统计学原理，设定一个降雨量概率分布模型，然后通过计算使模型估计值和观测值的差异最小化，从而选出符合该概率分布模型的极端降雨事件作为样本。

③ 等时间间隔法：按照固定的时间间隔（如每年或每个季度）选取一个最大值和一个次大值作为样本。

④ 混合法：综合采用上述各种方法，选取不同的样本组合进行分析。

在实际应用中，不同的选样方法对于极端降雨事件的分析结果可能存在一定的差异，因此需要根据具体情况进行选择和比较，以获得更加准确可靠的结果。

3. 糙率

传统的河道工程一般从防洪角度出发，为了有利行洪，不允许河道内生长高秤，高密度植物，但在城市河道工程中，为了发挥河流的生态景观功能，一般要在河道岸坡和河漫滩引入植被。但植被的引入不可避免地要改变河道水力特性，影响水流过程，降低行洪能力。为此，需要专门的水力学计算，评价河道过流能力，并且采取相应的补偿措施以满足防洪需求。按照常规水力学的计算要求，需要确定河道和河漫滩的糙率 n。

糙率是指河道床面的表面形态不规则程度的参数，通常用糙率系数来表示，也称为粗糙系数。糙率系数是河床表面粗糙程度的定量化指标，它是指河床单位长度内摩擦力和惯性力之比的大小，是控制河流水动力学过程的重要因素之一。糙率系数的大小取决于河床的粗糙度，包括了河床表面的形态、粗糙程度、大小、分布等因素。在水文学和水力学中，糙率系数是计算水流速度、流量和水力坡降等水文水力参数的重要基础数据。

4. 流速

河道流速的大小主要与河流的水面纵比降，河床的粗糙度，水深，风向和风速等因素有关。河流中的流速沿着垂线（水深）和横断面是变化的，理解和研究流速的变化规律对解决工程的实际问题有很重要的意义。

（1）垂线上的流速分布

河道中常见的垂线流速分布曲线，一般水面的流速大于河底，且曲线呈一定形状。只有封冻的河流或受潮汐影响的河流，其曲线呈特殊的形状。由于影响流速曲线形状的因素很多，如糙率、冰冻、水草、风、水深以及上下游河道形势等，垂线流速分布曲线的形状多种多样。

许多学者经过试验研究得出一些经验、半经验性的垂线流速分布模型，如抛物线模型、指数模型，双曲线模型，椭圆模型及对数模型等。但这些模型在使用时都有一定的局限性，其结果多为近似值。

（2）横断面的流速分布

横断面流速分布也受到断面形状、糙率，冰冻、水草，河流弯曲形势水深及风等因素的影响。可通过绘制等流速曲线来研究横断面流速分布的规律，分别为畅流期及封冻期的等流速曲线。

河底与岸边附近流速最小；冰面下的流速，近两岸边的流速小于中泓的流速，最深处的水面流速最大；垂线上最大流速，畅流期出现在水面至 0.2h 范围内；封冻期则由于盖面冰的影响，对水流阻力增大，最大流速从水面移向半深处，等流速曲线形成闭合状。

在工程规划设计中，技术人员关注流速大小的意义主要表现在如下两个方面：

① 河道的河床土质是否能满足设计最大流速的抗冲要求，这决定了是否对岸坡或河底采取防护措施。

② 计算防护工程或水工建筑物时河床冲刷深度设计流速的选取。这里需要注意不同的公式要求的流速概念是不同的，比如说，在冲刷深度的计算公式中，波尔达科夫公式流速为坝前的局部冲刷流速，马卡耶夫公式和张红武公式中流速则为坝前行进流速。

流速的选取对于水工建筑物的设计非常重要。常见的流速有瞬时最大流速、前缘平均流速、中心流速、近底部流速等。在设计中，选择流速应当综合考虑多个因素，比如河道的流态特性、河床的粗糙程度、水位变化范围、工程目的等等。

在实际工程中，若已有实测的流速数据，应当以实测数据为准。对于未测量的区域，可以根据类似河道的历史资料来选择流速。对于没有可靠资料的区域，则可以根据类似的河道经验来进行推算。另外，在选择流速时，也需要考虑不同流速之间的换算关系，以确保设计的准确性。

## 二、亲水安全

亲水设计一词是现代景观设计的概念，也是现代景观设计的重要内容之一，是为了满足人们亲水活动的心理要求，建造现代城市亲水景观和亲近自然的居住环境而提出的。亲水设计的内容通常根据人们亲水活动的范围而确定，常见的亲水活动主要有岸边戏水、水边漫步、垂钓和其他活动。因而，"亲水设计"更多体现的是亲水设施和场地的设计，例如水边阶梯与踏步，水边散步道、栈道与平台、休憩亭与坐椅等。

在提倡近水和亲水设计的同时，不应忽略安全问题，狭义的亲水安全指的是在接近，接触水的水边部位应考虑防范性的安全设施，避免在亲水区发生跌倒，溺水事故。广义的亲水安全除安全防护避免人员伤亡外，还应当满足人们嬉水、玩水与水接触时水质的达标与否。

（一）亲水水质要求

1. 水质标准

（1）景观娱乐用水水质标准

一般城市水利工程的水源来自两个方面：河水以及地下水，各种景观因其效果不同，对于水质要求也有很大区别，分为 A、B、C 三类标准。

（2）地表水环境质量标准

地表水环境质量标准是指为了保护地表水环境，减少污染物对水生态和人体健康的影响而规定的各种物理、化学、生物指标的界限值和评价方法。它是国家环境保护行政主管部门按照《中华人民共和国环境保护法》的要求，依据水环境质量目标和水体功能区划，经科学研究和风险评估等方式制定的环境保护标准，是衡量地表水环境质量的重要指标。

根据国家环境保护标准，我国地表水环境质量标准分为五大类，分别是：

Ⅰ类水质：是指水质较好的水体，适用于集中式饮用水源地和各类保护区的环境保护要求；

Ⅱ类水质：是指水质较好的水体，适用于一般工业用水、城市给排水、生活饮用水源地的环境保护要求；

Ⅲ类水质：是指可以作为农田灌溉、一般景观要求的水体，适用农业用水、一般景观要求的环境保护要求；

Ⅳ类水质：是指较差的水质，适用于渔业生产和一般景观要求的环境保护要求；

Ⅴ类水质：是指极差的水质，只适用于农业排水、工业用冷却水等少数方面的环境保护要求。

以上标准是在保障环境、保障生态和保障人民健康的前提下，根据不同用途和不同功能需求而进行的分类制定。

2. 水质评价

（1）评价方法

一般可采用单因子与综合加权法对河道水体进行水质评价，下面对单因子和综合加权法予以介绍。

① 单因子法

以水体单个指标与标准值的比较作为依据，评价水质的一种方法。其计算公式如下：

$$P_i = C_i / S_i \qquad (9-10)$$

式中：$P_i$ 为超标倍数；$C_i$ 为第 $i$ 项污染参数的监测统计浓度值；$S_i$ 为第 $i$ 项污染参数的评价标准值。

② 综合加权法

将综合指标与水质类别统一起来进行分析，计算公式如下：

$$I_j = q_j + \rho \sum_{i=1}^{m} \frac{W_i}{\sum W_i} \cdot \frac{C_i}{S_i} \qquad (9-11)$$

式中：$I_j$ 为 $j$ 断面综合指数；$q_j$ 为 $j$ 断面综合水质类别的影响，当水质类别为Ⅰ、Ⅱ、Ⅲ、Ⅳ、Ⅴ类时分别对应 1，2，3，4，5，水质超过Ⅴ类水质时定义为劣Ⅴ类水质，$q_j$ 取 6；$\rho$ 为经验系数；$W_i$ 为第 $i$ 项污染指标的权重。

$$\rho \times \sum_{i=1}^{m} \frac{W_i}{\sum W_i} \cdot \frac{C_i}{S_i} \leq 1 \qquad (9-12)$$

$\rho$ 的选取既要保证式（9-12）的作用，也要具有较高的分辨率，当水质类别为Ⅰ类时，$\rho$ 取 1；当水质类别为 Ⅱ 类时，$\rho$ 取 0.147；当水质类别为 Ⅲ 类时，$\rho$ 取 0.145；当水质类别为 Ⅳ 类时，$p$ 取 0.141；当水质类别为 Ⅴ 类时，$\rho$ 取 0.118；当水质类别为劣 Ⅴ 类时，$\rho$ 取 0.117。

$W_i$ 计算公式如下：

$$W_i = \frac{S_{i1}}{S_{i5}} \tag{9-13}$$

式中：$S_i$ 为第 $i$ 种污染指标 Ⅰ 类水质标准值；$S_{is}$ 为第 $i$ 种污染指标 Ⅴ 类水质标准值。

很明显，这种方法计算的综合指数由整数和小数两部分组成，其优点在于，指数的整数部分代表了水质的类别，小数部分考虑了各污染指标的超标程度及其权重，说明了水体的污染程度。式中 $W_i$ 的确定是以污染物超标倍数对水质的贡献率大小为依据的，它的指导思想是基于地表水环境质量标准中的 Ⅰ 类标准，同样的超标倍数，若达到了更差类别水质标准，即说明此污染指标对水污染超标率贡献大，并且考虑综合指标数与水质类别相一致，这在水质综合评价中具有一定的可比性。

（2）评价指标

根据功能要求，选择相应的水质标准作为评价标准，通过取样采用合理的评价方法对水体水质中的高锰酸盐指数、总氮、总磷、色度、pH 值和浊度等指标进行分析，说明水质达标情况。一般来说，总氮、总磷，高锰酸盐指数、浊度、色度、pH 值的大小就是代表了水体受污染的程度，也就是说这些指标的数值就是水体是否受到污染的体现以及受污染程度的体现。

① 氮和磷

氮和磷是水体中的两种营养物质。氮和磷含量高是水体富营养化的根源，也是水体生物生长的必需元素。氮和磷能够刺激藻类的生长，当它们过量积累在水体中时，会导致藻类大量繁殖，引发水华和富营养化现象。另外，氮和磷还会消耗水中的溶解氧，造成水体缺氧和水生生物死亡，影响水生态系统的平衡。因此，控制水体中氮和磷的含量是保持水质健康的重要措施之一。

② 高锰酸盐指数

高锰酸盐指数是用于评价水体中有机物和无机物氧化程度的指标。在水体中，高锰酸钾可氧化许多有机物和无机物，其中高锰酸盐指数是指在强氧化剂高锰酸钾存在下，水中有机物和无机物被氧化消耗一定量的高锰酸钾的化学需氧量（COD）。通常，高锰酸盐指数越高，水体中的有机物和无机物含量越高，表明水体中污染程度较高，水质也相应较差，高锰酸盐指数是评价水体污染程度的重要指标之一。

水体中的高锰酸盐指数越低，表明景观水的水质越好；景观水的高锰酸盐指数越高，表明景观水受污染状况越严重。

③ 浊度

浊度是指水中悬浮颗粒物质的数量与大小程度的度量。一般来说，水中的悬浮物质越多、颗粒越大，浊度就越高。浊度通常用数值来表示，单位为 NTU（nephelometric turbidity units，浊度单位）。浊度的高低是评价水质好坏的一个重要指标，浑浊度过高会影响水的使用和美观，同时也会影响水中其他污染物的检测和处理。常见的浊度来源包括沉积物、有机物质、微生物、铁锰等，因此，浊度的监测也可以用于分析水体中悬浮物质的来源及性质，从而指导水的治理和保护。

④ pH 值

水的 pH 值，也就是水的酸碱度，它主要对水体和水岸边植物的生长产生影响，对水体中动物的生活和水体中的微生物活动产生影响。

如果水体过于偏碱性或过于偏酸性，就会导致水体中的动植物和微生物不能正常活动，从而导致整个水体的自净功能瘫痪。

⑤ 水的色度

水的色度是指水中溶解、悬浮或胶体状态下的有色物质引起的颜色深浅程度，通常用色度计测定。水的色度可以反映水中有机物、无机物、细菌等的含量和水质的综合状况，是衡量水质的一个重要指标之一。水的色度高，通常会给人一种不清洁、不卫生的感觉，同时也可能对人体健康造成影响。所以，在饮用水、工业用水等领域，对水的色度有明确的标准要求，需要进行监测和处理。

虽然色度并不能准确地表示水体的污染程度，但城市河道水体本身就是供人们欣赏用的，人们从感官上只会注意水的颜色和味道，所以如果景观水的水体颜色较深，常给人以不愉悦感，根据水质分析结果，景观水的水体颜色越深，水体受污染状况越严重。

3. 水处理技术

城市河道水体的水质维护主要目标是控制水体中 COD、$BOD_5$，氮、磷、大肠杆菌等污染物的含量及菌藻滋生，保持水体的清澈、洁净和无异味。水处理的目的是保证和保持整个景观水域的水质，使水景真正成为提高居民生活品质的重要因素。为使水景的感官效果和水景的水质指标都能达到景观水景的设计和运行要求，就要有相应的水处理技术对景观水水体进行处理，从而使水景完美地展示出其效果。

（1）物理措施

在景观水处理技术中，传统的治理方法就是物理过滤方法和引水换水法，虽然这些物理方法不能保证水体有机物污染的降低，彻底净化水质，但是其能短时间内改善水质，是水体净化的首选处理方法。

① 引水换水

引水换水是一种水利工程技术，通过引入新鲜的水源，将原本停留在水体中的污染物排走，从而改善水体质量的方法。一般来说，引水换水的目的是为了降低水体的污染物浓度，提高水质，从而保障水体的可持续利用和生态环境的健康。

在实践中，引水换水的具体方式包括两种：

第一，直接引入新鲜的水源，将原有的污染水体挤出水体外，达到替换、更新水体的效果。这种方式适用于污染程度不太高的水体，通常应选择水质良好的水源。

第二，通过工程手段，将新鲜的水源引导到水体底部，从而将污染物挤出水体，同时引导底部污染物向水体表层浮起，实现水体的更新。这种方式适用于污染程度较高的水体，通常应结合水体的实际情况，采取了适当的工程手段。

需要注意的是，在实施引水换水的过程中，应根据水体的污染情况、水源的水质和水体的环境特点等综合因素进行具体的方案设计和实施，确保引水换水的效果最大化。同时，在引水换水过程中，也要加强对水质的监测和管理，及时发现和解决问题。

② 循环过滤

循环过滤是一种水处理技术，主要用于去除水中的悬浮物、颗粒物、微生物等杂质，从而提高水质。循环过滤系统包括滤料池、进水管道、滤料、过滤系统控制系统等组成部分。在循环过滤系统中，水从进水管道进入滤料池，通过滤料层的过滤作用，去除水中的杂质，然后通过出水管道排出。随着使用时间的增加，滤料层会逐渐被杂质堵塞，需要进行反冲洗清洗。循环过滤技术广泛应用市政供水、工业用水、游泳池、水族馆等领域。相比传统的混凝沉淀技术，循环过滤具有过滤效率高、占用土地面积小、操作和维护方便等优点。

③ 截污法

截污法是一种常见的水污染控制方法，主要通过在排放口设置截污设施，拦截污染物质，达到控制水污染的目的。

截污法的实施需要依靠科学的排污管网规划，对污染源进行合理的分类，制定相应的截污措施。常见的截污设施包括格栅、沉砂池、沉淀池、调节池、生态池等，这些设施可以有效地去除水中的悬浮物、沉积物和生化污染物等。

截污法的优点是成本相对较低，施工周期较短，对现有污染源可以快速实现治理。但是截污法只是一种控制污染的方法，无法完全消除污染，而且在实际应用中，由于人为操作不当或设施维护不到位等问题，截污设施也会出现堵塞或者失效的情况，需要及时维护和管理。

（2）物化处理

物化处理是指利用物理、化学等手段对水进行处理，去除其中的杂质、有机污染物、细菌等有害物质，使水质得到改善的过程。常见的物化处理方法包括：沉淀、吸附、过滤、氧化还原、膜技术等。这些方法可以单独或联合使用，根据水质的不同需求选择相应的处理方式，以达到净化水质的目的。物化处理相对生物处理而言，具有处理速度快、处理效果稳定、适用范围广等优点，因此在水处理领域得到广泛应用。

因此，在采用化学法处理景观水水体时，可以结合物理措施，这样可以使化学法和物理法共同达到最佳处理效果。

① 混凝沉淀法

混凝沉淀法是一种物化处理污水的方法。它利用化学药剂使悬浮在污水中的固体颗粒和胶体粒子凝聚成较大的絮状物，再通过重力沉淀或过滤等方式将其分离出来，达到处理污水的目的。混凝沉淀法的主要原理是在污水中加入适当的混凝剂，如铝盐或铁盐等，使污水中的悬浮颗粒和胶体颗粒带正电荷或负电荷，混凝剂带相反的电荷，它们之间会发生吸引作用而聚集成絮状物，随后采用重力沉淀或过滤等方式将其分离出来。混凝沉淀法具有操作简单、效果显著等优点，广泛应用污水处理中的预处理和初级处理等工序中。

② 加药气浮法

加药气浮法是一种利用气泡和药剂共同作用，使悬浮在水中的污染物聚集形成浮渣，从而实现水的净化的处理技术。该技术一般包括气浮池、加药装置、搅拌装置、泵和药品输送系统等部分。

在气浮池中，水经过净化处理进入池内，同时从底部喷入空气，形成大量的气泡。药剂也被加入到池中，通过搅拌作用，药剂和气泡共同作用，将污染物带到水面，形成浮渣。最后浮渣可以通过刮板机或其他方式收集，而净化后的水则从池底排出。

加药气浮法具有处理效率高、占用空间小、运行稳定等优点，广泛应用于各种污水处理场所，如城市污水处理厂、造纸厂、食品加工厂等等。

③ 人工曝气复氧技术

人工曝气复氧技术是一种利用机械能源提供的气泡在水中传递氧气的方法，可以提高水中氧气的含量，促进水体中有机物的氧化分解，从而改善水质。该技术主要适用于废水处理和水体水质恢复。在废水处理中，通过引入氧气和增加搅拌，使废水中的有机物和其他污染物得到有效分解和去除；在水体水质恢复中，该技术可以帮助水体中的富营养化物质分解，还原水体的自净能力。人工曝气复氧技术主要包括曝气设备和搅拌设备，常用的曝气设备有喷气曝气、气旋曝气和浮力曝气等。同时，搅拌设备可以采用机械搅拌或者气力搅拌等方法。该技术的主要优点是处理效率高、操作简单、成本较低、设备维护方便等。

④ 太阳光处理法

太阳光处理法是利用太阳能辐射作用于水体中的污染物分解或转化的一种水处理技术。太阳能辐射中的紫外线和可见光具有一定的能量，可以破坏水中有机物的化学键和氧化污染物，从而使污染物得到降解或转化。此外，太阳光照射水体还可以促进水中微生物的生长和代谢活动，提高水体自净能力。太阳光处理法是一种可持续、经济、环保的水处理技术，适用于一些偏远地区或没有电力供应的地方，也可以与其他水处理技术结合使用，提高水的净化效率。但太阳光处理法对太阳光的依赖程度较高，受季节、时间和天气等因素的影响较大，同时需要占用较大的土地面积进行处理。

（3）生化处理

生化处理是指利用微生物和其他生物的代谢活动来分解和稳定废水中有机物质的过程。在生化处理中，废水中的有机物质被生物体分解成无机物，如水和二氧化碳，同时产生微生物细胞，生化处理通常包括两种方法：活性污泥法和固定化生物法。

活性污泥法是通过向废水中添加氧气和适当的有机物，以促进微生物的生长和繁殖，来分解和去除废水中的有机物质。在活性污泥池中，微生物通过氧化和还原反应将有机物质转化为二氧化碳和水，并用它们来合成新的微生物细胞。

固定化生物法是将微生物细胞固定在材料表面，形成生物膜，用于生化处理。该方法适用于处理含有低浓度有机物的水体，如农业废水和城市污水。

生化处理是一种经济、高效、环保的处理方法，适用各种类型的废水，包括农业废水、工业废水和城市污水等。

① 生物接触氧化

生物接触氧化是一种常见的废水生物处理技术，通过将废水与一定数量的微生物接触在一起，利用微生物的代谢活动分解和转化废水中的有机物质，达到净化水质的目的。生物接触氧化通常分为有氧生物接触氧化和厌氧生物接触氧化两种类型。

有氧生物接触氧化是指在氧气的存在下，废水中的有机物质被微生物分解和氧化的过程。这种方法通常采用曝气池和生物膜反应器作为反应器，生物质通过生长附着在填料表面，废水在填料和生物质之间流过，废水中的有机物质通过微生物的代谢和氧化作用被分解和去除。

厌氧生物接触氧化是指在缺氧或无氧的情况下，微生物利用有机物质作为氧化剂而不是氧气的过程。这种方法通常采用厌氧池或者厌氧生物滤池作为反应器，废水中的有机物质在厌氧条件下被微生物代谢和降解。厌氧生物接触氧化的产物主要是沼气，这种方法在处理高浓度有机废水时具一定的优势。

② 膜生物反应器

膜生物反应器（MBR）是一种先进的生物处理技术，将生物反应器和微孔膜技术结合，可高效地去除废水中的有机物、氮、磷等污染物和微生物，同时还能实现固液分离。MBR 系统一般由生物反应器、微孔膜模组和空气供应系统三部分组成。在 MBR 系统中，废水首先经过生物反应器进行生化反应，然后通过微孔膜模组进行固液分离，最后清洁水被重新循环利用或排放到环境中。MBR 系统具有高效、节能、占地面积小、出水水质稳定等优点，被广泛应用于城市污水处理、工业废水处理、海水淡化等领域。

③ 生物沟法

生物沟法是一种利用微生物附着在填料表面进行水处理的技术。该技术的主要原理是利用生物膜反应器中微生物的代谢作用，将水中有机污染物和氨氮等有害物质转化为无害的物质。生物沟法一般采用流动床或固定床反应器，填充物可采用生物膜反应器中常用的聚合物材料或天然物质，如石英砂、煤炭等，填充物的特点是表面积大，具有较好的附着性，便于微生物在其表面形成生物膜。

生物沟法在处理工艺上具有一定的优点，比如反应器构造简单，成本低，可进行集成化设计，适用于中小型处理工程，而且不需要外加氧气等条件，可以耐受不同程度的负荷冲击和有机负荷波动。但也存在一些缺点，如填充物易造成堵塞和阻力过大，需要经常清洗和维护，同时还需要控制沟内水力条件，避免产生缺氧区。

④ 综合法

综合法是将多种污水处理技术结合在一起，对于污水进行综合处理的一种方法。其目的是通过充分利用各种处理技术的优势，达到更高效、更经济、更环保的污水处理效果。常见的综合法有：A2/O 法、SBR 法、MBBR 法等。

A2/O 法（Anaerobic – Anoxic – Oxic Process）是利用厌氧 – 缺氧 – 好氧的处理过程进行有机物和氮的去除。该法通过一系列的厌氧反应、缺氧反应和好氧反应来进行污水的处理，具有低能耗、低操作成本、出水稳定等优点，被广泛应用城市污水、工业废水处理等领域。

SBR 法（Sequential Batch Reactor）是将生物接触氧化法与 SBR 工艺相结合的一种综合处理技术。通过分批进行反应，每个批次包括进水、曝气、沉淀、放水等多个阶段，使处理系统在一个反应池内完成多个工艺步骤。该法具有空间利用率高、反应器占地面积小、污泥量少等优点。

MBBR 法（Moving Bed Biofilm Reactor）是一种基于生物膜技术的污水处理技术，将流动的活性污泥颗粒嵌入到移动床填料中，形成生物膜，污水通过填料，与生物膜上的微生物接触并附着，通过生物降解来达到净化目的。该法具有占地面积小、处理效果好、运行成本低等优点。

（4）生态修复法

生态修复法是指通过人为干预的方式，恢复、重建或增强受损生态系统的结构、功能和过程，达到修复生态环境的目的。其主要原理是利用生态学原理和技术手段，通过植物修复、微生物修复、土壤修复、水生态修复等手段，对被破坏、受损或者退化的生态系统进行修复和重建，达到恢复自然生态系统功能和生态平衡的目的。

具体来说，生态修复法可以包括植物种植、土地治理、土壤改良、水体修复等多种手段。植物修复是通过植被的种植、移植和管理，促进土壤水分、养分的循环和有机物质的累积，从而改善土壤环境和修复生态系统。土地治理主要是通过水土保持、防风固沙等措施，保持土地的稳定性和肥力。土壤改良是指通过施用有机肥料、土壤调理剂、微生物等方法，改善土壤的物理、化学、生物性质，提高土壤肥力和改善土地环境。水体修复是指通过生态工程手段，如人工湿地、浮岛、生物滤池等，恢复水生态系统的水质、水量和水环境，修复湖泊、河流等水体生态系统。

生态修复法具有环保、经济、社会效益多方面的特点，可有效地改善和恢复受损的生态系统，提高自然资源的可持续利用能力，促进经济社会的可持续发展。

① 生物操纵控藻技术

生物操纵控藻技术是一种利用生物学原理对藻类进行控制和消除的技术。该技术的核心思想是通过增加或减少特定微生物种群，影响水体中藻类的生长和繁殖，从而达到控制和消除藻类的目的。常用的生物操纵控藻技术包括了投放植物、添加生物酶剂、引入竞争性生物、添加药物等方法。

投放植物是一种常用的生物操纵控藻技术，可以通过投放适宜的水生植物，利用植物的竞争作用，抑制藻类的生长和繁殖。例如，浮游植物和沉水植物可以通过光合作用吸收水中的营养物质，减少藻类的生长空间和营养来源，从而控制藻类的生长。

添加生物酶剂是一种通过添加特定微生物酶剂降解水中有机物，减少水体富营养化程度的技术。这些酶剂可以分解有机质和氮、磷等养分，减少藻类的营养来源，从而控制藻类的繁殖。

引入竞争性生物是一种通过引入与藻类竞争的微生物物种，影响藻类的生长和繁殖。这些微生物物种可以利用水中的有机物和营养物质，与藻类争夺生存空间和营养来源，从而控制藻类的生长和繁殖。

添加药物是一种常用的生物操纵控藻技术，通过添加特定药物，杀死水体中的藻类。这种方法一般用于紧急情况下的藻类爆发，效果较为明显，但是药物的使用也可能对水生态系统造成负面影响，需要慎重考虑。

② 水生植物净化技术

水生植物净化技术是利用水生植物的生态学原理，通过对构建水生植物人工湿地等工程，使污染水体在经过水生植物的吸收、吸附、降解、生物膜等过程中去除污染物质，以达到净化水体的目的。水生植物对水体中的氨氮、总氮、总磷等营养物质具有很好的吸收作用，同时还能吸附铜、锌、镉、铅等重金属离子，通过生长过程中形成的根系和微生物生物膜能够降解污染物质，将有机物质降解成无机物质和二氧化碳释放，从而减少有机物和氮、磷等营养物质的含量。此外，水生植物还能提高水体的溶解氧含量，促进水体自净作用。与传统的污水处理方法相比，水生植物净化技术具有操作简单、维护费用低、对环境影响小等优点，已经成为一种受到广泛关注和应用的水体净化技术。

③ 自然型河流构建技术

自然型河流构建技术是一种通过模拟自然河流的物理、生物以及化学过程，重建自然河床和河岸地形，促进自然河流的恢复和生态系统的再生。该技术在河流整治、水环境修复和生态保护等方面具有重要的应用价值。

具体来说，自然型河流构建技术包括以下步骤：

① 河流地形的规划和设计：根据河流的地貌、水文特征、土壤类型等情况，制定河流的地形规划和设计方案，确定河床宽度、深度、坡度等参数。

② 河床和岸边地形的重建：采用自然河流的地形特点，通过挖掘、填筑等方式，恢复河床的形态，同时重建河岸的形态和植被。

③ 河道水动力学的优化：通过增加河道的复杂度和曲率半径，使水流受到更多的摩擦和阻力，从而减缓水流速度，降低水动力学能量。

④ 生态系统的建设：通过引入自然湿地、人工湿地和水生植物等生态要素，增加了河流的生态多样性，促进生态系统的自我修复和恢复。

自然型河流构建技术可以改善河流水质和生态环境，增加河流的生态价值和景观价值，同时提高河流的洪水容量和防洪能力，减少洪涝灾害的发生。该技术已广泛应用于河流整治、水环境修复和生态保护等领域，并且取得了显著的效果。

④ 人工湿地

人工湿地是指通过设计和构建一定的湿地系统，利用湿地植物和微生物等生物群落，对废水进行自然的物理、化学、生物处理，达到净化水质的目的。人工湿地具有操作简便、运行成本低、对环境友好等优点，是一种有效的废水处理技术。

人工湿地可分为自流式人工湿地和人工通气式湿地两种。自流式人工湿地是通过将废水引入湿地系统中，利用湿地植物和微生物等生物群落，对水质进行自然的物理、化学、生物处理，达到净化水质的目的。人工通气式湿地是在自流式人工湿地的基础上，通过引入空气和增加湿地内氧气含量，促进湿地植物和微生物的生长，提高废水的处理效率。

人工湿地可以应用于各种规模的废水处理，包括农村污水、工业污水、城市污水等。此外，人工湿地还可以作为景观建设的一部分，美化环境，提高了生态价值。

## （二）滨水景观设计的安全

近年来，城市环境迅猛发展，滨水景观空间一如既往地受到市民喜欢和亲近，而水安全隐患也令人深思，如何在滨水空间中营造既有休闲功能、美观效益，又具备高安全，低隐患的亲水空间环境，是滨水景观设计应重点考虑的问题。现代滨水景观中的亲水景观主要通过以下几种方法来营造：①亲水道路。亲水道路进深较小，有几米或十几米的，也有几百米以及上千米的线形硬质亲水景观。②亲水广场。亲水广场进深与长度都有几十米至上百米，是大面积硬质亲水景观。③亲水平台。亲水平台是一种进深较小，宽度只有几米或十几米，长度也只有几十米的小面积硬质亲水景观。④亲水栈道。这是一种滨水园林线形近水硬质景观，是比亲水道路、亲水广场、亲水平台更加近水的一种亲水景观场所。有时亲水栈道离水面只有十几厘米、二十几厘米，游人可以伸手戏水、玩水。⑤亲水踏步。也是滨水园林线形亲水硬质景观，采用阶梯式踏步，下到水面，阶梯可宽 0.3~1.2m，长几十米至上百米。更便于游人安坐钓鱼或休闲戏水。这种亲水踏步比前述各种亲水景观更接近水面，更便于戏水娱乐，更能给人亲水的乐趣，回归自然之情趣。⑥亲水草坪。亲水草坪是滨水园林软质亲水景观。设计缓坡草坪伸到岸边，离水面 0.1~0.2m，水底在离岸 2m 处逐渐向外变深，岸边游人可戏水娱乐，伸脚踏水，其乐无穷。岸边可以用灌木或自然山石砌筑，既可固岸，又有亲水岸线景观变化。⑦亲水沙滩。亲水沙滩也是一种软质亲水景观，可容纳大量人流进行各种休闲娱乐。它充分利用滨水资源，创建不同于海滨沙滩的独特休闲空间，为内陆游客提供与众不同的体验。⑧亲水驳岸。这是一种线形硬质亲水景观。亲水驳岸的特点是驳岸低临水面，而不是高高在上，其压顶离水只有 0.1~0.3m，让游人亲水，戏水。驳岸材料不是平直的线条，可以是高低错落的自然石或大小不一的方整石，卵石，自然散置在驳岸线上，与周围环境取得和谐的亲水景观效果。

不论采用哪种方式营造亲水景观，在设计中都要注意亲水的安全性，在这将常见滨水空间内与人行为安全和心理安全相关的因素列举出来，通过分析各个因素的种类和特点，提出在亲水空间设计中所注意事项及关注的重点，为了今后亲水景观空间设计提供参考价值。

## 1. 亲水平台设计

现有常见的亲水平台大体分为两种，分别是内嵌式和出挑式。内嵌式距离景观水较远，亲水性差，但是能够保证安全性。出挑式亲水平台亲水性较好，但是安全性较差，尤其是相对较深的水体，对在平台上活动的人群存在安全的隐患和心理上的不适感。亲水平台的设计和定位须与场所功能性质相结合，比如内嵌式亲水平台适合远望水景，可营造良好的景观观望点；出挑式亲水平台设计可作为亲水嬉水的功能空间，设计中须充分考虑景观水深和水质条件。

在进行设计时，首先应满足项目所在地相应的设计规范，比如《公园设计规范》（GB 51192—2016）中就明确说明，在近水区域 2.0m 范围内水深大于 0.7m，平台须设栏杆。

有几十米的小面积硬质亲水平台，在静水环境可设踏步下到水面，按安全防护要求，一般应设栏杆，在离岸 2m 以内水深大于 0.70m 的情况下，栏杆应高于 1.05m；如果离岸 2m 以内水深小于 0.7m 或实际只有 0.30~0.50m 深，栏杆可以做成 0.45m 高，可以利用坐凳栏杆造型，既可供休闲娱乐观光，又有一定安全防护功能。如果实际水深只有 0.30m，可不设栏杆。一般各处亲水平台，在动水环境应设高于 1.05m 的栏杆。

## 2. 驳岸设计

现有常见的驳岸形式大体为草坡入水驳岸、景观置石驳岸，亲水台阶式驳岸、退台式驳岸、垂直型驳岸等等。

其中草坡人水驳岸、景观置石驳岸实际较为安全，设计多可结合植物种植营造生态型野趣驳岸。这种驳岸亲水性较好。退台式驳岸整体安全性不够，台地与台地之间也存在安全隐患，设计须结合栏杆和防滑措施。垂直型驳岸空间呆板无趣，并且有一定心理不安的感觉，设计需结合栏杆以保证场地安全性，在垂直驳岸上可以营造立体绿化，增添水岸景观性。

### 3. 安全设施设计

滨水空间设施从安全性角度上分为栏杆、小品，标示及指示系统等。设施指引着使用者正确、安全的行为方式，承担场地空间的提示与维护的作用，在不同安全系数的滨水空间设置不同特点的设施，从而保证使用者的安全。同时在设计中，充分考虑场地功能和使用人群的特点。

栏杆设计，从视觉效果上分为软质形式和硬质形式。软质栏杆能够保证使用者的亲水性，但是无形中怂恿了戏水者的过度亲水行为，存在安全隐患。硬质栏杆安全系数较高，但是会阻碍市民的亲水行为。栏杆从材质上可分为金属栏杆，木质栏杆、混凝土栏杆、石材栏杆、混合型栏杆等。

在栏杆的设计上主要有以下两个问题，一是栏杆尺寸不当，不符合人体工程学尺寸或未达到当地规范要求；二是栏杆的设置位置不当，并未能与其他景观构件形成良好的结合。从亲水空间管理方面，栏杆维护也是至关重要的，不稳固的栏杆安全隐患非常严重，很容易造成市民落水事故。《公园设计规范》（GB5 1192—2016）中规定；侧方高差大于1.0m的台阶，应设护栏设施；凡游人正常活动范围边缘临空高差大于1.0m处，均设护栏设施，其高度应大于1.05m；护栏设施必须坚固耐久且采用不易攀登的构造。

景观小品作为直接与人相接触的设施，其尺寸和材料的确定须考虑人的行为习惯和心理习惯。

滨水空间是市民最喜爱的去处，往往在游玩尽兴时，忽略人身安全，所以空间安全标示系统尤为重要。包括水深危险警示牌、临时性安全隐患警示牌、防滑警告牌等多种人性关怀的设施能够保证滨水空间使用者的人身安全。在垂直型驳岸处还可设置小平台或者水下脚踏台等自救设施，以保证不幸落水者能够顺利自救。在滨水空间设计中，还需在合适的位置安排安全的无障碍设施，提高了弱势群体的使用安全性。

### 4. 铺装设计

铺装材质的确定关乎使用者的步行安全，尤其是在亲水铺装区，铺装上容易溅上水珠，增大了安全隐患。滨水空间主要选用防滑效果较好的铺装材料。常用的铺装材质分为石材、防腐木、植草、混凝土、沥青、金属、玻璃等。其中防腐木，沥青，植草较为安全。石材铺装须选用荔枝面或毛面材质，禁止选用磨光面石材铺装材料。金属和玻璃铺装材料安全系数较低，在滨水场地设计中应慎用。

为保证安全性，铺装设计中可加入指示性色带或其他材质的铺装带，以提示游人正确、安全的游憩方向。

### 5. 照明设计

在城市滨水空间的规划和设计中，照明系统是非常重要的一环，特别是在夜间，照明系统不仅可以保障行人的安全，也可以让滨水空间的夜景更加美丽。在照明系统的设计上，需要考虑到照明灯具的布局、亮度、色温等因素，并且要根据滨水空间的不同用途和特点进行定制化的设计，以达到最佳的照明效果。此外，在使用 LED 等节能照明技术的同时，也需要避免对周围的生态环境造成影响。所以，在滨水空间的照明设计中，需要综合考虑安全性、美观性、节能性和环境保护性等多个方面的因素，才能达到最佳的效果。

照明在形式上分为基础性照明和氛围性照明。色彩心理学显示，冷白色和蓝色灯光具有镇静功效，适合基础性照明。红色和黄色的灯光对人的刺激和提醒作用比较强，适合烘托气氛。设计师在滨水空间景观设计中慎用旋转及闪烁的光源，注意眩光问题，并且在人可触及范围内需使用冷光源。

### 6. 植物景观设计

植物是滨水空间重要的景观资源，同时在人行为安全方面起着重要的作用。合理的植物设计，不仅可以增添空间的色彩化和多样性，同时还可以保证使用者行为的条理性和安全性。设计可在水边种植绿篱，以形成人与水的隔离。植物还可以结合栏杆，设施共同指引使用者正确的行为方向，以保证使用者的人身安全。

除了上述相关因素外，设计师还可以增设安全急救设施，逃生指示牌等，在意外事故发生时，第一时间实施营救或自救。

## 三、生态安全

生态安全是指生态环境的稳定和良好状态得到维护和保障，同时人类社会获得可持续发展的保障。它是生态环境保护与可持续发展的一个重要概念。

生态安全包括两个方面的内容：一方面是自然生态系统的安全，即维护自然生态系统的稳定和完整，保护生物多样性，维护生态平衡和生态稳定；另一方面是人类社会的安全，即保障人类社会可持续发展，维护人类生存和健康。这两个方面相互依存、相互促进。

生态安全与经济、社会和政治安全密切相关，生态系统崩溃和环境恶化将直接影响经济和社会的发展和稳定。因此，保障生态安全是人类社会的一项重要任务，需采取积极措施，促进经济社会的可持续发展，同时加强环境保护和生态修复工作，保护和改善自然环境。

## 四、"ARSH" 集成系统

"ARSH" 集成系统是指综合应用自动化、远程监测、智能控制、空间信息技术等现代科技手段，对于大型工业设施、城市基础设施、环境监测和管理等领域进行集成管理和智能化升级的一种系统。其中，"ARSH" 代表自动化（Automation）、远程监测（Remote monitoring）、智能控制（Smart control）、空间信息技术（Spatial Information Technology）四个方面的技术应用。通过集成各种传感器、数据采集系统、通信网络、计算机软硬件等设备和技术，实现对复杂系统的实时监测、数据分析和自动控制，提高设施运行的效率和可靠性，降低事故发生率，提高工作效率，减少资源浪费和环境污染，实现可持续发展的目标。

# 第二节　河道生态治理与修复技术

## 一、常用水污染治理技术

### （一）生态氧化沟（渠）技术

1. 原理与作用

生态氧化沟（渠）技术是指污染水体经过生态氧化沟（渠）介质的过滤、吸附以及微生物的生物功能实现污染物的去除。在好氧环境中，通过好氧微生物的降解、硝化反应等作用去除污染物；在厌氧或缺氧环境中，通过厌氧微生物的降解、反硝化作用等作用去除污染物。

2. 应用原则

本技术属生物处理技术，适用于氮、磷引起的富营养化水体的处理。该技术反应较慢，在单位时间内，处理能力取决于流经生态氧化沟（渠）的污染水体的流量及负荷，因此前期需要做好技术条件测试和环境条件的培养。

本技术占地面积较大，适用有足够空间环境条件。

3. 技术主要内容及工艺流程

该技术主要由沉降或过滤等预处理单元、厌氧滤床及氧化沟（渠）组成，其中厌氧滤床和氧化沟（渠）是该技术的核心单元；根据出水质要求，可构建两个或多个单元，以提高出水水质。

在处理系统中，污染水体先后经过预处理单元、厌氧滤床和生态氧化沟，首先沉淀及杂质得到去除，随后产生了反硝化作用和厌氧微生物降解作用，以及硝化作用，污水中的有机物和氮被去除，水体排出技术系统。

4. 系统运行管理要点

本技术系统基本上不需要复杂的机电设备及控制系统，各种曝气，搅拌装置和泵设备的维修比较简单。日常的运行与维护不需复杂的专业知识和技术。

5. 二次污染控制要求

水体排故基本不会造成下游水体的二次污染。

系统长期运行后，滤料可能饱和，需更换滤料以控制二次污染可能。

### 6. 技术系统特点

（1）具有较好的污水净化性能

该方法通常通过多个单元最佳工艺组合，对出水水体污染物可达到较好的去除效果，BOD、N 和 P 去除效果明显。

（2）节约能耗及成本

该技术系统中材料多采用当地土壤、砂砾、塑料载体（可用石子代替）等材料，因此建设费用较低。此外，通过地形高程设计可达到水体在技术系统中自流，实现低能耗运行，运行成本较低。因而，该技术可广泛应用经济相对不发达、土地面积相对较多的地区。

（3）环境友好

该系统基本利用自然的材料构建技术系统，基本不需投加化学试剂，基本不会给环境带来额外负荷，系统环境友好。

## （二）人工增氧技术

### 1. 原理与作用

人工增氧技术是人为向水体输送氧气，增加水体含氧量，达到去除水体中污染物的一种技术。人工增氧方式较多，如曝气装置、射流装置等，通过人工增氧抑制或破坏厌氧环境，形成好氧环境，达到了去除污染物的效果。

### 2. 应用原则

本技术属物理技术方法，适用于氮、磷富集的厌氧环境水体，一般应用于治理富营养化的湖泊、小型塘库和城市河道黑臭水体。

本技术装置需要电力驱动，适用于城市景观水域等环境地区。

### 3. 构建原则

安全性原则，应避开水域通道以免外力撞击。协调性原则，整体设计要和周围环境协调。单元设计便捷性，宜于后期维护和管理。

### 4. 管理及维护要点

本技术系统基本上不需要复杂的控制系统，各种充氧设备的维修比较简单。日常的运行与维护不需复杂的专业知识和技术。

### 5. 二次污染控制要求

本技术基本不存在二次污染。

### 6. 技术系统特点

该技术对氮、磷营养盐有较好的去除效果，同时能有效提高透明度。系统构建和维护比较方便。可以在较短时间内补充氧气，对治理城市河道黑臭水体效果明显。

### （三）贫营养生物吸着技术

#### 1. 原理与作用

贫营养生物吸着技术（DBS）是一种污水深度处理方法。它将有机物的吸附理论引入到同步生物脱氮除磷过程中，将自养生物和异养生物的循环区分开来，从而得到一个后脱氮工艺。该技术能在较短时间内利用有机体的吸附、后脱氮、过量吸收磷的功能，有效去除有机物和氮、磷。

#### 2. 应用原则

本技术属生物工程处理技术，适用由氮、磷引起的富营养化水体的处理。本技术需动力和设备控制，工艺相对复杂，适用于方便电力驱动的环境地区。

#### 3. 技术主要内容及工艺流程

本技术主要由吸着池、硝化池、释磷池、反硝化池，吸磷池和沉淀池组成。本技术将自养型微生物送入处于好氧状态的硝化池和硝化沉淀池，维持较长时间较低碳氮比，来诱导硝化反应的发生，从终沉池回流污泥，可以利用异养生物进行生物吸附作用，在吸附沉淀池，固液被分离送入厌氧池进行释磷，并进行反硝化作用，好氧池进行吸磷，在较短的时间达到去除有机物和氮，磷的目的。

#### 4. 管理及维护要点

本技术属于物理生物复合处理技术，管理和维护需专业技术人员。

硝化池内微生物的浓度根据进水的水质和温度变化来调整污泥量和回流污泥的量。

DBS系统的吸附池，反硝化池、吸磷池和释磷池使用同样的污泥，反硝化池的优势菌种生长速度快，一般需要 1.5~2.5h。

溶解态的磷通过聚磷菌对磷的过量吸收而去除，吸磷池的停留时间为 0.5~1.0h。

#### 5. 二次污染控制要求

在最终出水口进行水质监测，不达标的水体需重新循环净化。沉积下来的底泥可用于释磷池作为反硝化作用的碳源。

#### 6. 技术系统特点

在较短的停留时间内，利用有机体的吸附，后脱氮、过量吸收磷功能，有效地去除有机物和氮、磷。

在这个工艺中，每个池子根据其含氧量和污泥循环系统的不同有其独立的功能。

（四）人工浮岛净水技术

1. 原理与作用

人工浮岛是一种可为多种野生生物提供生境的飘浮结构，由浮岛平台、植物和固定系统三部分组成，依靠浮岛上的植物作用改善生态环境，主要有如下 4 个方面的作用：

① 浮岛上的植物可为水生生物和两栖类等生物提供生境，在一定程度上可以恢复水生生物多样性。

② 浮岛植物根系有利于微生物的生长，吸收氮、磷营养物质，可达到净化水质的作用。

③ 通过浮岛植物根系的消浪作用稳定湖滨带，达到消浪护岸作用。

④ 浮岛植物可人工营造景观，改善景观环境。

2. 应用原则

本技术适用于大水位波动及陡岸深水环境的水域。可应用于水流急，高浊度、富营养化的水域。有景观功能需求的水域。

3. 设计构建原则

① 稳定性原则，应避免强风浪和浮岛各单元之间的撞击。

② 持久性原则，平台和固定系统应选材适宜，持久耐用，植物选择合理有效。

③ 景观协调性原则，植物选择和整体设计要与周围环境协调。

④ 单元设计便捷性，宜于后期维护和管理。

4. 运行控制与管理要点

随时检查和修复浮岛单元的稳固性和安全性，及时修复毁损部分。定期维护植物，保证植物的成活率，去除了有害入侵物种。定期进行水质监测。

5. 二次污染控制要求

及时清理枯死植物，以防植物腐烂造成二次污染。及时清理有害侵入物种，以防造成二次污染。

6. 技术系统特点

本技术对营养盐有较好的去除效果，同时能有效提高了透明度。系统构建和维护比较方便。可以在较短时间内形成景观。

（五）生物膜技术

1. 原理与作用

当前，国内用河流净化的生物膜技术主要有弹性立体填料—微孔曝气富氧生物接触氧化法、生物活性炭填充柱净化法，悬浮填料移动床，强化生物接触氧化等技术。该技术的核心是通过微生物的生长代谢将污水中的有机物作为营养物质，使污染物得到降解。

2. 应用原则

适用于河道高 BOD、COD 水域水质净化，适用于重金属污染水体水质净化。

3. 技术系统构建原则

技术系统的构建原则通常包括以下几点：

① 明确需求：在构建技术系统之前，首先要明确需求，确定所要解决的问题、目标和功能。这有助于指导技术系统的设计和开发，避免盲目性和浪费资源。

② 模块化设计：模块化设计是指将技术系统划分为多个模块，每个模块完成特定的任务或功能。这样可以降低系统的复杂度，方便维护和升级。

③ 开放性：技术系统应具备开放性，即允许第三方进行接入、扩展和定制。这可以促进技术系统的发展和创新，提高系统的灵活性和适应性。

④ 可扩展性：技术系统应具备可扩展性，即可以根据需进行功能的扩展和模块的添加。这样可以在满足当前需求的同时，为未来的发展预留空间和资源。

⑤ 安全性：技术系统的安全性是至关重要的，它包括数据安全、系统安全、网络安全等方面。在构建技术系统时，必须充分考虑安全问题，采取了有效的安全措施，保障系统的安全和稳定运行。

⑥ 用户体验：技术系统的设计应该以用户为中心，注重用户体验，尽量减少用户的操作和学习成本，提高用户满意度和使用率。

4. 运行与维护管理

适时监测水体溶解氧等理化指标。适时监测水体生物活性等生物指标。适时监测水质净化效果。

5. 二次污染控制要求

生物填料饱和或失效要及时更换，以免引起二次污染。

6. 技术特点

生物膜技术的优点和缺点都与其固体介质有关。填料表面积较小的缺点可以通过增加填料数量、增加填料表面积等手段来克服。而附着于固体表面的微生物量较难控制、操作伸缩性差的缺点可以通过定期清洗、更换填料等手段来解决。另外，生物膜技术的应用范围受到温度、水质、pH 值等因素的影响，需要在实际应用中结合具体情况选择合适的填料和操作方法，以达到更好的处理效果。

### (六) 人工湿地技术

**1. 原理与作用**

人工湿地是指人工构建的沟渠，底部铺设防渗层，内部充填基质层并种植水生植物，利用基质，植物和微生物的物理、化学和生物协同作用使水体得到净化的技术。工程中一般修建在河道周边，利用地势高低或机械动力将部分河水引入人工湿地，污水经湿地净化后，再次回到原水体。

**2. 应用原则**

本技术属物理、化学和生物工程综合处理技术，对氮和磷污染严重的水体效果好。该技术反应较慢，在单位时间内，处理能力常滞后于污水的流量及负荷，因此前期需要做好技术条件测试和环境条件的培养。

本技术占地面积较大，适用于有足够土地面积的环境条件。

**3. 技术系统构建原则**

工艺设计应综合考虑处理水量，进水水质、占地面积、投资和运行成本，排放标准要求，当地气候等条件。

场地选择应符合当地总体发展规划和环保规划要求，综合考虑土地利用现状，再生水回用等因素。同时考虑自然背景条件，包括地形、气象，水文以及动植物等生态因素，并应尽可能充分利用原有地形，排水畅通降低能耗。

选择植物要优先考虑净化能力强的当地物种，最好是本地原有植物；植物根系发达，生物量大；抗病虫害能力强；所选的植物最好有广泛用途或者经济价值高；易管理，综合利用价值高。

在填料选择的过程中，充分利用当地的自然资源，选择廉价易得的多级填料，常见的有砾石和废弃矿渣等。为了解决堵塞问题，湿地基质一般采取分层装填，进水端设置滤料层拦截悬浮物。

**4. 运行与维护管理**

采用冬季割草的方法可以有效降低冬季湿地出水污染物含量。在植物枯萎之前，将其地上部分进行收割，可将已经吸收的污染物锁定在植物体内，避免其释放到水体中。此外，割草也可以促进湿地植物的再生和更新，有利于提高湿地的净化效果。

**5. 二次污染控制要求**

人工湿地系统应定期清淤排泥，产生的污泥应符合污染排放标准。

应设置除臭装置处理预处理设施产生的恶臭气体，忌臭气体排放浓度符合相关的规定。

**6. 技术特点**

人工湿地技术是一种利用湿地生态系统的自净作用来净化污染物的环境治理技术。其技术特点主要包括以下几点：

① 高效性：人工湿地技术在处理污水方面具有高效的特点，其处理效率可以达到较高水平。

② 可持续性：人工湿地技术能够实现对污水的持续、稳定处理，并可以长期维持湿地生态系统的平衡。

③ 适应性强：人工湿地技术可以适应不同类型的污染物和污染水质的处理要求，具有较强的适应性。

④ 投资、运行成本低：相对于传统的污水处理方法，人工湿地技术的投资、运行成本相对较低。

⑤ 具有美化环境的作用：人工湿地技术的建设可以与城市绿化、景观建设紧密结合，能够起到美化环境的作用。

⑥ 水资源的节约：人工湿地技术可以通过回用处理后的水资源，实现对于水资源的节约利用。

总的来说，人工湿地技术具有处理效率高、可持续性强、适应性强、投资和运行成本低、美化环境等优点，是一种有效的环境治理技术。

## 二、吸附处理法

吸附法一般用于污染物浓度低，流量适当的情况。常用的吸附剂为活性炭，还有使用沸石和合成高分子聚合物为吸附剂。因为活性炭、沸石和高分子聚合物，孔径各异，比表面积大小不一，且污染物的类型不一样，材料的吸附性能也不相同。所有这些因素决定着吸附剂可吸附的污染物的量。选择恰当的吸附剂材料是吸附污染物的主要功能，气流相对湿度对某些吸附剂的吸附功能也会产生影响。

吸附法由于具有多样性、高效、易于处理，可重复利用，而且可能实现低成本而最受重视。活性炭是现在用得最广泛的吸附剂，主要用来吸附有机物，也可以用来吸附重金属，但是价格比较昂贵。磁性海藻酸盐不仅可以吸附有机砷，还可以用来吸附重金属。壳聚糖作为一种生物吸附剂，可以在不同的环境中分别吸附重金属阳离子和有害阴离子。骨碳、铝盐、铁盐以及稀土类吸附剂都是有害阴离子的有效吸附剂。稻壳、改性淀粉、羊毛、改性膨润土等都可以用来吸附重金属阳离子。随着水质的日益复杂和科技的进步，水处理用的吸附剂不仅要求高效，还要廉价，而纤维素作为世界上最丰富的可再生聚合物资源，非常廉价，可以成为理想的吸附剂基体材料。

### （一）纤维素的来源

纤维素是一种多糖类物质，是植物细胞壁的主要组成部分，也存在于许多细菌和一些真菌的细胞壁中。纤维素的主要来源是植物的纤维组织，比如木材、竹材、麻类植物等。此外，纤维素也存在于一些食品中，如水果、蔬菜和全谷类食品等。

### （二）改性纤维素在水处理中的应用

根据水中污染物的种类，可以选择不同的方法在纤维素上修饰不同的基团，进行水中污染物的吸附。

**1. 吸附重金属阳离子**

吸附重金属阳离子是指利用吸附剂吸附水中的重金属离子，使其从水中转移到吸附剂的表面上，从而达到净化水质的目的。常见的吸附剂包括活性炭、离子交换树脂、矿物质吸附剂等。这些吸附剂的表面通常带有许多负电荷，可以和重金属阳离子形成化学键结合。吸附剂的选择应根据水体中的污染物种类和浓度，以及吸附剂的吸附能力和成本等因素进行综合考虑。

**2. 吸附有害阴离子**

吸附有害阴离子的方法与吸附重金属阳离子的方法有所不同。一般来说，吸附有害阴离子的材料需要具有一定的亲合性，以吸附水中的有害阴离子。常见的吸附有害阴离子的材料包括活性炭、离子交换树脂、氧化铁、氢氧化铁等。其中，离子交换树脂可通过静电作用将阴离子吸附到树脂表面，而活性炭、氧化铁和氢氧化铁则通过化学反应将有害阴离子吸附到其表面。

以活性炭为例，其能够吸附水中的有机物、氯、臭味、颜色、杂质等，通过其大量的孔隙和表面积提供了吸附有害阴离子的良好条件。离子交换树脂则可以通过不同种类的树脂选择和表面功能调整，实现对特定的有害阴离子的选择性吸附。氧化铁和氢氧化铁则能够通过吸附有害阴离子的同时，还可以与其发生化学反应，形成了不溶性的沉淀物，从而实现有害阴离子的去除。

**3. 吸附有机物**

吸附有机物的方法较多，其中一些常用的方法包括：

① 活性炭吸附：活性炭是一种高孔隙率、大比表面积的吸附剂，在水中可以有效地吸附有机物，具有较好的吸附性能和重复使用性。

② 生物吸附：利用微生物对有机物的吸附作用进行处理，可在一定程度上去除有机物，但处理时间较长，需较好的维护条件。

③ 阴离子交换树脂吸附：阴离子交换树脂可吸附水中的阴离子有机物，具有高效、快速的吸附性能。

④ 离子交换膜吸附：利用离子交换膜对有机物进行吸附和分离，可快速高效地去除水中有机物。

⑤ 降解吸附法：利用光催化、电催化等方法对有机物进行降解和吸附，可以实现高效去除水中有机物。

需要根据具体情况选择合适的吸附方法进行处理。

**（三）活性炭吸附系统**

活性炭（GAC）是较广泛、常用的吸附剂，它具有发达的孔隙结构，孔径分布范围较广，能吸附分子大小不同的物质，而且具有大量微孔、比表面积大、吸附力强等特点，经常被用在净化排放的有机污染物尾气。活性炭也有自身的缺点，不耐高温容易燃烧，而且在湿润的条件下吸附效果明显降低，所以在一些特殊场合要选择其他的吸附剂。

活性炭吸附法一般是将 SVE 尾气通过装有活性炭的填充床或者管路，由于活性炭吸附剂通常具有较大的比表面积，从而有利于尾气中的有机化合物分子的附着，此吸附属于物理吸附，且吸附过程可逆。吸附剂系统有固定床、移动床和流化床。在固定床系统中，吸附剂安装在方形或圆形的容器内，VOC 尾气垂直向下或水平横穿过容器；在移动床系统中，吸附剂负载在两个同轴转动的圆柱之间，而且 VOC 尾气从两个圆柱间流过。随圆柱转动，一部分吸附剂再生，而其余的吸附剂继续去除尾气中的污染物；在流化床系统中，VOC 尾气向上流动，穿过吸附容器。当吸附剂达到饱和后，就在容器中慢慢下移到储料仓，然后通过再生室，最后再生的吸附剂返回容器中重新使用。活性炭再生处理工艺，通常可以向吸附污染物的活性炭中加热或加入水蒸气，或者降低压力，使得吸附在活性炭上的有机化合物分子脱附带出设备。

活性炭可用于大多数 VOC 的吸附处理，不适用于极性较高的物质，如醇类、氯乙烯等，也不适用于相对分子质量较小的物质，如甲烷之类，以及蒸气压较高的物质，如甲基叔丁基醚（MTBE）、二氯甲烷等。但 GAC 系统对于清除非极性有机物比使用沸石或高分子聚合系统处理效果更佳。其一般为一个到多个装有活性炭的容器并联或串联组成，活性炭一般吸附其自身质量10%～20%的污染物，当尾气相对湿度超过50%时，由于吸附水的缘故，吸附能力会有所下降，当活性炭吸附接近饱和后，需要更换。更换下的活性炭有的当作危险废物处置，有的通过高温或蒸气进行再生。总体而言，活性炭吸附是一种经济的方式，但当尾气浓度较高时，更换活性炭的频率较快，费用较高。此外由于物质吸附时会放热，处理温度较高的尾气容易有燃烧的危险，使用时需要注意。活性炭处理 VOC 尾气需要注意，尾气的温度不宜过高，当尾气温度高于37.8℃时，吸附能力明显减弱，因此，活性炭吸附系统一般不与热处理系统联用。活性炭吸附法与冷凝法、吸收法、微生物处理法等一起使用。这些处理法联合使用，利用各自的优势，可处理浓度范围较广和污染物种类较多物系。

活性炭系统设计时主要确定 GAC 的型号，不同的 GAC 吸附器设计时各有不同。GAC 系统的型号主要由下列参数决定：气相流股中易挥发组分的体积流率；易挥发组分的浓度或质量吸收量；GAC 的吸收能力；GAC 的再生频率。体积流率决定 GAC 床的型号（横截面积的设计）、风扇和马达的型号、空气通道的直径。易挥发组分的浓度、GAC 吸附能力、再生频率，决定具体项目所需要的 GAC 量。

### 1. 预处理过程

活性炭处理设计时需要注意两个预处理过程，首先是冷却，然后是除湿。易挥发性有机物的吸附是放热反应，应在低温下进行。预处理后，尾气温度需要冷却到130℃以下。预处理后尾气的相对湿度通常会减少50%左右。

### 2. 吸附等温线和吸附能力

GAC 的吸附能力取决于 GAC 类型和易挥发性组分的类型以及它们的浓度、温度和存在的竞争吸附物质的多少。在指定的温度下，被单位质量 GAC 吸附的易挥发组分的质量和尾气流股中易挥发组分的浓度或分压之间存在一定的联系。

### （四）沸石吸附系统

沸石吸附系统工艺与活性炭类似，但沸石具有吸附相对湿度较高的尾气，并且具有阻燃和完善的再生功能，因此和活性炭相比，具有一定的优势。沸石的作用如同反向过滤器，其晶体结构中空隙均匀有规律的间隔排列，捕获小颗粒，让大颗粒分子通过。沸石晶体的孔径范围为 $0.8 \sim 1.3nm$，具有特殊的表面积，大约为 $1200m^2/g$，与活性炭的表面积不相上下。沸石有时能够有取舍地进行离子交换。

沸石有人造沸石和天然沸石两种，目前天然沸石有 40 多种，常为火山岩和海地沉积岩中的亲水性铝硅酸盐矿物质。人造沸石既有亲水性沸石，也有斥水性沸石。人造斥水性沸石可以与非极性化合物具有亲和力，许多 VOC 都是这类化合物，或针对具体污染物制成化学功能强化的沸石。

沸石可用于处理排放含 $NO_x$ 的尾气，以及大多数氯代物和非氯代物 VOC 尾气，斥水性沸石可以有效地用于处理高沸点的溶剂；高极性和挥发性 VOC 降解产品，如氯乙烯、乙醛、硫化物和醇类，用亲水性沸石的效果比用活性炭要好；高锰酸钾的亲水性沸石在去除极性物质方面效果好，如硫化物、醇类、氯乙烯和乙醛。沸石处理系统对污染物种类有针对性，在处理含有多种污染物种类的尾气时，很难将所有污染物清除，所以，在处理多种类污染物时，活性炭或高分子聚合物更适合。另外，沸石系统处理在吸附剂上聚合的污染物时，成本较大。比如，苯乙烯聚合成聚苯乙烯，沸点升高，相对分子质量增大，吸附后解吸只能在高温下进行，高温条件需要大量燃料，这样使沸石处理成本上涨。

### （五）高分子吸附系统

高分子吸附技术同样是采用物理方式吸附尾气中的污染物并清除，处理主要设备与活性炭相同。高分子吸附剂有塑料、聚酯、聚醚和橡胶。高分子吸附剂价格比较昂贵，但更换频率很低，对于湿度不敏感、也不易着火、内部结构也不易损坏。SVE 尾气使用高分子吸附剂处理经验不是很多，与活性炭相比还有待进一步完善，但是高分子吸附剂比沸石广泛。

高分子吸附剂可用于四氯乙烯（PCE）、三氯乙烯（TCE）、三氯乙酸（TCA）、1，2—二氯乙烷（DCE）等系统，也可用于甲苯、二甲苯、氟利昂、酮类和醇类。其适用的流量范围较大，可处理 $170 \sim 1700m^3/h$ 的尾气，吸附容量较大，每小时可处理 VOC 为 14kg。其耐水性较好，即使相对湿度高达 90% 时，吸附性能也不会下降。高分子吸附剂不适用污染物浓度较低的情况。其价格比活性炭贵，与沸石价格相当。

### （六）吸附再生技术

#### 1. 变温吸附脱附技术

变温吸附脱附技术是指在一定的温度条件下，通过物质表面的吸附和脱附作用实现对目标物质的分离和纯化的技术。该技术通过控制温度变化，调节物质表面吸附和脱附作用的强度和速度，实现对目标物质的高效分离和回收。

变温吸附脱附技术具有以下特点：

① 高效性：该技术对目标物质的分离和回收效率高，能够实现对高浓度、复杂混合物中的目标物质的有效分离。

② 可控性：通过调节温度变化和吸附脱附作用的强度和速度，可以实现对于不同性质的物质的高效分离和回收。

③ 环保性：该技术无需使用有害化学物质，无二次污染风险，对环境友好。

④ 经济性：该技术操作简便，投资费用较低，能够实现对目标物质的高效分离和回收，具有较高的经济效益。

2. 变压吸附脱附技术

变压吸附脱附技术是由于吸附剂的热导率小，吸附热和解吸热引起的吸附剂床层温度变化也小，所以吸附过程可看成等温过程。在等温条件下，吸附剂吸附有机物的量随压力的升高而增加，随压力的降低而减少。变压吸附在相对高压下吸附有机物，而在降压（降至常压或抽真空）过程中，放出吸附的有机气体，从而实现混合物分离目的，使吸附剂再生，该过程外界不需要供给热量便可进行吸附剂的再生。

变压吸附工艺以压力为主要的操作参数，在石化及环境保护方面有广泛的应用。变压吸附具有以下优点：①适应的压力范围较广并且常温操作，所以能耗低；②产品度高，操作灵活；③工艺流程简单，无预处理工序，可实现多种气体分离；④开停车简单，可实现计算机自动化控制，操作方便；⑤装置调解能力强，操作弹性大，运行稳定可靠；⑥吸附剂使用周期长，环境效益好，几乎无三废产生。变压吸附也有自身的缺点，其设备相对多而复杂，投资高，设备维护费用也相对高。变压吸附用来有机气体净化和回收在氯氟经、芳香烃、醇类、酮类的回收方面应用效果显著。

## 三、生物处理法

生物法是将尾气通过位于固定介质上的微生物，通过生物作用使污染物降解。由于地球上到处都有能参与净化活动的生物种属，它们通过本身特有的新陈代谢活动，吸收积累分解转化污染物，降低污染物浓度，使有毒物变为无毒，最终达到了水排放标准。因此利用生物净化污水受到人们的重视。具体方法如下：

### （一）沉淀处理法

沉淀处理法是通过控制水流速和水流方向，让水中的杂质沉淀下来，从而达到净化水质的目的。其主要原理是利用重力作用，使杂质沉淀到底部或表面，并通过底部或表面的管道将沉淀物排出。常用的沉淀处理设施有沉淀池、沉淀槽、沉淀罐等。

沉淀处理法适用于处理大量悬浮物浓度较高的水体，比如城市污水处理、工业废水处理等。其优点是投资、运行成本较低，处理效率高，处理后的沉淀物可以作为肥料或填埋场的覆盖材料；缺点是需要占用较大的土地面积，对水流速和水流方向的控制要求较高，且沉淀物的处理和处置需要一定的技术和设备支持。

## （二）水生生物养殖

用于生活污水和含有机污染物的工业废水。通过水生生物降解污染物，是防止水体富营养化的有效措施。

### 1. 放养水生维管束植物（简称水生植物）

放养水生维管束植物是一种水生植物修复水体的技术方法。该方法通过在污染水体中放养水生植物，利用水生植物的生长、吸收和代谢作用，有效地去除水体中的营养物质、有机物和重金属等污染物。水生植物可以通过其根系、叶片和茎秆等部分吸收污染物质，同时为水中生物提供生境和氧气。另外，水生植物还能够改善水体的水质和水环境，保护生物多样性。

放养水生植物的优点包括：技术简单易行，对环境友好，对水体中多种污染物具有去除能力，同时可供生态景观利用等。其缺点包括：适用范围有限，处理效率受生长条件、生长周期、水温等因素的影响，且需要长时间的生长过程才能发挥最大的净化效果。

### 2. 养殖水生动物用于净化生活污水

养殖水生动物用于净化生活污水是一种生态处理技术，被称为"水生动植物共同净化系统"。这种系统是在生活污水处理过程中加入水生动物（如鱼、龟、虾等）来协同净化水体。这些水生动物在污水中捕食有机废料和微生物，同时还能释放出生长过程中产生的有机质和氮磷元素，为水体提供营养，促进水生植物的生长。水生植物能够通过吸收水中的氮、磷等营养元素，将其转化为自身组织生长所需的养分，从而起到净化水体的作用。这种系统操作简单，运行费用低，对于水体的修复效果也比较显著，已经在实际应用中得到广泛推广。

## （三）生物定塘法

国内外用来处理生活污水和石化、焦化、造纸、制药废水的传统方法。

### 1. 好氧塘

好氧塘是一种污水处理设施，主要用于去除污水中的有机物和氨氮等营养物质。好氧塘通常是由混合池、曝气池和沉淀池组成，其中混合池用混合并调节污水，曝气池用于增加溶解氧以利于有机物的分解，沉淀池用于固定污染物质和分离悬浮物。

好氧塘的污水处理过程是先把进入塘的生活污水与曝气系统通过气液界面接触而增加溶解氧，以促进好氧微生物在生物膜和污泥中的生长和代谢，吸收和分解污水中的有机物和氨氮等污染物质，并将其转化为污泥和二氧化碳等。接下来，经过沉淀池的沉淀作用，将污泥固定下来，处理后的水再经过消毒处理后，就可以达到排放的标准了。

好氧塘具有建设和运营费用低、操作简单、污泥产生量少、净化效果稳定等优点，适用于小型城市、乡镇和村庄的污水处理。

2. 厌氧塘

厌氧塘是一种利用微生物在无氧环境下分解有机物质的生态处理系统。厌氧塘通过控制水深、水力停留时间和温度等条件，使污水停留在塘中形成厌氧环境，利用厌氧微生物分解污水中的有机物，产生甲烷等气体。厌氧塘的处理效率较好，能够有效去除有机物和氮、磷等营养物质，适用于一些高浓度、高强度有机废水的处理。但是，厌氧塘处理过程中产生的甲烷等气体具有爆炸性和毒性，需要特殊的安全措施和排放处理。同时，由于厌氧微生物生长速度较慢，处理效率低于好氧处理系统，需要较长的停留时间。

（四）活性污泥法

活性污泥法是一种常用的生物处理技术，通过在污水中投加一定量的微生物和氧气，将污水中的有机物质分解为无机物质，从而达到了净化水质的目的。其主要步骤包括曝气池、二沉池和回流池。曝气池中通过搅拌和曝气将微生物和氧气充分混合，使微生物代谢分解污水中的有机物，生成二氧化碳、水和微生物细胞。二沉池中通过沉淀将生长繁殖的微生物分离出来，并使其与污泥一起排出。回流池中将一部分沉淀后的微生物污泥回流到曝气池中，以增加微生物的数量和代谢能力，提高处理效果。

（五）生物膜法

生物膜法是一种通过生物膜将废水中的污染物质降解分解的污水处理技术。该技术的核心是通过在生物膜固定的载体上附着微生物，并在水体中形成一层生物膜，使微生物与水中污染物充分接触，进行分解和降解。生物膜法通常包括自然生物膜法和人工生物膜法两种类型，其中人工生物膜法又可分为固定膜法和移动床生物膜法两种。相比传统的生物处理技术，生物膜法具有出水质量稳定、处理效率高、设备体积小以及操作方便等优点。

（六）生物接触氧化法

生物接触氧化法（Biological Contact Oxidation，BCO）是一种将有机物转化为无机物的生物处理技术，属于生物膜处理技术的一种。它将废水通过高度集中、完全混合的有机物负荷下空气曝气处理装置，进一步经过生物膜处理装置进行生物接触氧化反应，使有机物被氧化分解，生成稳定的无机物。生物接触氧化反应的主要生化过程是利用微生物的代谢和生长消耗有机物，降解废水中有机物质。该技术对废水中的有机物、氨氮、硝化物、磷酸盐等有良好的去除效果，而且占地面积小、处理效果稳定，适用中小型城市污水处理厂。

（七）土地处理系统

土地处理系统是指将生活污水通过自然的土地过滤和生物降解，将污染物转化为无害物质的一种污水处理技术。土地处理系统一般由格栅池、沉砂池、调节池、过滤池、植物池等组成。格栅池主要用于除去污水中的大颗粒物质；沉砂池主要用沉淀污水中的泥沙等细小颗粒物质；调节池用于调节进入土地处理系统的污水的水质和水量，降低污水的波动度，以保证土地处理系统的稳定性；过滤池主要是用于去除污水中的有机物和氮、磷等营养物质；植物池则是用植物的吸收、生长和代谢作用去除污水中的营养物质和微量有机物质。土地处理系统处理后的出水通常具有较好的水质，可用于灌溉、农业用水等用途。土地处理系统具有投资成本低、运营费用低、维护管理简单等优点，适用一些农村、城乡结合部、景区等区域的污水处理。

### （八）固定化细胞法

固定化细胞法是一种生物技术，利用生物活性固定在载体上的微生物细胞进行废水处理。这些载体可以是天然或合成的材料，比如聚合物、硅胶、纤维素、海藻酸盐等。固定化细胞相比于游离细胞具有更强的抗冲击负荷和毒物耐受性，稳定性更好，且易于维护。此外，固定化细胞可以提高处理系统的操作寿命和处理效率，降低成本。该技术广泛应用于废水处理、废气处理、固体废物处理以及食品加工等领域。

综上所述，生物法可处理的污染物种类有脂肪烃、单环芳烃、醇类、醛类、酮类等，但不适用于含氯 VOC，微生物法操作成本小于热处理法和吸附法，但当尾气中污染物短时间内变化较大时，微生物来不及适应浓度的增加或者污染物种类的变化。

# 参考文献

[1] 倪福全，邓玉，胡建. 水利工程实践教学指导［M］. 成都：西南交通大学出版社，2015.01.

[2] 王飞寒，吕桂军，张梦宇. 水利工程建设监理实务［M］. 郑州：黄河水利出版社，2015.02.

[3] 颜宏亮，侍克斌. 水利工程施工［M］. 西安：西安交通大学出版社，2015.03.

[4] 杜伟华，徐军，季生. 水利水电工程项目管理与评价［M］. 北京：光明日报出版社，2015.10.

[5] 邹淑珍，陶表红，吴志强. 赣江水利工程对鱼类生态的影响及对策［M］. 成都：西南交通大学出版社，2015.01.

[6] 严力姣，蒋子杰. 水利工程景观设计［M］. 北京：中国轻工业出版社，2020.10.

[7] 林雪松，孙志强，付彦鹏. 水利工程在水土保持技术中的应用［M］. 郑州：黄河水利出版社，2020.04.

[8] 何俊，张海娥，李学明. 全国水利行业规划教材水利工程造价［M］. 郑州：黄河水利出版社，2016.02.

[9] 李京文. 水利工程管理发展战略［M］. 北京：方志出版社，2016.12.

[10] 林彦春，周灵杰，张继宇. 水利工程施工技术与管理［M］. 郑州：黄河水利出版社，2016.12.

[11] 代彦芹，黄靖，樊宇航. 水利水电工程计量与计价［M］. 成都：西南交通大学出版社，2016.03.

[12] 黄祚继. 水利工程管理现代化评价指标体系应用指南［M］. 合肥：合肥工业大学出版社，2016.12.

[13] 吉辛望，赵建河. 水利水电工程管理与实务相关规范性（标准）文件及规程规范导读第2版［M］. 郑州：黄河水利出版社，2016.09.

[14] 戴能武，向东方，黄炳钦. 水利信息化建设理论与实践［M］. 武汉：长江出版社，2016.11.

[15] 周凤华. 城市生态水利工程规划设计与实践［M］. 郑州：黄河水利出版社，2015.12.

[16] 沈凤生. 节水供水重大水利工程规划设计技术［M］. 郑州：黄河水利出版社，2018.10.

[17] 黄建和. 长江流域综合规划焦点关注［M］. 武汉：长江出版社，2018.07.

[18] 杨侃. 水资源规划与管理［M］. 南京：河海大学出版社，2017.12.

[19] 郝建新. 城市水利工程生态规划与设计［M］. 延吉：延边大学出版社，2019.06.

[20] 许建贵，胡东亚，郭慧娟. 水利工程生态环境效应研究［M］. 郑州：黄河水利出版社，2019.07.

[21] 邵东国. 农田水利工程投资效益分析与评价［M］. 郑州：黄河水利出版社，2019.06.

[22] 陈文元，徐晓英. 高海拔地区河流生态治理模式及实践［M］. 郑州：黄河水利出版社，2019.05.

[23] 周宏伟，费文平，鲁功达. 现代治河工程［M］. 成都：四川大学出版社，2019.06.

[24] 王登婷. 江苏省海堤建设及生态海堤研究［M］. 北京：海洋出版社，2019.12.

[25] 刘俊红，翟国静，孙海梅. 全国水利水电高职教研会规划教材给排水工程施工技术［M］. 北京：中国水利水电出版社，2020.01.